飞行器结构设计

始于基本概念的辨析过程

郑钢铁　崔一南　编著

科学出版社

北京

内 容 简 介

本书从学科的角度介绍飞行器结构设计，强调飞行器结构作为系统的一部分，从系统的角度介绍形成结构设计方案的过程，在强调飞行器设计的基本概念和突出其物理实现的设计属性的同时，以介绍设计方法、设计理念和关键设计技术为主，而将具体的飞行器结构设计作为应用实例进行讲述。为做到和实践相结合，书中提供了很多如何应用本书内容解决工程实际问题的例子。

本书不仅适合课堂教学，也可作为飞行器总体设计和结构设计人员的参考书。

图书在版编目（CIP）数据

飞行器结构设计：始于基本概念的辨析过程 / 郑钢铁, 崔一南编著. 北京：科学出版社, 2024.10. -- ISBN 978-7-03-079345-4
Ⅰ．V214.19
中国国家版本馆 CIP 数据核字第 202414UC25 号

责任编辑：刘信力　崔慧娴／责任校对：彭珍珍
责任印制：赵　博／封面设计：无极书装

科学出版社 出版
北京东黄城根北街 16 号
邮政编码：100717
http://www.sciencep.com
北京建宏印刷有限公司印刷
科学出版社发行　各地新华书店经销
*

2024 年 10 月第 一 版　开本：720×1000　1/16
2025 年 1 月第二次印刷　印张：16　3/4
字数：334 000
定价：108.00 元
(如有印装质量问题，我社负责调换)

前　言

  飞行器结构虽然在整个飞行器系统中处于分系统的地位，但要为其他所有分系统提供安装空间、工作环境，产生并承担受力和变形，将载荷传递给其他分系统的设备，而且还作为飞行控制系统的控制对象，起到主体框架和展示飞行器物理存在的作用。因此，其设计不仅与其他分系统相互耦合，存在相互作用关系，而且决定了其他分系统的工作性能。结构设计需要和其他分系统设计共同进行，甚至一体化设计。飞行器是一个广泛的概念，可以理解为所有脱离星球表面运动的物体的统称。就具体应用场景或者是按照工业部门产品分工而言，飞行器的种类较多，包括飞机、导弹、运载火箭、卫星、着陆器、飞船等；而从使用环境角度看，飞行器又可以分为大气层内、大气层外、跨飞行介质 (如水、高密度大气层、低密度大气层、真空) 等类型。但如果将飞行器设计作为一个学科，则会研究飞行器设计的共性问题，而将其个性问题转化为使用环境和约束条件等外部影响因素进行研究。就具体设计过程而言，飞行器结构设计的共同点可以概括为：获得飞行条件、满足强度要求、追求高性价比、协调各方需求、实现任务目标。所以，本书的标题定为 "飞行器结构设计"。

  无疑，飞行器结构是物理存在的实体，单纯就结构本身而言，应该遵从同样的物理原理，设计需要从由这些原理形成的基本概念出发。因此，作为物理学的一个重要组成部分，力学中与结构相关的基本概念是设计的出发点。当然，运动的物体也需要受到控制，因此，自动控制方面的基本概念和力学的基本概念一样，也是飞行器设计的依据。作为被控对象，结构自身的力学特性和控制系统特性相互耦合、相互影响，这样，对于现代飞行器而言，设计所依据的基本概念还包括由基本的力学概念和自动控制概念导出的结构与控制耦合概念，而应用要求和使用环境则可以作为飞行器设计的前提条件和约束条件，由此形成不同类型的飞行器。上述讨论实际上是在说明为何可以将各类飞行器的结构放在同样一个理论与方法框架下进行讲授，即依据基本概念建立设计理论和方法的共同点，为此，本书加入了副标题 "始于基本概念的辨析过程"。

  就广泛意义而言，设计是将新事物概念化并创造出来的一个过程。这是一个想象、思维和研究的过程，也是一个或多个专业相互协同融合的过程。飞行器结构设计属于设计的一种类型，即工程设计。工程设计是一个系统化、数字化、实物化的过程，在这个过程中，设计者为设备、系统或过程生成、评估和确定提供解决方案，不仅赋予其系统结构和功能，而且建立其与内外环境之间的接口和耦合关系，使其形式和功能在满足一组特定约束的同时实现任务目标。因此，设计本质上是一个综合考虑多方因素和所在环境的系统性工作。由于设计是一个思维过程，所以思维方式在设计中起到举足轻重的作用。多年来的工程设计实践证明，思维方式不仅决定了一个设计的质量、水平乃至成败，而且决定了一个设计人员的职业生涯能否达到希望的巅峰。当然，在基于量化结果进行设计决策的今天，经由思维做出的设计决策是基于数值计算分析结果的，设计过程是一个由思维引导的反复计算分析迭代过程。因此，该书的副标题中加入了"析"，以代表计算分析过程。而将代表思维的"辨"置于"析"之前，组成"辨析"一词，意指在思维引导下的计算分析迭代过程。基于这一点，本书自始至终都强调设计分析的迭代过程，并且从系统设计角度强调各个设计要素之间的关联性和耦合性。无疑，结构设计是建立在基本概念基础之上的。国内外多年航天航空领域的设计实践表明，基本概念的对错，往往决定了一个设计的成败。因此，副标题在"始于基本概念的"后面加入了"辨析过程"。

本书是在已经讲授二十余年的"飞行器结构设计"课程的课件基础上整理而形成。这二十余年也是飞行器设计理论和技术迅速发展的时期，为将最新的理论和技术的发展成果融入教学中，特别是将本书作者在理论方法研究和工程实践中取得的成果及对设计问题的新认识和感悟融入教学中，课堂讲授内容处于不断完善和更新中。但考虑到并不是所有任课教师都能够实际参与到飞行器型号开发和研制任务中，并且希望飞行器结构设计的教学有所改进和提高，因此决定编写成书。因为本书是以实际飞行器设计工作为背景的，所以不仅适合课堂教学，也可作为飞行器总体设计和结构设计人员的参考书，为此，在正文中用脚注的方式加入了供进一步学习或者参考的文献。

飞行器结构设计是建立在基础课和专业基础课教学基础之上的。如果说这些课程提供了知识的"源"，则作为一门专业课，飞行器结构设计是这些"源"的"汇"，即将所学知识汇总起来，通过融会贯通和发展形成新的知识。但遗憾的是，进入专业课程阶段，不少学生已经忘记相关课程讲授过的基本概念、基本原理及基本方法，或者是印象模糊不清。为此，不仅在绪论部分提供了相关基础和专业基础课教材名称，还在附录中列出了需要的基本概念。为了鼓励读者从以往读过的教材中查找这些基本概念，并通过本书的学习获得结构设计所涉及的基本概念，本书中提供了这些基本概念的具体定义和描述。此外，作为一种加深学生对课程内容认识和理解的方式，在需要引用前面公式时，用公式的描述性语言替代简单的公式编号，为此，对所有公式没有进行编号。

关于具体结构的设计，国内外已经有很多教材，因此，本书试图从设计方法论和基本原理的角度讨论设计问题。根据本科阶段的教学特点，教学以打基础为主要目的,建立飞行器结构设计的基本概念,形成设计思维,同时注重设计过程和结构系统的形成方案。考虑到目前的技术发展状况和航天航空专业的特点,从按照学科设置专业的立场出发,即将飞行器设计作为一个学科进行教学和开展工程科学技术研究,注重通识教育和专业教育相结合,以讲授设计方法、设计理念和关键设计技术为主,而将具体的一类飞行器结构设计作为应用实例进行讲述。航天与航空飞行器的结构设计在本质上是相通的,因此,本书更侧重于设计导引,不是工程设计的具体实施的参考书。继承和发展是飞机结构设计的基本思路,但新材料的采用给设计带来了新挑战,所以讲述了材料和飞行器设计的关系。实际经验表明,结构构型是决定结构性能的关键因素之一,也是飞行器结构设计的起点。当然,对于空间飞行器,为满足不同的科学目标或应用目标,飞行器的构型更是多种多样的。所以,将结构构型设计作为一个重要方面进行讨论。鉴于高性能飞行器在结构和控制耦合方面的问题越来越突出,专门用一节内容来讨论结构和控制耦合问题,为读者提供相应的基本概念和基本的耦合设计方法。为了加深读者对所讲内容的理解,作为应用实例,书中加入了一些工程中遇到的实际问题和解决问题的具体方法。

本书的任务分工是:崔一南教授负责第 3 章的结构力学部分 (3.4 节 $\sim$ 3.7 节),郑钢铁教授负责其余部分。在这里要感谢航天部门的关新研究员为本书提供了结构与控制耦合部分的主要内容,还有航空部门的袁一彬高级工程师通读了全书,并从航空工业的角度提出了意见和建议。还要感谢那些为本书完成做出过贡献的人们,书中不少内容是和他们并肩工作后获得的,他们也提供了一些宝贵的具体问题实例。

多年来,与飞行器设计师、同事及学生们共同经历过失败的悲伤和成功的喜悦,特别是期待成功喜讯的那些度日如年的时光,大家用毅力和智慧突破了道道技术难关,发展了理论和方法,实现了一次又一次超越。在这里,谨向那些为人类航天航空事业默默无闻辛勤工作,用智慧、勇气和汗水推进技术进步和探索人类未知世界的飞行器设计师们致敬!

由于能力有限,书中不妥之处在所难免,敬请读者批评指正。

作 者

2023 年冬于清华园

目 录

前言
第1章 绪论···1
　1.1 学习方法··1
　1.2 结构与功能···3
　1.3 结构设计的任务、要求与依据···8
　1.4 设计与结构的现状···13
　1.5 设计方法的发展问题···15
　1.6 结构材料··16
　　1.6.1 材料和类型···17
　　1.6.2 材料的性能···18
　　1.6.3 材料的选用原则···20
　　1.6.4 复合材料··21
第2章 设计导论···23
　2.1 设计的概念···23
　2.2 思维方式··24
　　2.2.1 形象思维··24
　　2.2.2 批判性思维···25
　　2.2.3 辩证思维··27
　　2.2.4 系统性思维···27
　　2.2.5 创造性思维···28
　2.3 工程设计··32
　　2.3.1 工程系统和系统设计定义··32
　　2.3.2 设计要素··33
　　2.3.3 设计阶段··34
　2.4 飞行器结构设计概述··37
　2.5 设计的类型···38
第3章 静态设计···39
　3.1 飞行器外载荷分析··39
　　3.1.1 载荷分类··39

3.1.2 载荷计算中的基本假设和处理方法 ·············· 42
3.2 过载系数 ································· 43
　3.2.1 过载系数的概念 ························· 43
　3.2.2 过载系数计算 ·························· 44
　3.2.3 过载系数与飞行机动控制的关系 ················ 48
　3.2.4 阵风载荷及其附加过载系数 ··················· 50
　3.2.5 卫星主结构的综合过载系数 ··················· 51
　3.2.6 影响最大过载的使用因素 ···················· 52
　3.2.7 地面使用时的载荷与过载 ···················· 53
3.3 飞行器的设计情况 ···························· 54
　3.3.1 地面使用时的设计情况 ····················· 54
　3.3.2 飞行时的设计情况 ······················· 55
　3.3.3 疲劳载荷 ··························· 57
3.4 薄壁结构元件分析 ···························· 58
　3.4.1 薄壁结构元件的基本特点和假定 ················· 58
　3.4.2 薄壁杆件的拉压分析 ······················ 59
　3.4.3 薄壁杆件的弯曲分析 ······················ 60
　3.4.4 薄壁杆件的扭转分析 ······················ 73
　3.4.5 薄板弯曲的基本受力特征 ···················· 88
　3.4.6 薄壳弯曲的基本受力特征 ···················· 93
3.5 飞行器内力初步计算 ··························· 97
　3.5.1 翼所受内力的确定 ······················· 98
　3.5.2 机/弹身内力的确定 ······················ 99
3.6 静强度分析与计算 ··························· 100
　3.6.1 强度概念及强度计算 ····················· 100
　3.6.2 强度分析的基本准则 ····················· 101
　3.6.3 强度计算方法 ························ 102
　3.6.4 确定计算模型 ························ 105
　3.6.5 强度计算的步骤 ······················· 105
3.7 飞行器结构的静强度、刚度及稳定性分析 ················· 106
　3.7.1 结构的几何不变性 ······················ 106
　3.7.2 桁架结构 ·························· 109
　3.7.3 杆板结构 ·························· 119
　3.7.4 稳定性分析 ························· 123

第 4 章　动态设计 ································· 132
4.1　静动载荷作用下结构总内力的一般解法 ···················· 134
4.1.1　解的形式与模态概念 ····························· 134
4.1.2　总内力 ····························· 140
4.2　结构固有特性分析与设计 ····························· 141
4.2.1　振动特性分析 ····························· 142
4.2.2　模型的建立 ····························· 147
4.2.3　模态分析 ····························· 150
4.2.4　固有特性设计 ····························· 152
4.3　结构动态响应抑制措施 ····························· 155
4.3.1　阻尼技术 ····························· 155
4.3.2　单层隔振 ····························· 158
4.3.3　双层隔振 ····························· 160
4.3.4　动力吸振器 (质量调谐阻尼器) ····························· 164
4.4　结构与控制系统的耦合问题 ····························· 169
4.4.1　同位控制 ····························· 171
4.4.2　异位控制 ····························· 176
4.5　静气动弹性问题及其防治措施 ····························· 181
4.5.1　第一类静气动弹性问题 ····························· 181
4.5.2　第二类静气动弹性问题 ····························· 184
4.5.3　超声速飞行中的弯曲发散 ····························· 185
4.6　气动弹性动力学问题及其防止措施 ····························· 185
4.6.1　颤振产生的机理 ····························· 186
4.6.2　颤振分析的 p-k 方法 ····························· 187
4.6.3　防止颤振的措施 ····························· 189
4.7　POGO 振动 ····························· 191
4.7.1　振动特征 ····························· 193
4.7.2　振动分析 ····························· 194
4.7.3　防止与改善 ····························· 194

第 5 章　设计中的具体问题 ································· 196
5.1　结构设计的基本流程 ····························· 196
5.1.1　可行性论证阶段 (Phase A，概念研究) ····························· 197
5.1.2　方案论证阶段 (概念和技术开发及构型设计) ····························· 199
5.1.3　初样阶段 (Phase B/C，初步/详细设计) ····························· 203
5.1.4　正样定型阶段 (Phase C/D，详细设计/验证) ····························· 206

5.2 飞行器结构的设计准则 · 208
5.2.1 重量准则 · 209
5.2.2 气动力准则 · 209
5.2.3 可靠性准则 · 210
5.2.4 工艺性准则 · 210
5.2.5 经济性准则 · 210
5.2.6 使用性准则 · 211
5.2.7 温度准则 · 211
5.2.8 寿命准则 · 212
5.3 结构构型设计要点 · 212
5.3.1 细长体飞行器主结构设计要点 · 213
5.3.2 飞机机身设计要点 · 213
5.3.3 翼结构设计要点 · 214
5.3.4 空间飞行器设计要点 · 215
5.4 结构设计的迭代验证过程 · 219
5.5 设计过程管理 · 224
5.5.1 设计文档 · 224
5.5.2 设计评审 · 225
5.5.3 质量管理和成本控制 · 225
5.6 飞行器结构设计的一般原则 · 228
5.6.1 力学基本原则 · 228
5.6.2 重量/转动惯量最小原则 · 244
5.6.3 环境适应性原则 · 244
5.6.4 可实现与经济性原则 · 245
5.6.5 风险控制原则 · 246
5.7 一些特殊要求 · 247
5.8 空间飞行器设计的特点 · 250
附录 A 飞行器结构设计用到的主要基本概念和考虑的主要因素 · · · · · · · · · · · 252
A1 静力学 · 252
A2 动力学 · 253
A3 结构设计 · 253
A4 飞行与控制 · 254
附录 B 飞行器结构设计用到的主要基本定律 · 255
参考教材 · 256

第 1 章 绪　　论

1.1 学习方法

飞行器结构设计是一门飞行器设计方向的专业课。与基础课不同，它是一门综合运用以往基础课和专业基础课知识解决工程实际问题的课程。飞行器是一个系统工程，虽然结构设计仅是其中的一部分，但却是其他分系统的载体和实现功能的条件，既要考虑它们的需求，也要对其提出设计约束，以此促进技术进步。结构设计的载荷来自飞行条件、任务目标、控制性能等，决定了结构的形状、构型和截面尺寸。好的结构设计不仅可以降低应力水平，而且可以提高其他分系统的性能，降低实现任务目标的难度。飞行器结构是控制系统的控制对象，反过来，结构也会影响控制性能；在越来越多的情况下，结构与控制系统需要进行一体化设计，以提高飞行器的性能。由于飞行器结构是展示飞行器物理存在和技术性能的实体，所以飞行器结构设计的结果是实际存在的飞行器，因此，还要涉及材料、加工制造、试验验证等一系列问题，大到整体结构，小到连接结构的螺栓尺寸和布置方式。这不仅是一个从无到有地将想象变成现实的过程，还是一个细节决定成败的过程。作为一门工程设计课，虽然是理论、方法和实际应用相结合，但在很多情况下仍然很难做到形象化，有看不见摸不到的感觉，会感到比较枯燥。没有工程实践经验的人对此会感到很繁杂，并且缺少条理性。然而，工程问题往往就是烦琐的，因此在学习中需要调整心态，不轻视细节和小事，特别是对细节问题更要不厌其烦。

在飞行器设计教学的体系中，飞行器结构设计通常是第一门专业课，因为需要综合考虑多方面的影响和限制因素，满足多方面的要求，而且往往要与其他分系统进行一体化设计乃至融合设计，实际上也是一门跨学科的专业课。飞行器设计的主要知识体系是力学、信息、自动控制三者的融合，即所谓三位一体的知识体系 (图 1.1)。这就要求在学习方法上实现三个转变：

(1) 从单纯以数学为基础的抽象到以实物为对象的抽象与形象化思维的结合，注重培养自己的思维能力，包括批判性思维能力和形象思维能力，发展空间概念与感觉；

(2) 从单纯地学习知识到知识的综合运用，做到将多学科的知识和技术进行融会贯通，并落实到设计中；

(3) 从点到系统，形成系统的概念。

学习是一个认知过程，此过程可以分为六个级别，即知识、理解、应用、分析、综合和评判。专业课程学习可以认为是从第三个级别开始，但从基础课到专业课的转变过程则是从第一个级别开始，即如何进入专业课学习阶段。

(1) 知识：记住学过的知识，特别是基本概念和原理，包括对各种知识的回顾，从具体的事实到完整的理论。

(2) 理解：掌握所学知识的含义，能够将知识从一种形式翻译成另一种形式、解释或对知识进行总结。

(3) 应用：对知识进行融会贯通，在新的和具体的情况下综合运用所学知识，包括规则、方法、概念、定理、定律和理论的综合应用。

(4) 分析：抓住飞行器结构设计的共同点和关键点，将问题分解成其组成部分，以了解其组织结构，包括识别组成部分、分析其之间的关系，以及识别所涉及的构成原理等。

(5) 综合：深入理解问题，将其组成部分组合在一起形成新的整体，并与环境因素和作用相结合形成系统。

(6) 评判：判断评价设计方案的正确性、可行性和是否存在问题，以及对实现任务目标的价值。

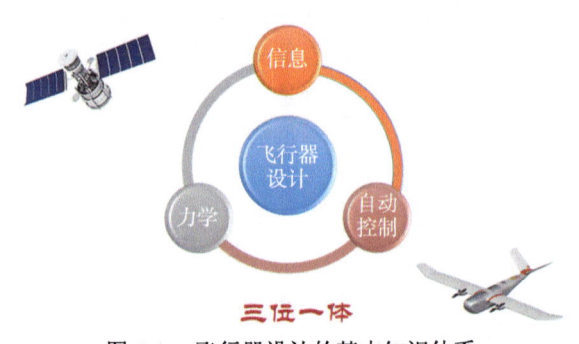

图 1.1　飞行器设计的基本知识体系

这里需要进一步说明的是，在对知识的理解方面，将知识从一种形式翻译成另一种形式的典型应用是做到"书越读越薄"。这是因为同样一个概念、定理、定律、方法、公式在不同的学科领域中可能有不同的表述方法，在以往学科划分越来越细的过程中，不少学科都形成了自己的独立理论方法体系，但并没有改变其作为基础的数学和物理学的本质。例如，高等代数/线性代数中的矩阵特征值、经典控制中的极点、结构动力学中的固有频率等在本质上都是一致的，所对应的数学方程在一定条件下都可以归结为代数方程组，尽管方程的形式有时间域的常微分方程组和频率域的输入输出多项式方程，但得到这样的翻译结果后，就可以将一本教材的内容大幅度压缩。

虽然课程会涉及多种具体的飞行器结构设计问题，但设计方法是相通的，具有共性，因此"抓住共性，注意特点"是学习的基本方法。在结构设计中，基本概念、基本原理和基本思路最为重要，因为这些是设计的基础和出发点。虽然现在大量地采用有限元分析方法，但当结构不存在时，仍然需要基于传统的简单计算公式和设计方法给出结构的初始形态，在此基础上逐渐完成，使之具备构造有限元计算分析模型的条件，所以在学习中不应忽视传统的简单计算公式，而这些公式通常来自原来学过的课程。

概括起来，学习飞行器设计的基本方法是：在基本概念的基础上，建立知识的关联性，注重掌握基本方法，建立基本思路，借鉴前人经验，发挥想象力。

思考题

(1) 结合自动控制课程学过的内容，讨论结构和控制系统是如何相互作用与耦合的。

(2) 至今为止，哪些课程和飞行器设计有关？哪些课程与结构设计有关？

(3) 何为空间概念？自我测评：有建立空间概念的能力吗？

(4) 谈谈自己对学习方法的感悟。

1.2 结构与功能

结构将飞行器其他分系统连成一个整体并为其提供支撑，为搭载设备/人员提供维持正常工作/维持生命和安全舒适的空间环境，保障其刚度和尺寸稳定性，并定义飞行器的外部形状；它是一个完整的承力系统，承受和传递着各种载荷。对于大气层外飞行器(航天器)，结构是在轨展开安装在航天器主体结构外附件的总称。对于大气层内飞行器，结构保持所需的气动外形，在飞行时产生所需的升力。对于执行战斗任务的飞行器，飞行器结构还起到提供隐身功能的作用。由此可见，结构在飞行器系统中占有重要的地位，结构设计的好坏直接关系到飞行器的性能与系统的经济性。

飞行器结构是一个复杂的结构系统，由成千上万个互相连接的零件构成一个整体，零件的设计、制造和安装通常难度很高。此外，飞行器结构的重量对飞行器的性能及成本有重要的影响。因此，飞行器结构设计的主要任务是：努力简化结构，减少零部件数量；在保证可靠性和安全性及舒适性的前提下，降低结构的重量。为实现可控飞行和完成任务目标，除去实现向特定方向运动的推力发动机外，飞行器还包含飞行姿态控制作动器和部件或结构运动驱动机构。结构与机构设计同属于机械设计，在一些情况下需要一同设计。

飞行器结构和机构的形式与组成主要由任务目标、使用要求和飞行环境决定。飞行器结构和机构通常由下列模块的部分或者全部组成。卫星结构设计的最大挑战是体积、重量和结构形式受到发射条件的限制，除去自然环境外，限制主要来自于整流罩内部空间和运载火箭能力等。此外，还受到推进能力、姿态控制作动器能力等限制。为了制造和装配方便，用最低的重量和成本代价满足各种设备的安装要求，以及从便于维护的角度考虑，飞行器的主体结构通常由数个舱段组成，为各种仪器设备提供装载条件，为成员提供乘坐空间和防护，为各空气动力面和助推器提供连接和固定的条件。作为导弹主体结构的弹身，一般分为导引舱、推力矢量控制舱、仪器舱、战斗部舱、固体发动机舱等舱段 (图 1.2)。客运飞机同样分为若干个舱段，以满足起落架安装、机翼安装、发动机安装等对结构的不同要求。战斗机为了缩小体积重量，扩大武器弹药装载能力，会采用一体贯通式结构形式 (图 1.3(a))，但为了制造方便，会将飞机结构分为多个部段分别制造 (图 1.3(b))，然后组装。图 1.3 显示了战斗机的主要组成部分和发动机、起落架等在结构中的安装方式。运载火箭分成多个发动机组 (即芯级部段和助推器)，每个部段称为火箭的一级，由发动机、燃料柱/箱和外部壳体组成，以实现逐步抛弃燃料消耗尽的部段，降低无用重量，即采用分离机构。卫星也分成多个舱，如服务舱、推进舱和载荷舱等，在结构构成方面，外部通常是整体板，内部通过设备安装板隔成不同的舱。载人飞行和深空探测器空间通常采用模块化结构，以利于空间组装和分别完成不同的任务。为降低结构重量，提高空间/重量比，大型飞机机身主要采用框架式结构 (图 1.4(a)) 以获得大的内部空间，大横截面主结构通常采用蒙皮桁条环框薄壁壳结构形式 (图 1.4(b))，机翼部分则通常采用骨架蒙皮结构形式。战斗机则大量采用蒙皮加强梁薄壁壳结构形式 (图 1.3)。卫星经常采用中央承力筒结构形式 (图 1.5(a))，这是一个从与运载火箭顶部对接的转接锥结构顶部到卫星顶部的圆柱壳结构 (图 1.5(b))，以将运载火箭的推力传递给卫星整体；中央承力筒中间安放变轨发动机燃料箱 (图 1.6)，下部锥段部分则用来安放变轨发动机的尾喷管；此外，中央承力筒也多采用蒙皮桁条环框薄壁壳结构形式。卫星的主结构侧板和隔舱板通常采用蜂窝结构形式 (图 1.5(c))，小型设备安装在同时作为侧壁板的载荷板上 (图 1.6)。

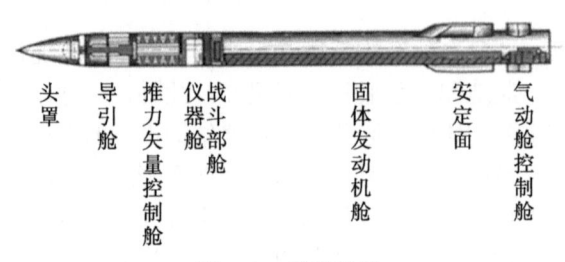

图 1.2 导弹舱室

1.2 结构与功能

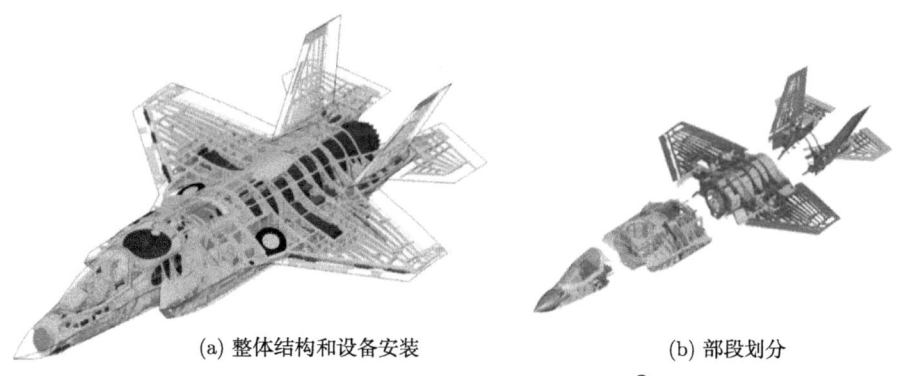

(a) 整体结构和设备安装　　　　(b) 部段划分

图 1.3　战斗机结构形式和设备布局 [1]

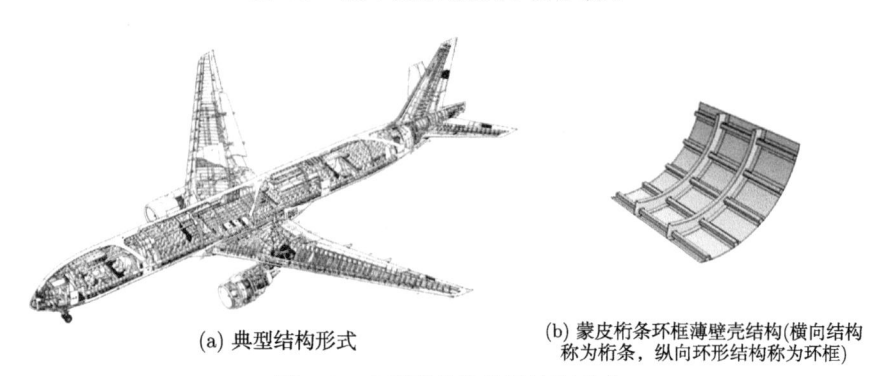

(a) 典型结构形式　　　　(b) 蒙皮桁条环框薄壁壳结构(横向结构
　　　　　　　　　　　　　　称为桁条,纵向环形结构称为环框)

图 1.4　大型飞机的典型结构形式

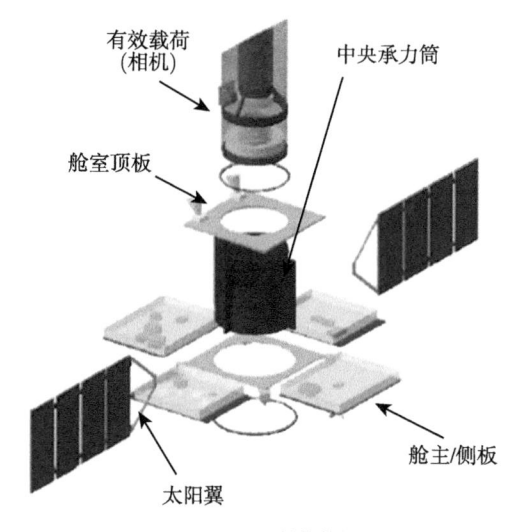

(a) 卫星结构构型

---

[1] Counts M A, Kiger B A, Hoffschwelle J E, et al. F-35 Air Vehicle Configuration Development. 2018 Aviation Technology, Integration, and Operations Conference, June 25—29, 2018, Atlanta, Georgia.

(b) 典型的碳纤维复合材料中央承力筒(上部)与金属及复合材料组合转接锥结构
(下部，与运载火箭顶部连接)

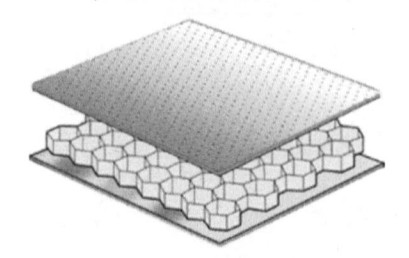

(c) 大尺度侧板广泛采用的蜂窝结构

图 1.5　卫星基本结构形式

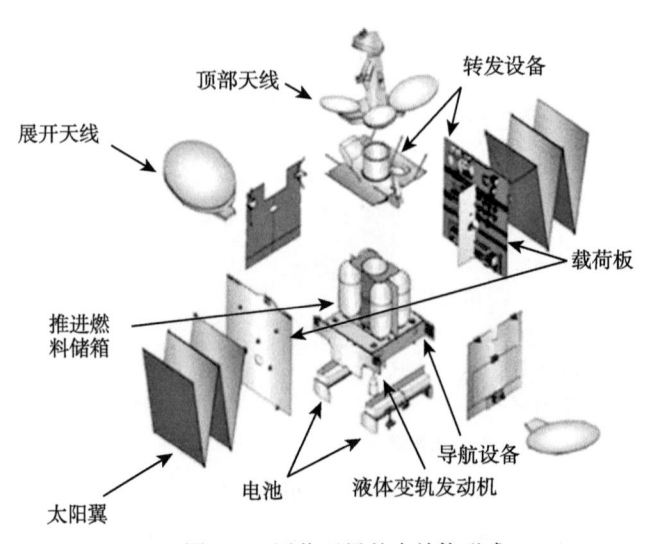

图 1.6　通信卫星基本结构形式

1.2 结构与功能

飞行器结构的另一个重要组成部分是伸展到主体结构外面的结构，也可以统称为附件结构。其中飞机和导弹、运载火箭等的附件结构包括机翼、垂尾、安定面和气动舵等，主要功能是利用空气动力学原理产生飞行时所需的升力和横向控制力。航天器的附件包括太阳翼、天线、设备伸展支架等。驱动这些结构运动的装置称为操纵机构，任务是将控制伺服机构传来的能量传递给结构以产生需要的运动 (通常是偏转运动)。为了避免因为附件和主体结构连接产生的强度、刚度和可靠性等问题，以及降低结构重量，一些设计采用了一体化结构设计 (如图 1.3 所示的机身和机翼一体结构)。除航天器的天线设备伸展支架的结构形式多种多样外，这些结构以板的形式为主，即厚度远小于长/宽尺寸。为了降低结构重量，同时提供足够的强度和刚度，大尺寸结构采用骨架蒙皮形式 (图 1.3) 或者蜂窝板结构形式 (航天器的太阳翼通常采用铝或者碳纤维蒙皮蜂窝结构，图 1.6)。对于导弹的弹翼/安定面和气动舵 (图 1.7)，为了降低成本，通常会采用实体结构，即由整块材料加工而成，也有采用中空结构形式，以在降低结构重量的同时保证强度和刚度。为了节约所占用空间，便于携带存储，需要升力面较大的亚声速长航程导弹 (反舰导弹和巡航导弹)，多采用折叠展开弹翼 (图 1.8)，这就涉及折叠展开机构设计问题。为节约空间，舰载机的机翼也通常会采用折叠展开的方式。

图 1.7 导弹气动舵和安定面

图 1.8 折叠展开弹翼

根据不同的需要，人们发展了多种多样的折叠展开形式和固定方式，例如将导弹安放在存储-发射一体化箱体中时，会将弹翼折叠并用绳索捆扎保持折叠状态，在发射箱开口处安装一组切割刀，在导弹出箱体的同时，将捆扎绳索切断，然后弹翼借助展开弹簧提供的展开力展开。当然，高超声速导弹的弹翼翼展较小，可以利用箱式发射筒的对角线安放。

思考题

(1) 导弹结构和飞机结构有哪些相同点？
(2) 飞机结构有哪些特点？为何有这些特点？
(3) 导弹/飞机的结构与卫星结构在哪些方面差别最大？产生的原因是什么？
(4) 飞机/导弹分舱段好还是不分好？结合以往学习的课程讨论原因。
(5) 卫星为什么要采用附件结构？不用附件结构会遇到什么问题？
(6) 为何在设计中强调尽可能减少零部件数量？
(7) 减少零部件数量的代价有哪些？

1.3 结构设计的任务、要求与依据

由上面的简要介绍和讨论可以知道，虽然飞行器有多种结构形式，但为了减轻结构重量和为搭载设备/人员提供空间，多采用经过加强的壳体结构和板式结构。加强结构的布置方式除去要考虑安装设备（包括发动机）的需要和载人对空间的要求外，还和结构在飞行中的受力状况有关。飞行器主体结构(包括空间飞行器在发射过程中) 主要受到弯曲和拉压载荷的作用，而在弯曲载荷作用下，最大应力分布在结构上部 (拉应力) 和下部 (压应力)。而机翼 (包括太阳翼) 等近乎于板式的结构主要受到弯曲和扭转载荷的作用，扭转应力 (剪切应力) 在结构内部均匀分布，对于内部是空心的结构会产生结构翘曲变形，这就需要通过内部结构将结构的上下部分连接，以降低结构表面的扭转应力。同样，弯曲刚度主要由结构最外部分提供，而弯曲刚度需要整体结构提供。当结构表面尺度较大时，结构局部存在弯曲、拉伸和扭转变形，为此，结构的局部需要加强，以提供足够的局部强度和刚度，这是桁条和环框结构及壁板结构需要有一定厚度的原因。例如在一些情况下，蜂窝蒙皮结构会需要较大的厚度。因此，飞行器结构设计的共同点是：首先明确结构受力状况及由此产生的应力和变形分布情况，据此设计结构形式，以使得结构强度和刚度有一个合理的分布 (这里使用了强度的概念，因为不同结构材料在受到破坏或者出现不可逆的变形时，应力值往往不相同)。在材料力学课程中，通过梁讲述了结构在不同载荷形式下的应力分布情况，并特别讨论了工字梁出现的原因，以及结构扭转状态下的应力分布情况。这些应力分布和刚度与结构构型之间关系的基本概念是结构设计的基础[1]。

在工程实践中，结构设计要基于这些基本概念，根据结构设计的原始条件，按照结构设计的基本要求，在总体设计基础上，提出先进合理的结构形式，进行结构构型设计、部件形状和截面尺寸设计、结构强度和动态特性计算，以及试验研究，绘

---

[1] Beer F P, E Russell Johnston, Jr. Wolf J T. Mechanics of Materials. 3rd Ed. New York, NY: McGraw-Hill Companies, Inc., 2002.

1.3 结构设计的任务、要求与依据

制结构图纸，编制相应的技术文件，完成结构 (含各部件) 装配图，以及零、构件生产图及相应的技术文件。在很多情况下，还要考虑到和控制系统的耦合问题，以及气动弹性等问题，这些都可以归结为以实现结构动力学特性为目的的设计问题。

表 1.1 列出了对结构的典型要求。无疑，保证结构强度是第一位的，但同时需要满足多种要求，这些要求多数是与结构动力学特性密切相关的，将在第 4 章的动态设计部分进行详细讨论。

表 1.1 对结构的典型要求

要求的特性	定义	典型的来源
强度	在不开裂、不崩溃或变形不足以影响任务完成的情况下，结构能够承受的载荷	对所有结构的基本要求，适用于整个寿命周期，不仅考虑外载荷，而且考虑因运动产生的惯性力和离心力作用
结构寿命	在材料疲劳破坏前结构能够承受的载荷周期数，或材料产生蠕变或裂纹前结构能够承受的持续载荷的时间	另一个对所有结构的基本要求，适用于整个寿命周期
结构响应	由外加载荷激起的振动的幅值和持续时间	避免损坏关键设备或整体结构
固有频率	避免出现共振现象或者控制系统失稳，必须高于某一特定的值或在某一范围之外，通常最关心结构的基频 (第一阶频率)	空间飞行器和运载火箭的耦合结构的频率不应和火箭发动机压力脉动频率相接近；飞行器的固有频率应高于控制系统的工作频率；结构和控制系统形成的系统固有频率要避开激振力频率；机翼弯扭频率要相差一定数值
刚度	对载荷引起的结构变形的抵抗能力	保证或提高结构的固有频率，传感器或天线等提供必要的位置/指向稳定性
阻尼	重要的结构特性，可以限制结构的振动幅值和减少持续时间	控制载荷和在影响控制系统前将振动衰减到足够低
质量特征	质量、质心位置、惯性矩	需要符合飞行姿态控制系统的要求，影响机动性能
动态包络	结构在变形情况下必须位于的物理空间	避免飞行器和整流罩的碰撞，或两个相邻子结构间的碰撞
位置稳定性	保证一定范围内的位置或指向的能力，典型问题包括热弹性变形、材料屈服和机械连接的移动	保证关键仪器设备能够找到目标，并且保证观测精度
机械界面	平面、螺栓孔位置等定义结构或部件连接的特征，有时也包括刚度	配合结构的设计，保证匹配和避免过大的变形

除此之外，从实际实施和实际应用角度，对结构设计的基本要求还包括如下内容。

可承受性：成本是飞行器项目的一个重要约束条件，因此必须控制在可承受的范围内，特别是那些需要大批量生产的飞行器，生产成本是决定设计方案是否可以接受的一个关键因素。

可生产性：使用能够生产的、满足要求的并且买得起、买得到的材料，加工和生产可实现、过程尽可能简单并且价格能够承受，选用的设备能够制造并且造价在控制范围内，不能生产出产品的设计是不可接受的。

可试验性：无须复杂的仪器设备和过程，产品在地面能够搬运与试验，并且能够采用可度量的测试标准。

可维护：设计的产品能够较容易地接近、取出和更换，有时还需要满足在轨服务的要求或者是在使用现场快速拆卸和组装的要求。

可控性：设计出的飞行器至少能够用简单的电子设备和软件进行控制。

结构的具体设计是总体设计方案完成之后，按照基于总体设计方案形成的任务书开展工作。设计任务书可以认为是设计的法律文件，一旦最终确定下来，将会很难更改。设计任务书对具体结构提出技术指标和技术要求。设计任务书中包括用途（或主要战术技术指标）和使用条件（如目标特性、作战空域、发射方式、航程、使用环境条件、经费预算、承载能力、客户需求等）。飞行器设计同样要首先进行结构总体方案设计，或者是概念设计。结构设计人员首先要明确设计任务，在调查研究的基础上提出多个方案进行可行性论证，对每个方案的工程技术和经济方面进行分析比较和评审，最后优选出一个可行的结构总体技术方案。在这个过程中，结构设计人员经过必要的分析比较、多方协调后，提出修改意见，再经过总体的进一步分析与协调，最后得到总体和结构都认可的设计任务书。

根据任务目标和技术性能指标及使用条件和环境，可得出结构设计方案制定的原始依据，对于大气层内飞行器，包括气动外形及尺寸，总体布局（外形和空间协调条件），承力结构方案，总体方案的气动系数、外载荷、气动加热等数据，重量重心的限制，结构动态特性及使用环境；对于飞机，还包括使用寿命、舒适性和经济性等要求。这些内容的表达方式是图纸、计算报告和指令性文件，如飞行器的三面图、部位安排图、支撑吊挂图、气动力计算报告、外载荷计算报告、气动力加热计算报告、模态特性分析报告、环境数据和要求报告等。

根据任务目标要求、技术指标和有效载荷对飞行器的要求，空间飞行器结构设计的原始依据包括运载火箭参数（如运载能力、飞行加速度、振动噪声、整流罩内部空间尺寸）、工作轨道和倾角、有效载荷的视场、指向精度要求、安装对接要求、重量与空间尺寸、姿态和轨道控制技术指标、飞行器和有效载荷对能源的要求、有效载荷类型、可靠性要求（是否载人）、寿命和是否返回或者重复使用等。这些内容的表达方式是数据、计算报告、数字模型（有限元模型）和指令性文件。

设计的重要原始依据是使用环境，这是因为使用环境定义了飞行器使用条件和基本设计要求。按飞行器从出厂到寿命结束/击中目标各个时期所处的状态，可分为运输环境、储存环境、操作环境、发射/起飞环境、飞行环境等。结构对设计任务规定的使用环境条件应具有足够的适应能力，结构对各种载荷应具有足够的强度、刚度、稳定性和密封性，并应满足各项动力性能要求。

(1) 自然环境：飞行器在整个使用过程中所处的地理条件、气候，以及工业和战争对大气可能造成的污染。

(2) 空间环境：飞行器在大气层外和脱离地球引力所处的环境。

对于一些需要特别安静环境的有效载荷，由飞行器上旋转部件产生的振动和噪声影响有效载荷的工作性能，例如高分辨率遥感卫星对振动非常敏感。

(3) 飞行环境：飞行器在整个使用过程中所要经受的各种飞行状态和过程。

打击目标为现代歼击机的导弹，飞行马赫数一般要大于 2.5，有的已高到 5~6 乃至 10，机动过载系数一般要大于 10，有的已高达 30 以上；在导弹飞行过程中，弹体还要经受如突风、发动机点火、熄火、级间分离等瞬时冲击，这就使得弹体所要经受的静载荷和动载荷都很大。

空间飞行器需要经历由地面到太空的发射过程。为降低结构重量，会采用一些特殊结构和大量采用复合材料，这就需要考虑由大气环境到真空环境产生的结构件表面压力的变化，以及由此产生的内部膨胀力增加。此外，地面重力会导致结构变形，如果是弹性变形或者可以部分恢复的变形，在空间失重环境下，一些精密结构因此出现的结构形状改变，可能会产生灾难性后果。

一个典型的例子是美国哈勃望远镜主镜在空间因失重而恢复地面加工时产生的变形，导致空间镜面形状出现差异，严重影响了图像质量，以致不得不派航天飞机执行在轨修复任务。

为此，对于空间飞行器而言，还需要考虑地面环境和空间环境的差异带来的影响，包括重力、大气压力、温度和湿度、环境洁净度等。

(4) 热环境：因高速飞行产生的空气动力加热。

空气动力加热随飞行速度的增加而急剧增加。由于一般工程材料的机械性能都会随温度的升高而降低，空气动力加热越严重，结构的承载能力越低，并将引起严重的结构问题(如热应力、颤振等)。

例如，飞行马赫数由 2 增加到 6 时，飞行器头部和翼前缘的温度可由 200°C 增加到 800°C 以上。如果导弹在几秒钟内被加速到马赫数接近 6，由于空气动力加热是在极短时间内产生的，弹体上各点的温度来不及向周围和结构内部传递，因而会产生很大的局部应力，结构有可能因此而遭到破坏，这就是所谓的热冲击现象。

(5) 运输环境：飞行器的装卸运输过程，包括飞机挂载、船舶运输等。

(6) 地面试验环境：为检验设计和制造是否满足使用要求，以及发现设计和制造中存在的问题，飞行器设计还需经历地面试验环境，包括疲劳、过载、压力、振动、噪声、冲击、热真空等。由于受到实际使用过程中测量条件和测量原理等方面的限制，以及地面试验和空中飞行状态边界条件与环境的差异，试验条件可能并不能复现真实使用情况，因此，试验条件通常较真实使用情况更严格，但为了获得对设计制造的认可和确信使用中不会出现问题，要求设计制造必须通过地面试验考核。

(7) 加工操作:零部件和整体结构的加工组装过程中也会产生一些不容忽视的问题。上述环境对飞行器结构设计和技术性能的影响见表 1.2。

表 1.2　环境对飞行器结构设计和技术性能的影响

环境	类型	对设计和加工制造的影响
自然环境	重力 大气压力 温度和湿度 腐蚀环境 污染 气象条件	薄壁壳、高精度设备重力变形 蜂窝夹心内气压变化和压力容器负压 复合材料水解、润滑材料性能下降 材料表面的斑点、裂纹等 灰尘微粒 温度和湿度
加工操作	金属或复合材料加工 钻孔或板材成型 起吊或翻转	氢脆、残余应力、变形、分层 局部应力 连接点损坏、过载、碰撞
地面试验环境	检验与验证试验	试验条件通常较真实使用情况更严酷,试验损伤
运输环境	车辆运输 机载 船舶运输	颠簸、摇摆、振动、冲击载荷 温度变化、重复挂载飞行产生的疲劳载荷 海水盐雾腐蚀
发射环境	启动 助推器点火不同步 约束释放不同步 跨声速飞行 稳态飞行过载 级间或整流罩分离	瞬时空气压力脉动 横向振动 更大的横向载荷 激波抖振、耦合风 重力加速度过载 火工品爆炸造成高频冲击
飞行环境	空中飞行 水上起降 陆上起降	突风、发动机点火、熄火、高速转弯产生的振动、冲击和惯性载荷 水面滑行设计,浮力要求 起落架设计,跑道情况,起降距离
空间环境	材料放气 聚合物水分含量变化 热辐射和交变温度场 带电粒子与紫外辐射 原子氧 微流星和空间碎片 振动和噪声 真空零大气压力 微重力	污染问题和材料性能退化(真空隔热材料、胶黏剂、复合材料都可能出现放气问题) 结构变形和污染,液体润滑机构的轴承密封性功能破坏 热疲劳、热致振动、定位精度下降、机构的卡死等问题 影响电子设备,加速材料老化 降低热控涂层的性能 威胁飞行器安全,需要考虑防护措施,必要时需要飞行器进行轨道机动以避开撞击 影响有效载荷的工作环境,降低光学成像质量 密封压力容器内压增加 0.1MPa,附件展开冲击加大 结构失去重力后的弹性变形恢复
再入过程	与大气环境相互作用 非滑翔形式着陆 环境压力变化	气动力、变轨推力、气动热、长时间低热流密度、局部气动热 弹射、开伞、着陆等过程产生的冲击载荷 密封舱内压改变
热环境	高超声速飞行	气动加热高温、热致气动弹性问题

思考题

(1) 为何要先确定总体设计方案？
(2) 谈谈对设计基本要求的认识。
(3) 为何飞行器设计特别强调环境影响问题？

1.4 设计与结构的现状

由于计算机的发展和广泛应用，结构设计主要依赖于计算机和工程软件进行，结构设计所包含的工作也分成了计算机辅助设计 (CAD)、计算机辅助分析 (CAA)、计算机辅助试验 (CAC)、计算机辅助制造 (CAM) 等，并进一步发展成为包括上述各项内容的一体化计算机辅助工程系统 (CAE 系统)。将设计分析和计算机图形显示相结合，则形成了虚拟实现技术。有限元分析计算是设计的主要手段，将结构设计和分析相结合，并且可以与结构的优化设计相结合 (图 1.9 和图 1.10 分别是卫星和运载火箭的有限元模型)。从数学上讲，优化设计就是求解以设计变量为自变量的目标函数的极值问题。合理选取目标函数、设计变量和约束条件，是结构优化设计的前提条件，也是得到合理优化结构的基础。

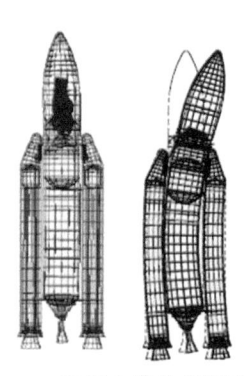

图 1.9 卫星的有限元模型　　　　图 1.10 运载火箭的有限元模型

拓扑优化设计是降低结构重量但同时保证强度的一个有效方法。其基本思想是将结构中应力小于某一个数值的部分去掉，然后重新进行结构强度计算，再次将应力小于某一个数值的那部分结构去掉，对于应力超出许用应力值部分的结构加强，或者增加辅助结构，例如加强肋或者辅助支撑等。如此反复，直到重量达到期望值，并且结构刚度分布也满足结构稳定性要求。

一个典型的例子是工字梁，原理是梁受到弯曲时，中间部分应力远小于上下两端的应力，因此可以将结构中间部分去掉，但为了使上下结构部分为一体，中间采用了厚度尺寸远小于高度的结构。从结构刚度角度，结构的一部分对截面惯性矩的贡献随着其离开界面中间线的距离增大而迅速增大，所以两端的结构横向宽度远大于中间立板的厚度。如果采用优化方法，则可以进一步降低结构重量并且减少结构的应力水平。图 1.11 是一个简支梁的拓扑优化过程，设计目标是设计出最刚的结构，而设计约束是结构重量不超过给定值 (初始重量的 50%)，结果获得了一个平面异形框架结构，但刚度提高了约 6 倍[①]。

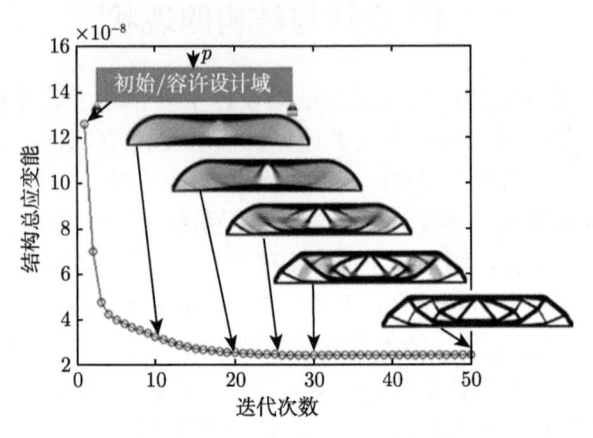

图 1.11　简支梁的拓扑优化过程

以有限元分析计算为基础，在飞行器设计中多采用结构动态设计方法，即 "动态设计，动态校核"。通过有限元分析计算和设计的迭代，主动设定结构的固有频率、控制结构的动态响应，避免发生诸如共振和颤振等问题，并且通过寻优的方法获得最佳构型，以最小的质量代价获得期望的结构动态特性 (如频率和响应)，进而将动应力降至最低。因此，动态设计也是一个反复迭代过程，即通过设计降低结构的动应力，进而降低结构重量，而重量减轻后会影响结构的动态特性，从而改变结构的动态应力，这就需要进行结构强度重新校核。

飞行器设计涉及许多学科，结构是和飞行器上其他分系统共存的，共同构成一个整体。然而，分系统间是相互影响的，仅对结构进行优化而不考虑其他分系统的设计是不可取的，所以需要进行多学科一体化设计。在结构设计方面，对飞行器上其他设备，传统上结构的功能是承载平台，仅提供安装空间和支撑，将结构和搭载设备分开设计。虽然从管理角度，这种做法简化了项目的组织管理，但却造成了结构功能和重量与空间的浪费。一体化设计强调飞行器结构和搭载设备统一设计，共享空间和结构，以提高空间的利用率和降低飞行器重量。在系统方面，在虚拟实现的基础上，将气动载荷、飞行动力学载荷、飞行控制、任务载荷性能、推进等和结构设计相结合，进行系统水平上的一体化分析与设计。系统一

---

① 杜建镔. 拓扑优化讲义. 清华大学内部讲义.

体化设计的目的是最大限度提高飞行器的技术性能和经济性能,满足社会、政治、环境、技术和经济的需要。

为保证并提高结构可靠性,在一些关键设计中引入了可靠性设计,在基于有限元和优化分析的设计过程中进行可靠性分析。可靠性设计是以概率论和数理统计为基础发展起来的一种设计方法。一般将载荷、材料性能、环境等视为服从一定分布规律的统计量,计算出结构的非破坏概率(可靠度)与设计要求的可靠度进行比较,从而定量地表述结构的可靠性指标是否满足设计要求。现行的可靠性设计方法有概率设计法、可靠性安全系数法、失效树分析及失效模式、影响及致命度分析等类型。对于结构设计,常用概率设计法和可靠性安全系数法。

为了提高设计效率,缩短研制周期,并行设计方法获得了应用,基本方法是将方案设计、零件设计和控制系统设计并行进行。并行设计不仅涉及技术,还涉及型号设计的组织与管理。为配合并行设计的实施,可以组成设计团队,以突破原有的金字塔式组织结构,采用扁平式组织结构。

在一些任务中还采用了数字孪生(digital twin)技术。数字孪生技术是利用物理模型、传感器信息更新、运行历史等数据,集成多学科、多物理量、多尺度、多概率的仿真过程,在虚拟空间中完成映射,从而反映相对应的实体装备的全生命周期过程。这个技术早在阿波罗项目中就已经采用,当时美国国家航空航天局使用空间飞行器的数字孪生对飞行中的空间飞行器进行仿真分析,监测和预测空间飞行器的飞行状态,辅助地面控制人员做出正确的决策。

就结构本身而言,为提高可维护性和经济性,结构设计需要注重标准化和系列化。为降低结构重量,将提高结构的整体化和一体化程度及采用复合材料和轻质结构作为一个重要途径。在一些应用中,主动应用动态特性控制结构与装置,减小飞行过程中的动态载荷,保证飞行器有效载荷的环境的安静性。对于军用飞行器,广泛采用隐身设计和大量使用隐身材料。

1.5 设计方法的发展问题

"设计方法"可以理解为设计的一般过程及解决具体问题的手段,不同时期的设计必然反映着当时的生产力和技术水平。设计是多学科知识和技能的综合运用,也是一个创造过程。设计方法可以理解为思维、综合、自我否定的过程。

历史上,设计者在丰富的设计实践的基础上,利用类比作为依据,并使用经验数学公式进行必要的计算,经过一定的科学总结和提高,在20世纪50年代后期逐渐形成了所谓的"经验设计"和"半经验半理论"设计方法。这些方法至今仍被广泛采用,主要是运用系统的、成套的图纸和设计、分析资料表达设计意图,以满足许多人同时参加制造的需要,还可以用图纸对产品进行分析和改进。这些传统设计推动了设计工作的发展，从而使设计工作具有相对独立的性质。

现代设计方法运用了系统工程，即行人–机–环境系统一体化设计，使设计思想、设计进程、设计组织更趋合理。如前所述，采用计算机和工程软件作为主要设计工具，可以对设计进程、设计策略、设计方案和数据选择进行广义优化，而由于大量采用有限元分析计算方法，形成了从部件到整体结构的有限元装配模式，使问题分析动态化。在设计中，实现了结构静动力学计算和设计迭代进行，在有限元软件、结构优化软件和绘图软件之间形成了无障碍的数据流。

与传统设计方法相比，现代结构设计存在以下主要技术变化：静态设计转向动态设计，校核计算转向优化设计，平台设计转向一体化设计，由满足破损安全、耐久性、损伤容限设计等要求转向满足整体性要求，由总体协调分系统设计转向分系统协同耦合设计。因此，现代设计方法能够满足飞行器技术性能快速发展的需要。然而，传统方法仍然有其价值。首先，现代设计方法和技术是在传统设计方法基础上发展起来的，它继承了传统设计方法的精华，如设计的一般原则和步骤、价值分析、类比原则和方法、相似理论和分析、调查研究、冗余原则、积木式组合设计法等。因此，现代设计中的许多内容是传统设计方法的继承、延伸和发展。事实上，在进行概念设计时，首先依赖传统设计方法，确定结构的初始设计方案和关键设计参数，即建立初步模型，以便后面逐步建立详细的有限元模型。

思考题

(1) 动态设计和静态设计的差别是什么？
(2) 为什么要进行动态设计？
(3) 飞机和导弹在结构设计方法和设计要求方面都有哪些差异？
(4) 讨论结构设计的主要技术变化出现的原因。

1.6 结构材料

结构设计一直受到材料发展的制约，结构设计的要求不断地激发着新材料的研制，而新材料的诞生又会引起结构设计的革命。飞行器结构的设计也是如此，本节仅介绍一些与飞行器结构设计相关的材料科学基础。在新材料开发方面，一些期望的性能包括透明、生态友好、自清洁、可变形、可自修复、立体成型、生物仿生、智能、易于制造和自诊断等。

在一次针对航天器所用装置的地面检验性振动实验中，采用 YL-12 制作的支撑结构被震碎了，后改用没有经过热处理的软状态 RL-12，顺利通过了振动实验考核。虽然 YL-12 的强度显著高于 RL-12，但冲击韧性值远低于没有经过热处理处于软状态的同牌号铝合金材料。

1.6.1 材料和类型

可以按照材料的性质进行分类，以便和使用与加工方式相对应，也可以按照材料在构造中的作用进行分类。表1.3给出了飞行器中常用金属材料的性能参数。

(1) 结构材料 (structural materials) 是以力学性能为基础，主要用来制造受力构件，并且具有特定的物理或化学性能，包括光泽、热导率、抗辐照、抗腐蚀、抗氧化等的材料。

(2) 功能材料 (functional materials) 是指通过光、电、磁、热、化学、生化等作用后具有特定功能的材料。功能材料涉及面广，具体包括光功能、电功能、磁功能、分离功能和形状记忆功能等。这类材料相对于通常的结构材料而言，除了机械特性外，还具有其他的功能特性[①]。

表 1.3 飞行器中常用金属材料的性能参数

材料	相对密度 d	弹性模量 E/MPa	强度极限 σ_b/MPa	比强度 (σ_b/d)/MPa	比刚度 (E/d)/MPa
LY-12 铝合金	2.71	70560	421	155	26036
LC4 铝合金	2.8	74000	600	214	26428
ME8 镁合金	1.78	40180	235	132.3	22573
TC4 钛合金	4.5	110740	1060	220	24608
45号钢	7.85	196000	588	75	24968
30CrMnSiAl	7.85	196000	1078	137.2	24968
玻璃钢	1.97	39200	1039	519.6	19600
碳纤维复合材料(高强度)	1.45	137200	1470	1014	94621
碳纤维复合材料(高模量)	1.6	235200	1049	656	147000
硼纤维/环氧	2.1	205800	1352	644	98000

飞行器中常用的金属材料如下。

(1) 镁铝合金：优点是比重小，比强度高，机械加工性能好，能承受较大的冲击载荷；缺点是抗腐蚀性能差。

(2) 铝合金：优点是强度、比强度较高，机械性能、抗腐蚀性能较好，能用多种方法加工，是飞行器中最广泛应用的材料，目前常用的铝合金主要有硬铝、超硬铝、防锈铝等；缺点是硬度低，冲击韧性差。

(3) 钛合金：优点是比强度高，具有良好的抗腐蚀性，工作温度可达500°C；缺点是弹性模量低，对应力集中较敏感，加工工艺复杂，成本高，容易吸收氢原子，产生氢脆现象。

(4) 高强度合金钢：优点是强度高，耐腐蚀，耐高温；缺点是比重大。

---

① 郭卫红. 现代功能材料及其应用. 北京：化学工业出版社，2002.

在飞行器中还大量采用非金属材料，如橡胶、塑料等。塑料是以合成树脂为基本成分，加或不加其他添加剂，在一定的温度和压力下具有可塑性，能塑造出各种形状制品的高分子材料。工程塑料的基本性能包括：密度小，一般为 $0.9\sim2.2\mathrm{g/cm}^3$；电绝缘性能好，类似于陶瓷等材料，具有不导电特性；耐化学腐蚀性能良好；耐磨性能好，如尼龙可以用作无润滑的轴承材料等；消音、减振性能好；易加工成型。由于塑料的可塑性及其加工过程的特点，很容易将其加工成形状复杂的产品。当然，也存在一些问题，如机械强度低、弹性模量低、耐热性差 (一般工作温度低于 100°C，极少数可以达到 2000°C)、易老化、易燃、性能受工艺影响较大等。工程塑料常见的应用包括受力或受力很小的机械零件、耐磨零件、减振垫、自润滑零件、耐腐蚀件、电器绝缘件和透明件等。

因为复合材料具有较高的比强度和比刚度，特别是具有隐身性能，用其可以制作大型一体成型结构，所以飞行器中大量采用复合材料。按照国际标准化组织的定义，复合材料是由两种以上物理和化学上不同的物质组合起来而得到的一种多相体系。另一种定义是由连续相基体与分散相的增强材料组合的多相材料。由于其组成不同，所以其性能也不同。目前应用较多的有树脂基玻璃纤维增强的复合材料 (俗称玻璃钢)、树脂基碳 (石墨) 纤维增强的复合材料、树脂基硼纤维增强的复合材料、金属基硼纤维增强的复合材料等。

1.6.2 材料的性能

1) 材料的机械性能

弹性模量 (E)、比例极限 (σ_p)、屈服极限 (σ_s)、强度极限 (σ_b)、冲击韧性 (α_k) 和泊松比 (μ) 等。

2) 材料的物理性能

密度 (ρ)、线膨胀系数 (α_l)、导热系数 (λ) 和比热 (C) 等。

3) 材料的化学性能

材料与介质的相容性，即材料在与腐蚀性介质、致脆性介质相接触中能够保持它原有的机械、物理性能的能力。

4) 材料的温度性能

温度对材料性能的影响很大，过高或过低的温度都会降低材料的性能，在选择结构材料时必须了解材料在高温或低温下的性能变化情况。

5) 抗冲击性能

一般将 α_k 值低的材料称为脆性材料，α_k 值高的材料称为韧性材料。α_k 值取决于材料及其状态，经过直接淬火的材料在提高强度时，可能会降低其冲击韧性。α_k 值对材料的内部结构缺陷、显微组织的变化很敏感，如夹杂物、偏析、气泡、内部裂纹、回火脆性、晶粒粗化等都会使 α_k 值明显降低；同种材料的试样，缺口

1.6 结构材料

越深、越尖锐,缺口处应力集中程度越大,越容易变形和断裂,材料表现出来的脆性越高。因此,不同类型和尺寸的试样,其 α_k 不能直接比较。

6) 抗疲劳性能

结构的疲劳破坏:在交变载荷作用下,构件会产生可见裂纹或完全断裂。疲劳破坏与静力破坏有本质的不同,当结构在交变载荷作用下,虽然其交变应力小于材料的静强度极限,但是,结构可能已经发生破坏。当交变应力稳定变化时,其变化情况一般可以用图 1.12 表示,其中 $\sigma_{\max}$ 和 $\sigma_{\min}$ 分别为最大和最小应力,二者之比称为应力之比,也称为应力比:$R = \sigma_{\min}/\sigma_{\max}$,应力比代表了交变应力的变化特点。

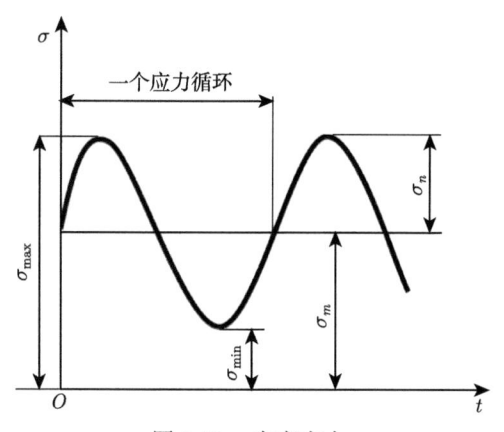

图 1.12 交变应力

当 $R = 1$ 时,称为对称循环。材料的疲劳性能一般用实验测定。应力-寿命曲线 (S-N 曲线) 由实验得到。材料的疲劳极限或持久极限 σ_R 是指经过无穷多次应力循环而不发生破坏时的最大应力值。σ_{-1} 表示材料在对称载荷下的疲劳极限。对于有色金属及其合金的 S-N 曲线,不存在图 1.13 中的水平直线段,通常以某一指定寿命 N_0 所对应的最大应力作为材料的条件疲劳极限,N_0 一般取 $10^7 \sim 10^8$。材料的疲劳极限 σ_{-1} 与材料的强度极限和承载形式有关,一般由实验获得。

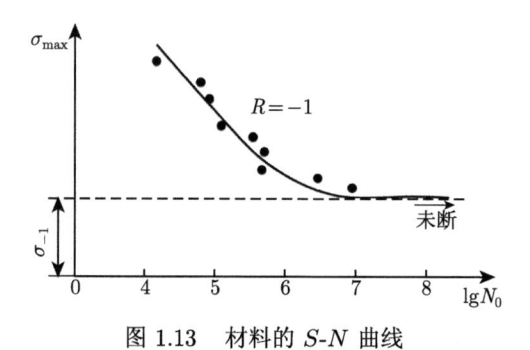

图 1.13 材料的 S-N 曲线

一些典型材料的疲劳极限 σ_{-1} 如下 (下标 W 和 L 分别表示弯曲和拉伸)。
(a) 钢：$(\sigma_{-1})_W \approx 0.4\sigma_b$，$(\sigma_{-1})_L \approx 0.28\sigma_b$；
(b) 铝合金：$(\sigma_{-1})_W \approx (0.5 \sim 0.3)\sigma_b$；
(c) 镁合金：$(\sigma_{-1})_W \approx (0.4 \sim 0.25)\sigma_b$；
(d) 铜：$(\sigma_{-1})_W \approx (0.4 \sim 0.3)\sigma_b$。

7) 比强度和比刚度

比强度定义为 σ_b/d，比刚度定义为 E/d。其中，σ_b 为材料的强度极限，E 为材料的弹性模量，d 为材料的相对密度。材料的比强度与受力形式有关；不同的受力形式，其比强度值不同，对同一种受力形式，材料的比强度值越大，结构的重量越轻。比刚度亦是如此。

8) 断裂韧性

某些构件在工作应力小于屈服应力的情况下发生脆性断裂，这是由于构件往往存在着裂纹，它们或是材料固有的，或是在加工过程中产生的。断裂韧性是评价结构抵抗或阻止裂纹迅速发展的尺度，它表示一个已有裂纹的结构构件在承受某种规定载荷时，不会因为小的损伤而使整个结构受到破坏的能力。断裂韧性的参数很多，常用的材料断裂韧性参数是材料的临界应力强度因子 K_c。实验表明，存在一个临界的应力强度因子 K_c，当实际结构的应力强度因子达到该值时，无论外力和裂纹长度多大，裂纹都迅速扩展并引起结构破坏，这个临界的应力强度因子称为材料的断裂韧度，它代表了含裂纹材料抵抗断裂破坏的能力。

1.6.3 材料的选用原则

由于材料的性能会直接影响产品的性能和生产成本，所以选择材料时可以遵循以下原则。

(1) 充分利用材料的机械性能和物理性能使结构最轻。例如，对有强度要求的元件，可选用比强度较大的材料，对要求不失稳的元件，应选用比刚度较大的材料。

(2) 材料应具有足够的环境稳定性，即保持正常的机械、物理、化学性能的能力。

(3) 材料应具有良好的加工性。材料的加工性如何，对产品的生产成本和周期有很大的影响，如冷加工部件，要求材料具有良好的塑性。

(4) 某些特殊结构的材料应具有足够的断裂韧性，在一些情况下还要考虑材料的冲击韧性。

(5) 材料的成本低、来源充足、供应方便。

(6) 根据使用要求和使用环境选择材料，例如材料的隐身性能和真空性能等。

(7) 应尽量选用国家已经制定标准、已规格化的材料。

1.6.4 复合材料

复合材料的比强度、比刚度一般都大于金属结构材料,而且二者兼优,是十分理想的飞行器结构材料。从表 1.3 中可以看到:碳纤维/环氧树脂高强度材料的相对密度低到 1.45,但比强度和比刚度可以分别达到 1014 和 94621,远高于金属材料;碳纤维/环氧树脂高模量材料的相对密度为 1.6,比强度为 656,但比刚度高达 147000。此外,复合材料还具有如下优点:抗疲劳性能好,减振性能好,耐热性能好 (如碳–碳复合材料,但材料脆性强),成型工艺性好,性能的可设计性好 (如零热变形结构和各向异性结构等),可以吸收雷达波。

根据目前的技术水平,纤维复合材料也存在一些问题,如断裂伸长较少、抗冲击性差、层压复合材料的横向强度低 (易引起分层)、层间剪切强度较低及树脂易于吸湿。这些问题会影响结构的性能,并且质量检验手段尚不是很完善。此外,构件制造过程中手工劳动多,质量不稳定,成本也高。

一些常用的复合材料如下。

(1) 树脂基复合材料:它是最常用的复合材料,制作工艺相对简单,工艺成熟,已经广泛应用,包括碳纤维复合材料和玻璃纤维复合材料。多种纤维 (陶瓷纤维、碳纤维、玻璃纤维) 混合编织的树脂基复合材料具有优良的雷达波吸波性能。

(2) 陶瓷基复合材料:陶瓷材料具有耐高温、低密度、高比强、高比模、抗氧化和抗烧蚀等优异性能,但脆性高和可靠性差,因此难以实际应用。连续纤维增强陶瓷基复合材料弥补了陶瓷材料的缺点,可有效提高陶瓷材料的抗弯强度和断裂韧性。纤维可以是碳纤维、陶瓷纤维、碳化硅纤维和玻璃纤维等。纤维陶瓷基复合材料具有密度低、硬度高、热稳定性能优异及化学耐受性强等特点,密度为高温合金的 1/3,强度为其 2 倍,能够承受 1000~1500°C 的长时间高温使用环境,且结构耐久性更好。其中,碳化硅 (SiC) 纤维陶瓷基复合材料具有高温稳定性好、密度低、抗氧化和吸波性能优异等特点,但若加工工艺控制不好,就会影响其高温环境下长期使用性能。

(3) 多层形式复合材料结构:几种材料分层形成整体结构。例如,为了提高雷达波吸波性能,解决单层吸波材料难以在宽频范围内同时满足阻抗匹配与电磁损耗两个原则的问题,将介电常数小、损耗小的材料置于顶层,以满足阻抗匹配的要求,将损耗大的材料置于底层,用于提高衰减和吸收电磁波的能量。

(4) 蜂窝结构 (图 1.5(c)):一种多层结构材料,两边蒙皮,中间是蜂窝状结构。蜂窝材料多种多样,包括铝蜂窝、碳纤维蜂窝、芳纶 (例如 Nomex,也叫芳纶 1313) 等。芳纶蜂窝具有较好的雷达波吸波性能。

除相对密度和比强度与比刚度外,复合材料优于金属材料的方面包括:可建造大的单一构件,抗腐蚀和疲劳,在一定情况下维护成本低,具有隐身性。但复合材料的缺点也很明显，包括：材料成本高，修理困难，加工质量控制困难，损伤检测困难 (内部损伤)，修复困难，连接需要加预埋件。

思考题

(1) 复合材料使用中可能存在的问题有哪些？

(2) 讨论金属材料和复合材料的优缺点。

(3) 在何种情况下选择碳纤维复合材料？需要注意的问题有哪些？讨论原因。

(4) 为何要优先选择金属材料？

(5) 对于动载荷为主的情况，应该如何选择材料？

(6) 受到冲击的结构如何选择材料？

(7) 空间飞行器结构在选择材料时需要注意哪些问题？

第 2 章 设 计 导 论

虽然作为飞行器的一个子系统，结构设计受到多种因素的影响，并受到多方面的约束，但作为承载其他分系统和集成其他分系统功能的主体，特别是作为展示飞行器物理存在的主体，展示的不仅是飞行性能而且还有与其他分系统的相互作用耦合状态。因此，实际上飞行器的结构设计已经超出了单纯的结构设计的范畴，特别是对于现代飞行器而言，飞行器结构设计已经成为飞行器作为一个系统进行设计的主线。为此，需要从飞行器系统设计的角度讨论结构设计问题。

设计首先是一个智力活动，因此，思维活动贯穿于整个设计过程，思维不仅引导设计向着正确合理的方向进行，而且赋予设计者解决复杂问题及多方面耦合问题的能力，使之能够在错综复杂的过程中找到一条正确的前进路径。飞行器设计一直在追求创新，因此，如何创新一直是人们关心的问题，而实现创新则是人们努力的方向。创新不仅需要创新性思维和创新的欲望，而且需要正确的策略和方式。

对于上述问题，需要跳出飞行器设计本身，从更加宽泛的角度进行讨论。关于工程系统设计、思维方式和创新方式与策略等已有大量的书籍和文献发表，这里将对其进行简要介绍，并对飞行器设计的一般性问题进行简要讨论，以为后面的课程内容学习打下基础。

2.1 设计的概念

对于设计，可以从多个角度进行定义或者描述。就广泛意义而言，设计是关于事物发展与进步的，是一个将新事物概念化并创造出来的过程，或者说是一个从无到有的创造过程。如果从人类生存与生活的角度看，设计不仅是一份工作，还是一种观察的方式、一种与自然界互动的方式、一种生活方式[①]。就客观存在而言，西蒙 (Herbert A. Simon) 认为"设计是一种活动，旨在根据其组织和功能，内部和外部环境之间的界面来描述人造事物"。在客观世界中，没有任何事物是完全独立于其所处的环境的，事物通常要在某些环境中工作，并且必须经常与环境和其他系统交互，即认为任何事物都是作为包括其周围环境的系统的一部分进行运行的。因此，这个定义是说，所有设计都是系统设计，并且受到所处环境的影响，因为设备、系统和过程都必须在其周围环境中运行并与之交互。

---

① School of Design. University of Illinois at Chicago.

设计是一个想象、思考和研究的过程，也是一个或多个专业相互协同融合的过程。在这个过程中，设计者在与他人合作中发挥自己的专长，努力将创意变成现实，使创意与众不同。从具体实施角度看，设计是一个包括多个步骤的思维过程。①在抛开先接受或形成的看法（多指成见）的前提下对问题进行充分分析与理解；②探索各种可能的解决方案；③通过原型和试验进行广泛迭代；④部署实施。飞行器结构设计也遵循了这样的思维过程。设计者面临的主要设计挑战将不仅是"独立"运行的事物，而是更多地关注复杂系统的设计。在更广泛的意义下，复杂系统可以是以高度技术复杂性、社会错综复杂性和过程复杂性为特征的一类系统，旨在履行社会中的重要功能和责任，即包含了社会属性[1]，或者说需要考虑所可能导致的伦理问题。

2.2 思维方式

设计首先是一个智力过程，与思维方式、方法和能力密切相关。多年来的工程设计实践证明，思维方式不仅决定了一个设计的质量、水平乃至成败，而且决定了一个设计人员的职业生涯能否达到希望的巅峰。

思维是思考或推理某事的过程，或者说是心灵产生思想的过程。心灵是个人感受、感知、思考、意志，特别是推理的元素或元素复合体[2]。思想是"通过头脑的一切"，以及"在头脑中"的一切，"思考"一个物体、人或行动，"只是以任何方式意识到它"。这种思想或意识可能是由所做的观察、听到或读到的东西，甚至是记忆所触发的。这个最初的思考过程可能会以基于证据分析等获得的合理结论而结束[3]。思维方式是看待事物的角度、方式和方法，它对人们的言行起决定性作用。思维方式有很多种，包括创造性思维 (creative thinking)、分析性思维 (analytical thinking)、批判性思维 (critical thinking)、系统性思维 (systemic thinking)、辩证思维 (dialectical thinking)、具体思维 (concrete thinking)、抽象思维 (abstract thinking)、形象思维 (imagery thinking)、发散思维 (divergent thinking) 等多种方式。

2.2.1 形象思维

阿尔伯特·爱因斯坦有句名言："想象力比知识更重要。"因为知识仅限于我们现在所知道和理解的一切，而想象力则包含整个世界，以及所有将要知道和理解的东西。通过想象，人们可以探索物理上不存在的事物，从熟悉的（如车辆）到从未经历过的（例如，外星飞船出现在天空中）。

想象力是形象思维能力的重要组成部分。形象思维是人体大脑通过形象化的

---

[1] 李正风, 丛杭青, 王前. 工程伦理. 北京: 清华大学出版社, 2019.
[2] Allen T. Webster's New College Dictionary. Son Limited Toronto, 1979.
[3] Athreya B H, Mouza C. Thinking Skills for the Digital Generation. Springer International Publishing Switzerland, 2017.

概括作用，对脑内已有的记忆表象进行加工、改造或重组的思维活动，是人脑借助表象进行加工操作的最主要形式，是人类进行创新及其活动的重要的思维形式。形象思维是在时间和空间中"图像"的多维联想结构中进行思考。其结构具有物理客观存在的特征，通过视觉可以看到其存在方式和组成方式，因此形象思维在结构设计中具有重要的作用，即要实现一个结构设计，首先需要在头脑里以图像的形式感知其存在。图像可以与声音、感觉或其他感官印象联系起来，从而获得对其实际应用情况的想象。在这种情况下，形象思维是经验、感知或想象力片段的联想结构。形象思维是包括我们的直觉和创造力的思维方式。将一个设计问题形象化，可以解释为在脑海中"看到"一个想法或问题的解决方案。人可以在思想中绕着它走，也可以坐在它中间，等等。每一种观察的角度或者方式都提供了对其认识的不同方面，说明了它是一个好主意或一个好的解决方案的原因。

形象思维的特性包括如下几个。

实有性：指思维的结果是以现实生活中已经存在的东西为依据的；

可能性：指思维的结果在现实生活中不是确实存在而是可能存在的；

幻想性：指思维的结果在现实生活中既不存在，也不可能存在，将来也不可能产生；

假定性：指思维的结果是假定的东西；

夸张性：指思维的结果是将与它有关部分加以夸张；

单一性：指思维的结果放在事物属性的一个方面；

多重性：指思维的结果放在事物属性的两个或两个以上的方面。

事实上，虽然飞行器是物理存在的实体，但当开始讨论一个飞行器的设计问题时，飞行器并不存在，这就需要用想象来构造出一个飞行器，不是用图像而是用语言。大家用语言对飞行器进行描述，讨论各自想法的利弊，完善想象中的设计方案，并用文字记录下来，经过多轮讨论后，将文字转化成图像。

2.2.2 批判性思维

关于批判性思维的定义有很多，其中之一是"对观察和交流以及信息和论据的熟练和主动解释与评估过程"[1]。进行批判性思维需要多种智力方面的能力，例如，理解想法/争议之间的逻辑联系，提出合理、有说服力的观点，评估并回应质疑；根据事实、逻辑论证和事实信息，从多个角度审视概念或设计，包括从不同的文化视角；发现推理中的不一致和常见错误，质疑证据和假设，以得出新结论；形成富有想象力的方法来系统地解决问题，尤其是对不熟悉或复杂的问题；提出和阐明经过深思熟虑的问题；确定主题或模式，并建立它们之间的抽象联系。而做到经常反思，认识自我和发现自身的问题，能够站在别人的角度上思考问题，并

---

[1] Fisher A. Critical Thinking — An Introduction. Cambridge (UK): Cambridge University Press, 2001.

且勇于面对和解决出现的问题，则被认为是能够熟练驾驭批判性思维方式的人所具有的特质[①]。

在实现批判性思维方面，需要做到下面几点：寻求真相，提出问题，质疑假设，试图了解事物的真实情况，并且有兴趣找出真相；思想开放，积极倾听，努力接受新想法，即使直觉上不同意，但对新概念有公正的评价；分析问题，关注后果，试图理解事物背后的原因，评估决策的利弊后再行事；进行系统性思维，将复杂的问题分解为多个部分，发现各部分之间的关系，进行分析和综合；进行独立推理判断，不盲目自信而是基于足够的缘由，对自己的想法进行合理的评判；好奇心，对不熟悉的话题和解决复杂问题感到好奇；多元化思维，不妄下结论，尝试从不同的角度看待事物，并考虑别人的经历和想法及建议。

批判性思维包括多种方式。

第一性原理思维：将问题分解为若干基本部分，并用它们来探索新的路径，倾向于在每一步都明确一个目标。在这种思维方式中，需要确定核心假设，将问题分解成几个部分，并为明确定义的目标创建新流程。

白板思维：该思维从基本原则开始，但可以走得更远。试图回答：完全从头开始会是什么样子？

协同思维：协同作用是将通常不相关的事物组合在一起。试图回答：为什么这些事物不组合在一起？

适应思维：将特性/功能从一个领域应用到另一个领域。试图回答：这样会产生什么样的结果？

逆向思维：由结果倒推原因。试图回答：为何得到这样的结果？

多角度思维：从别人的角度进行思维。试图回答：换个视角会出现什么结论？

最后原则思维：从下一步考虑问题。试图回答：如果这种情况属实，接下来会发生什么？

批判性思维在飞行器设计中的一个典型应用是通过降低结构刚度，进而降低结构重量，解决了结构强度问题。因为没有注意到还存在大幅值冲击的事实，结果在飞行试验中出现了连接结构严重损坏的问题。为此，首先采用结构加强措施，不仅提高了结构重量，而且显著提高了全结构的一阶弯曲固有频率，但在新的飞行试验中仍然产生了因结构强度不够而造成的破坏问题。这时，出现了是否进行自我反思的问题，即是否做到重新认识设计思路中的问题和发现问题的实质，对于设计者而言，就是要勇于否定自己前面的设计方案，直接面对和解决出现的问题。当重新回到第一次出现问题的原点时，对产生冲击的环境和冲击的时间域特征进行重新分析，并且彻底推翻了原有模型试验方法，用和真实状况相类似的试

---

① Ratner P. How to Think Effectively: Six Stages of Critical Thinking. Neuropsych, May 12, 2020.

验方法进行模型试验,结果不仅发现冲击是多次的,而且发现多次冲击以类似于正弦波的形式作用在结构上,并且这个正弦波的频率和没有加强前的结构的一阶弯曲频率相互靠近,而加强后,两个频率靠得更加近了,出现了更强的共振效应。当发现问题后,可适当降低原结构的一阶弯曲频率,即减弱了结构强度,提高了结构的弹性变形能力。这样,结构在受到冲击载荷时,将一部分冲击能量经由弹性变形传递给周围环境,降低了自身的弹性势能,即应力水平,同时避免了因共振产生的应力放大的问题。后面的试验表明,破坏问题再也没有出现,而且还显著降低了结构重量。

2.2.3 辩证思维

辩证思维强调从本质上系统地和完整地认识对象,即将对象作为一个整体,从其内在的矛盾的运动、变化及各个方面的相互联系中进行分析和考察,并以此做出判断或者决定。辩证思维是一种从多个角度看待问题的能力,也是在看似矛盾的信息和观点之间达成最合理可行的协调方案的能力。辩证思维被认为是心灵批判活动最真实的形式,而批判性思维的要素可以在人类智力的功能中找到。Pavlidis 研究了两种思维方式之间的内在联系,认为批判性思维最成功的形式与辩证思维是一致的[①]。

2.2.4 系统性思维

系统性思维着眼于相互联系的整体,而不是单独的部分。系统性思维是一种整体分析方法,侧重于系统组成部分、相互关联的方式,以及系统如何随着时间的推移与其他组成部分在系统中相互关联。工作系统思维方法与传统分析方法形成鲜明对比,传统分析方法通过将系统分解为单独的元素来研究系统。

例如,水下发射的导弹多采用推力矢量控制方式控制导弹飞行姿态 (图 2.1),为了加大控制能力,发动机喷管会伸出主结构较长的距离,并在根部形成能够实现类似"球铰"功能的结构,采用多个液压或者电动推杆调整控制其指向。在导弹出水过程中,尾喷管会受到由空泡溃灭产生的流体冲击作用。某个型号的导弹在出水试验中出现了尾喷管被水流冲击损坏的问题。如果单纯从结构强度的角度看待问题,一个直接的解决方案是提高喷管的结构强度,这不仅会增加结构重量,而且会提高根部结构刚度,导致需要提高喷管指向控制装置的推力。但如果用辩证思维和系统性思维的方式考虑问题,就会注意到水还会起到吸收冲击能量的作用,即如果容许喷管有一定的弹性位移,则会将冲击能量传递给周围液体,进而降低结构本身吸收的能量,从能量平衡方程上看,这会提高耗散能并降低结构的弹性势能和动能,从而降低结构的应力。最终,设计者采用了降低喷管刚度的措施,成

---

① Pavlidis P. Critical thinking as dialectics: A Hegelian-Marxist approach. Journal for Critical Education Policy Studies, 2010, 8: 2.

功地解决了流体冲击损坏的问题，而且因为降低了根部形成"球铰"结构的刚度，也降低了对姿态控制推杆的推力要求。

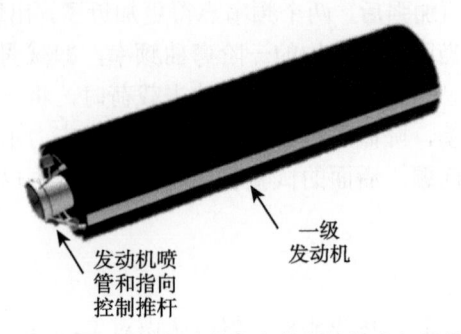

图 2.1　基于尾部发动机喷管指向控制的推力矢量控制装置

2.2.5　创造性思维

在通常的用法中，批判性思维、创造性思维这两个术语可以互换使用，这是因为在这些思维过程中的许多过程都是重叠的。在进行批判性思维的努力中，往往需要发明一些新的装置，提出一些新的原理或者方法与技术途径，即进行创造性思维。因此，批判性思维和创造性思维通常可以一起使用，来回答特定问题或解决问题。

创造性思维最常用于回答有关未来的问题，特别是那些涉及人和/或新技术的问题。这取决于想象力的运用，特别是当思维过程需要将新实体带入现实世界时(例如艺术品，新的机械装置或解决问题的新方法)。想象力和美学在艺术表达中起着重要作用。艺术，就其本质而言，在绘画、制作雕塑或写诗的过程开始之前，需要想象力。在这里，人类的思维不是在解决问题，而是在想象中创造一些东西。想象力可通过语言来实现，并可通过语言来传达。这个过程使伟大的文学、艺术、音乐和科学成为可能。这种富有想象力的思维通常被称为创造性思维或艺术思维。在"创造性地解决问题"中，想象(如形象思维)是另一种创造性思维。

创造性包括两个含义：创新(innovation)和发明(invention)。这两个词虽然在语义上重叠，但确实非常不同[1]。发明可以指一种音乐作品、假说、发现或任何想象的产物。发明与创新最容易混淆的地方是"在研究和实验之后产生的设备、设计或过程"，这些通常是以前不存在的东西。就其本身而言，创新可以指新事物或对现有产品、想法或领域所做的更改。有人可能会说，第一部电话是发明，第一部蜂窝电话要么是发明，要么是创新，第一部智能手机是创新。但为了叙述方便和流畅，通常只是用创新来概括创造性的含义。

---

[1] Merriam-Webster Dictionary (网络版), Merriam-Webster, Incorporated, Chicago.

2.2 思维方式

设计方面的创新通常可概括为四类[①]。

渐进性创新 (incremental innovation)：带来核心部件的质量改进。革新这个词更准确地描述了这种创新，例如将一个电风扇的叶片数量增加，使之风力更强 (转速不变) 或者更柔和 (降低转速)[②]。

模块化创新 (modular innovation)：可能导致核心组件完全重新设计，同时保持组件之间的联系不变。例如在电风扇下面安装一个照明灯，解决了房屋顶悬吊安装最佳位置和照明灯安装最佳位置的矛盾。

架构式创新 (architectural innovation)：改变了核心组件之间交互的性质，同时强化了核心设计概念。例如，将风扇的旋转部分分成两个，成一定角度朝向不同的方向，在自转的同时加入公转，解决房间空气流动不均匀的问题。

根本性创新 (radical innovation)：产生了一个全新的概念，可能是一种范式的转变或者是发明。例如空调的发明，从本质上解决了室内降温的问题。

对于飞行器设计而言，创新的目的是确保设计能够满足实现任务目标的要求，提高技术性能指标等。从经济性角度看，创新是提高经济性的重要途径乃至关键手段[③]。此处也给出了四种创新的定义：

突破性创新 (breakthrough innovation)：也称为根本性创新或革命性创新。这种类型的创新实现了范式转变。

破坏性创新 (disruptive innovation)：也称颠覆性创新，采用某种途径，实现超越行业 (主导者) 或技术的主导者，也可以理解为换道超车。

基础性创新 (basic innovation)：突破性创新不会无缘无故发生，相反，在它之前通常有一个重大发现。因此，基础性创新意味着从基础研究和开发开始，实现未来的创新。

持续性创新 (sustaining innovation)：这种创新导致当前产品/服务有进一步改进和扩展的可能性。这样，产品的实用性、产品的使用可能性或操作的便利性将进一步提高。

创新的核心是解决问题，即有多少不同类型的问题需要解决，创新的方法就有多少种。从现有工程领域和技术能力中受益的且已经明确定义的问题属于"持续创新"。大多数创新都发生在这里，因为大多数时候人们都会努力将在做的事情做得更好，以保持自己的优势。当遇到一个定义明确的问题，但现有技术不支持，或是已知工程领域不包含时，需要"突破性创新"，如果这个问题非常难以解决，就

[①] Henderson R, Clark K. Architectural innovation: The reconfiguration of existing product technologies and the failure of established firms. Administrative Science Quarterly, 1990, 35(1): 9–30.

[②] van Eikema Q. Innovation in Systems Engineering. MIT Open Course Ware.

[③] Christensen C M, Raynor M E, McDonald R. What Is Disruptive Innovation? Cambridge (USA): Harvard Business Review, Dec. 2015.

需要探索非常规的技能领域。当情况正好相反时,即技术和工程领域是明确的,但问题是新的,这可以利用"颠覆性创新"战略。当定义也不明确时就需要开展基础研究,以进行领域的探索和开拓。

决定设计能否成功和具有创新性的八个主要因素如下。

常识:若没有常识,就会导致荒谬的设计。在工程设计中,常识来源于对基本原理和基本概念的清晰认识与理解。

知识:习惯性地将看似不同领域的知识结合起来,具备坚实的基础知识和系统完备的专业知识体系,基本概念清晰,对问题有深入和透彻的了解与认识,深刻理解基本原理,特别是对物理概念存在的条件/前提要清楚。

在高超声速飞行器结构设计中,有人提出采用记忆合金作为驱动结构变形的作动器。记忆合金作为作动器具有结构简单且控制简单的优势,当环境温度超过一定值后会伸长进而产生驱动力,这个温度通常低于 80°C;而当环境温度低于 20°C 后会恢复原来的形状。然而,高超声速飞行器的最大问题是气动加热问题严重,虽然有防热层和主动冷却等多种降温措施,但内部温度仍然会接近 100°C 乃至更高,更谈不上低温冷却的条件了,因此,不存在记忆合金能够被应用的环境。

冒险:愿意坚持自己的观点/想法,具有勇于探索、尝试失败与承担风险的能力。

天赋:清楚自己的天赋所在,具备通过团队合作等方式弥补自己的不足的能力。能够以新的方法将现有想法组合在一起,自然地尝试脱离现有状态或条件的解决方案,具有创造出超越并显著改进现有方案的新解决方案的能力。

自律:在漫长枯燥乏味的探索/实验过程中坚持不懈。

激情:具有内在的动力、激情和兴趣,对无法解释的事物充满热爱,为想象中的成功设计而激动。

思维:具备正确的思维方式与能力,多角度/文化和系统地看待问题,能够看到复杂问题的所有突出的,有时甚至是矛盾的方面。

想象:多角度进行想象,可以想象出本质上是可取的并满足明确或潜在需求的设计方案。能够细致入微地观察世界,注意到别人没有注意到的事情,并利用洞察力来激发创新。

基于上述讨论,实现创新需要具备三个要素,即专业知识与能力、思维能力和原动力(图 2.2)。

一个典型的创新实例是潜射导弹的减阻杆(图 2.3)。为了减小运动阻力,在水中飞行要求导弹头部为钝头体,而在大气层内飞行则要求头部为尖头体。减阻杆在水下收容在导弹头罩内,出水后再展开。这个设计不仅降低了导弹的存储长度,而且将导弹在助推段的气动阻力减小了 50%,显著提高了射程。

2.2 思维方式

图 2.2 创新三要素

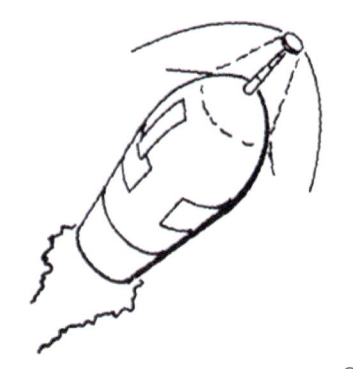

图 2.3 潜射导弹的减阻杆示意图 [①]

需要注意的是,在飞行器设计方面,要取得有实际意义或者是合理的创新性结果,首先需要将问题想清楚,对物理定律/原理有清晰的认识。或者说,不是为了创新而创新。

飞行器设计是一门系统学科,在很多情况下的创新属于系统性创新,即构成飞行器的各个方面/部分是原有的,或技术是现有的,但通过新的组合或者对旧技术的新的综合运用,进而生成具有更好性能的飞行器。

思考题

(1) 讨论"辩证思维"和"诡辩"的区别,如何避免落入"诡辩"的陷阱?

(2) 讨论"批判性思维"、"创新思维"和"形象思维"三者之间的关系,如何进行合理的创新?

(3) 从专业人员角度讨论创新包含的三个要素。

---

① Waterman M D, Richter B J. Development of the Trident I Aerodynamic Spike Mechanism. The 13th Aerospace Mechanisms Symposium, January 1, 1979.

2.3 工程设计

工程设计是设计的一种，它是一个系统化、数字化的过程，在这个过程中，设计者为设备、系统或过程生成、评估和确定提供解决方案，不仅赋予其系统结构和功能，而且建立其与内外环境之间的接口和耦合关系，使其形式和功能在满足一组特定约束的同时实现任务目标和满足用户需求。飞行器设计属于工程设计。因为无法通过常规或确定性的方式应用数学公式或算法找到解决方案，往往不能生成唯一的和确定性的解决方案，设计问题在很多情况下可以认为属于病态问题。或者说一个结构设计问题会有若干可接受的解决方案，而每个解决方案都有其独特的优点和缺点，即设计问题是开放式的，面临需要进行多方案比较选择的难题。如何解决理想的设计方案和可实现性的冲突往往是遇到的首要问题。在可实现性方面，一种设计不仅受到整体技术指标的约束和其他分系统的限制，而且还受到经济指标及可实现条件的制约，包括技术基础、造价、生产周期、材料、加工工艺、加工设备等。当然，设计可实现的产品还受到市场竞争环境及使用竞争等方面的影响。这些约束条件，不仅影响创造性如何体现，而且决定了能够体现在哪些方面。因此，对于工程设计实现而言，设计是一个平衡创造性和可实现性的艺术[①]。

2.3.1 工程系统和系统设计定义

如前所述，工程设计属于系统设计，工程系统包括了更广泛的内容。工程设计是一种跨学科的协作方法，可派生、发展和验证生命周期平衡的系统解决方案，该解决方案满足使用方的期望并满足公众的要求。系统通常定义为完成定义目标的一组集成元素，元素包括人员、产品、流程、设施、软件、文档等，赋予满足指定需求或具备实现任务目标的能力。为便于分析研究和分工协作，在设计中，通常将一个系统划分为若干子系统，而在很多情况下，子系统本身就是一个系统，它除了通常不会自行提供有用的功能外，必须与其他子系统(或系统)集成在一起才能构成一个系统。组成子系统或系统的元素也称为组件，组件由零件构成，零件是层次结构中最低级别的元素。

系统级设计的任务是：根据对系统的需求，识别系统过程、功能组件及其接口的顶层设计过程。工作内容包括：提供项目概述，定义所需的部件，确定部件之间如何进行"通信"，确定如何将项目模块化为离散的工作包，确定必须明确定义的关键接口，提供初始成本、进度和资源估算。

在系统概念设计阶段，通常提供很少或有限的实现细节，随着系统设计的完善，可能会考虑较低层次的子系统实现问题。如果用一个方框图表示，它从主要

[①] Granet K, Gensler A. The Business of Design: Balancing Creativity and Profitability. New York, NY: Princeton Architectural Press, 2011.

2.3 工程设计

子系统的层次结构开始，并且开始只有一个或两个层次，随着各阶段的进展，通过添加更多的层使其变得更加详细。在这个过程中，进行体系结构设计，如对元素、接口、逻辑关系和物理布局进行描述，以及对设计进行分析，以便确定系统的预期性能。还需要对组成系统的各个部分的连接组成关系进行定义，包括接口和接口控制文档。接口是系统元素之间的机械、电器、热和操作边界，接口文档需要明确机械、热、电、功率、指令、数据和其他接口。

2.3.2 设计要素

一个设计包含下列要素，这些要素定义了设计的任务和需要实现的目标，并设定了设计必须满足的一些约束条件。飞行器设计中的任务分析工作的核心内容是确定这些要素。

(1) 任务目标 (mission objective)：系统具有价值且必须能够实现预期的目标，通常包括对设计任务及其关键目标的简要描述。

例如，阿波罗 8 号任务的目标是"验证在地月轨道间与月球轨道环境中的指挥和服务模块性能，评估机组人员在月球轨道任务中的表现，检验月球距离的通信和跟踪，并返回计划的阿波罗着陆区和其他具有科学意义的地点的高分辨率照片"。[1]该任务目标定义了设计目标是设计载人飞船，要求飞船能够往返于月球和地球之间，并且能够实施月球轨道对月球表面高分辨率成像，并给出了飞行需要验证的主要功能、组成模块和性能。

(2) 任务概念/操作概念 (mission concept/concept of operation)：如何实现任务以满足利益相关方的要求，或者说是实现任务目标的技术途径。

例如，载人绕月计划 (阿波罗 8 号) 的任务概念将整个过程分成 3 个阶段。在地球离开阶段，首先由运载火箭将月球表面接近模块 (LSAM) 送入地球近地轨道，并将载人探测器也送入近地轨道，在近地轨道完成两者的对接形成组合体。在地月轨道转移阶段，首先由运载火箭末级将着陆器和载人探测器组合体送入脱离地球引力轨道高度，然后火箭末级分离，由 LSAM 自身动力将组合体送入月球 100km 近月轨道。在近月轨道，LSAM 弹出载人探测器。在返回阶段，载人探测器由自身动力进入地球近地轨道，动力模块分离，载人舱再入。这个任务概念对设计提出了顶层要求，规划了实现任务目标的技术途径[1]。

(3) 设计目标 (design objective)：往往是任务目标的具体化，希望设计所具有或展示的功能或行为，以满足使用需求。

(4) 设计约束 (design constraint)：对设计功能或行为的限制或约束。如果违反这些限制，则提出的设计是不可接受的。

---

[1] Orvis W J, Hagerty J, Cooper T, et al. The Lunar Handbook, Livermore, CA, Lunar, 2024.

(5) 系统组成 (system configuration)：构成系统及其边界的内容，包括组成方式及各部分的布置和结合方式。

(6) 功能 (function)：设计的设备或系统应该做的事情，以实现任务目标。

(7) 有效载荷 (payload)：实现具体功能的设备或装置。

(8) 设计要求 (design requirement)：能够将想法转化为设计功能的功能属性，是对设计的具体要求，希望设计所具有或展示的功能或行为，以满足使用需求，包括功能要求、性能要求、验证要求和接口要求等。要求是与层次相关的，即系统 (顶层) 要求、子系统或组件 (底层) 要求。需求通常用"应该"语句表示。

例如，推力矢量控制器应提供关于俯仰和偏航的飞行控制 (这是姿态控制子系统的要求)。因为推力矢量控制提供力矩，从结构控制耦合角度，实际上是要求尽可能降低结构绕俯仰轴和偏航轴的转动惯量，以降低需要的力矩值，进而降低对推力器的推力要求和降低燃料消耗，从而可以进一步降低结构重量和转动惯量，形成正反馈效应。另一个例子是地面站应提供机器人和人类操作员之间的通信 (这是对地面站子系统的要求)。这个要求意味着机器人需要配备天线和大功率数传设备，但这显然是不合理的，因此，系统需要配备数据中继与传输分系统[①]。

需要注意的是，设计目标不同于对设计施加的约束。对于一些设计，特别是民用设计，因为多种原因，设计目标可能完全或部分实现，但也可能根本无法实现。然而，任何设计必须满足约束条件，否则设计是不可接受的，或者说设计约束条件只有满足与不满足两种，没有中间状态。

2.3.3 设计阶段

工程设计阶段是和设计思维过程相一致的，是根据工程设计的特点，将普遍的设计思维过程具体化为工程设计过程。一般的设计阶段划分方法如下，其中，第一个阶段和第二个阶段统称为概念设计阶段。

0/预 A 阶段 (Phase 0，Pre-Phase A，概念研究)：在需求分析的基础上，提出广泛的想法，包括若干具有相互竞争性的设计概念。

A 阶段 (Phase A，概念和技术开发)：通过权衡研究，确定满足需求的单一设计方案。

B 阶段 (Phase B，初步设计)：初步确定所选设计概念或方案的主要属性，实现初步设计，解决包括子系统需求、接口和关键技术问题，必要时进行粗略分析计算。

C 阶段 (Phase C，详细设计)：将在初步设计中所作的选择细化为特定的零部件类型和尺寸，完善和优化最终设计，并分配和确定设计细节。根据设计规范、

---

① Orvis W J, Hagerty J, Cooper T, et al. The Lunar Handbook. Livermore, CA: Lunar, 2024.

2.3 工程设计

手册、数据库和目录中的特定规则，使用公式和算法中给出的详细设计方案和程序，提供详细设计图纸、采购或制造零部件、软件代码、技术报告等。

D 阶段 (Phase D，SAITL 系统组装、集成、测试和发射)：组装子系统，集成子系统，以创建整个系统，测试和验证系统性能，部署系统。

图 2.4 给出了一个空间运输系统的设计过程，即从设计概念与目标开始，逐渐对设计进行细化，由概念阶段、概念和技术阶段、初步设计阶段到详细设计阶段对设计逐步细化和完成的过程。如果想象地描述这个过程，在概念阶段，只是提出了一个不具外形的物体，但可以由地面飞往太空；在概念和技术阶段，将概念细化为由三部分组成，也可以让人想象到轨道器是载人或者货物的，外面安装了储液箱，由于储液箱是为液体火箭发动机准备的，所以也包含发动机部分，为了帮助起飞，还加入了固体助推器 (如图 2.5 所示的航天飞机)；在初步设计阶段，则将这三部分进行细化，分成若干组成部分 (子系统)；在详细设计阶段，继续对设计进行细化，分成更多组成部分。

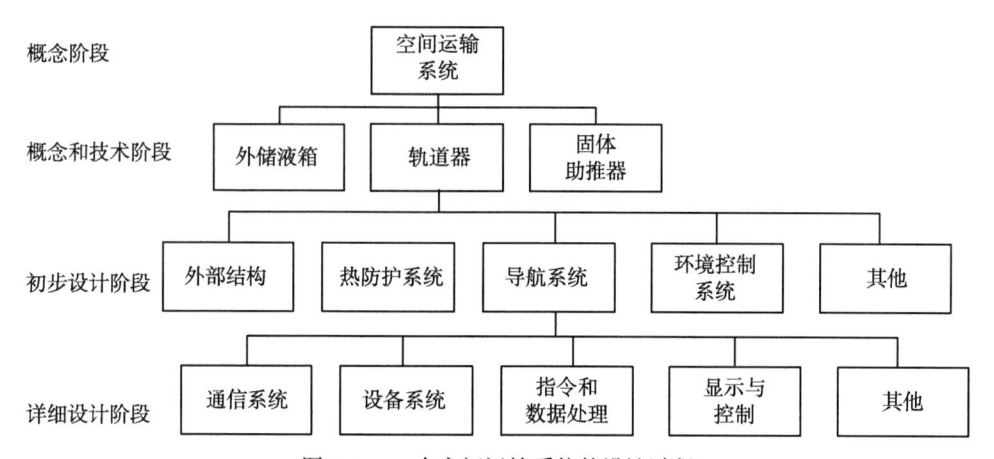

图 2.4　一个空间运输系统的设计过程

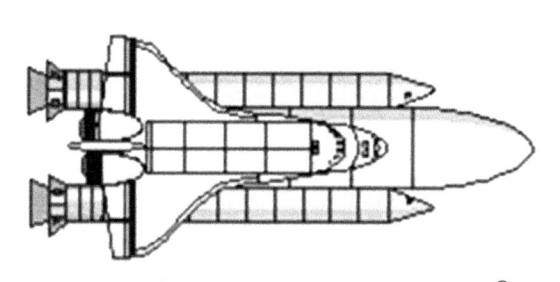

图 2.5　空间运输系统的一种——航天飞机[①]

---

① NASA Systems Engineering Handbook, NASA SP-2016-6105 Rev2.

从对设计阶段的划分来看，应该可以将设计过程描述为一个线性序列，即按部就班地开展设计工作，一个任务完成后再进行下一个任务。然而在实践中，随着设计的展开，需要将已完成的阶段和任务记录下来，形成阶段性技术文档，并不定期地回顾它们，以回答诸如"为什么要这样做"、"是否满足约束条件"、"与任务目标是否偏离"和"一处设计修改对系统其他部分有哪些影响"等问题。因此，设计过程还需要加入另外两个重要元素：迭代和反馈。

设计迭代通常发生在设计过程的设计计算分析过程、试验验证过程、局部设计修改过程中，在很多时候还发生在设计节点评审检查时。例如，现代结构设计和有限元分析相伴，在设计的初期，有限元模型较为粗略，但当细节不断加入后，有限元模型不断细化的同时会给出更接近真实情况的计算结果，就可能发现设计中存在的问题，而需要对设计进行修改，即需要重新设计和进行有限元计算。同样，当接近最终设计时，回顾设计的原始目标、约束和功能，以及检验和相关系统的相互作用关系和耦合效应时，如果出现问题或者可接受程度低于预期，通常就意味着必须进行一些重新设计，在这种情况下，肯定会重复诸如分析设计或测试和评估设计之类的任务。

设计反馈在设计过程中以两种值得注意的方式发生。首先，来自设计过程与实现过程的内部反馈，因为测试和评估结果用于验证设计是否按预期执行。这种反馈可能来自客户和内部客户，如制造（例如，可以制造吗？）和维护（例如，可以修复吗？）。其次，外部反馈是在设计进入市场之后出现的，是用户或者实施过程中的反馈，例如用户体验、任务目标的完成度、市场反响等。

在提出和选择设计方案时，需要考虑多种因素的影响，包括：提出的设计方案能否实现任务目标，技术上是否可行，存在的潜在风险程度是否可以接受，计划和预算是否在限制范围内，设计是否最佳。性能和安全风险是设计能够考虑的因素，可以通过设计更改或改进来降低风险。故障模式分析（FMA）的步骤包括：寻找并识别风险，确定风险的严重性和影响，制定降低/消除风险的方法。这里，降低风险的措施包括提供冗余组件、容错设计和故障监测。

任何一个工程设计都需要进行检验和必要的验证，以保证设计能够实现设计目标，并且满足各个方面的要求。在大多数情况下，将首先通过逻辑论证来实现，然后通过 D 阶段的物理测试和试验进行验证。

(1) 需求检验：证明每个需求都得到满足；
(2) 系统检验：确保系统构建正确；
(3) 系统验证：确保为预期使用环境构建正确的系统。

思考题

(1) 介绍你对工程设计的理解。

(2) 工程设计和艺术设计的异同点是什么？讨论原因。
(3) 为何工程设计过程这样复杂？讨论原因。
(4) 在设计的一般性定义中，为何强调系统与周围环境的相互作用问题？

2.4　飞行器结构设计概述

为与上面的内容相呼应，这里对飞行器结构设计的要点进行简要介绍。

结构设计是建立在基本概念基础之上的[①]。国内外多年航天航空领域的设计实践表明，基本概念的对错，往往决定了一个设计的成败。飞行器设计是一个需要综合考虑各种因素的复杂过程，这同样需要建立在基本概念的基础之上。飞行器结构设计可以理解为一个基本概念之间关系的过程，即将分散独立的概念组织起来形成系统性的概念(见附录A)。如何构建这种关系，则是基于相关基本定律，并需要综合考虑多方面因素，而这些因素多来自于其他分系统与使用环境。

飞行器结构设计用到的主要基本概念和考虑的主要因素见附录A。飞行器结构设计用到的主要基本定律见附录B。这些概念与设计参数及其数值是相对应的，这些概念之间是相互关联的，或者说是相互耦合的，因此，设计参数之间是相互耦合的。由于在设计过程中改变一个参数往往会影响其他参数，所以设计是一个反复迭代的过程。在一些情况下，结构所受到的载荷不仅是使用环境和其他分系统施加的载荷(外载荷)，而且还和结构自身特性有关，即耦合载荷，这就要求结构设计和载荷进行耦合设计，或者说，飞行器结构所受载荷的一部分是可以设计的。飞行由控制实现，因此结构所受载荷与运动控制相关，这就要求结构设计必须和运动控制进行耦合设计。结构设计还与服役环境密切相关，在设计中必须考虑服役环境对飞行器运动和载荷状况的影响。换句话进行概括，飞行器设计实际上是一个取舍过程，每个部分的最优设计对于系统而言并不一定是最佳的，甚至可能会对系统性能产生负面效果，所以每个组成部分(分系统)的设计都需要站在系统的角度进行多方面比较，以实现系统性能的最优。因此，飞行器结构设计也必须考虑到与其他子系统的关系和它们之间的相互影响与相互作用。

实现这一点，需要综合运用批判性思维、系统性思维等多种思维模式。由此可知，思维方式和思维能力在设计中就凸显了其重要性。

思考题

(1) 为何说飞行器结构设计是建立在基本概念和基本原理基础上的？
(2) 讨论批判性思维和系统性思维如何应用在飞行器设计中。

---

① Gordon J E. Structures or Why Things Don't Fall Down. Cambridge, MA: Da Capo Press, 2003.

2.5 设计的类型

设计包括下面几个主要类型。

1) 创新设计

创新设计是在国内外尚无类似产品或结构，或者设计原理、设计方案都未知的情况下，只根据产品、结构的总功能和约束条件，进行全新的创造。如果是原理性创新，可能会产生颠覆性创新。

2) 适应性设计

适应性设计可以认为是一种渐进性创新，它是在总方案和原理不变的条件下，对已有产品、结构或性能进行局部的改进更新，以适应新的需求。

3) 变参数设计

变参数设计是在总体结构形式、工作原理不变的条件下，仅对结构的布置、参数或尺寸的大小加以改变以提高性能。这在系列产品设计中常用，虽然不具有创新性，但可以提高技术性能或者改善使用性。

图 2.6 是欧洲的地球同步轨道通信卫星系类图，由图可知，卫星平台 (不算通信载荷) 采用的基本构型是一样的，或者说是工作原理相同。从第二种卫星开始，甚至推进舱和服务舱的结构形式都是相同的。用户可以根据自己的需要，选择不同的通信载荷安装在同一个卫星平台上。因为可以最大限度地使用同样的结构、推进、姿态控制系统及电子系统等，所以可以实现批量化生产，进而可以大幅度降低成本。

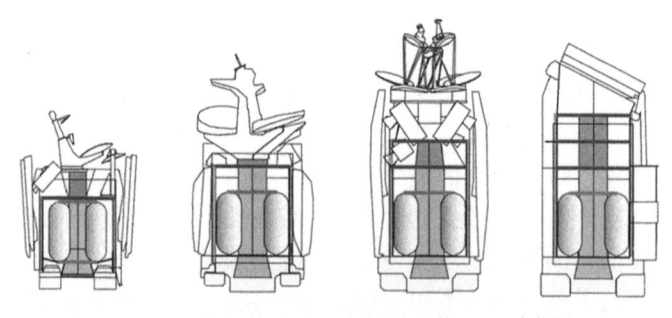

图 2.6 欧洲的地球同步轨道通信卫星系类图

4) 仿照设计

这是军事工业经常采用的方法。它通过在设计上仿照国外成熟的先进武器装备和其他装备，以节约时间和降低成本，特别是弥补设计能力方面的欠缺。需要特别注意的是，如果不完全搞清楚设计原理和弄清楚设计存在的问题，以及确定飞行条件或者使用条件 (包括使用环境等)，仿照设计会将设计中的问题一同抄过来，或者用在不合适的场景或者环境中，从而导致严重的后果。

第 3 章 静态设计

飞行器结构设计的主要任务之一是在各种使用环境下，既使设计的结构具有足够的强度和刚度，又使结构的重量最轻。虽然本章只讨论结构的静强度设计问题，但所讨论的载荷计算方法和过载系数的概念也是动态设计的基础。静态设计是所有结构设计的基础，与动态设计的根本区别是不考虑结构的弹性对受力的影响，但需要强调的是过载系数建立了载荷、运动、控制之间的桥梁。静态设计是在完成结构构型设计方案后的细部设计过程，是初样设计阶段的主要任务。

因运动产生的载荷，即用过载系数表征的惯性力 (包含离心力)，是结构所受到载荷的重要组成部分，当给定角速度、角加速度和直线运动加速度，即给定飞行器的机动性能时，这些载荷与结构的重量及重量分布 (转动惯量) 成正比，因此，降低结构重量和转动惯量或者将其控制在特定的范围内就显得尤为重要。

3.1 飞行器外载荷分析

载荷分析是飞行器结构设计的基础。飞行器在从出厂到完成任务的整个过程中，始终承受着各种各样的外载荷作用。准确地分析、计算各种使用情况下结构所承受的主要载荷，是结构主要受力元件设计和刚度、强度校核的基础。在此基础上，根据结构载荷特性建立计算模型，选取计算方法对结构进行强度分析。

3.1.1 载荷分类

在进行飞行器结构设计时，首先会对载荷进行分类，其目的是对不同载荷分别进行计算，以简化确定载荷的过程，并简化初步计算过程。此外，还可以按载荷对结构的作用分别考虑，然后再综合，以简化设计过程。

(1) 按照载荷性质可以将其分成下面几类。

(a) 表面力：作用在飞行器外表面和发动机内表面的力，是决定飞行器运动的力。外界作用在飞机上的外力有升力、阻力、动力装置产生的推力、起飞着陆时作用在前起落架和主起落架的地面反力。作用在航天器上的外力有运载火箭推力、整流罩内噪声等。

(b) 重力：与质量大小成正比，是分布在每个单质量上的力，故又可称为体积力。

(c) 惯性力：与运动机动性能有关的力，由质量分布、飞行动力学及飞行控制决定。

在光学遥感卫星设计中，如果采用平台式结构构型，通常会将光学相机置于卫星平台顶端，为了消除卫星平台上的扰振源对成像质量的影响，相机和平台之间通常采用刚度较低的隔振器。高分辨率大视场相机通常都比较重，因此，在卫星进行姿态机动时 (产生俯仰或者偏航角速度)，会产生较大的离心力，这样在设计隔振器时，需要考虑抵抗离心力的能力，并且还要考虑卫星失稳状态产生的更大离心力的作用，即隔振器要有足够的强度。

(d) 局部力：作用在飞行器结构的某些局部、自相平衡、不外传、仅在研究这些局部结构时才加以考虑的力 (包括燃料箱内和其他密封舱体内的增压压力、导管的内压力及螺钉的预紧力)，这些力对其他部件无影响。

(e) 热应力：由于温度变化或分布不均匀产生的作用力，在结构内部产生构件之间的相互作用力。

飞机在空中飞行和地面着陆时的受力情况可简化成图 3.1 (图中，$c.g.$ 为质心)。在空中飞行时，力包括：空气动力 R (分成升力 Y_w、姿态控制力 Y_c 和阻力 X)、动力装置产生的推力 P、重力 G、惯性力 N。起飞着陆时，除去重力和惯性力外，还包括作用在前起落架和主起落架的地面反力 P_n 与 P_m，以及滑行阻力 P_f。在空中飞行时，飞机既有平移运动也有旋转运动，总的力平衡关系为

$$\sum F_x = 0, \quad P - X = ma_x = N_x$$

$$\sum F_y = 0, \quad Y_w + Y_c = m(g + a_y) = G + N_y$$

$$\sum M_z = 0, \quad Y_w c + Y_c d = I_z a_z$$

式中，I_z 是绕 z 轴 (垂直于平面) 的转动惯量；α_z 是绕 z 轴的角加速度；其他符号见图 3.1。由上面的力平衡方程可知，表面力、质量力 (惯性力) 之间是耦合的。

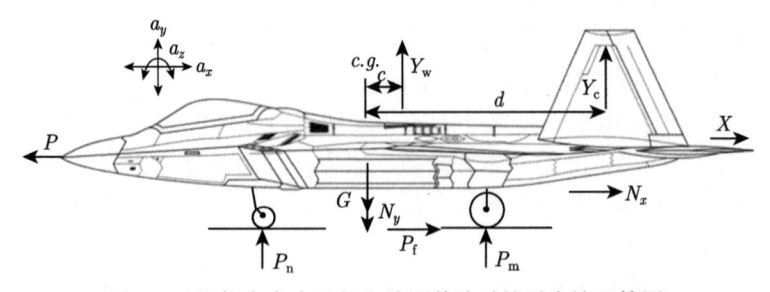

图 3.1　飞机在空中飞行和地面着陆时的受力情况简图

3.1 飞行器外载荷分析

图 3.2 给出了一些飞行器飞行参数的定义。在图中，迎角 α 是飞行速度方向线在飞行器对称平面内的投影与翼弦线之间的夹角 (对于导弹，也称为攻角，即速度矢量 v 在纵向对称面上的投影与导弹纵轴之间的夹角，抬头为正，低头为负)；φ 是发动机推力 P 和飞行器轴线之间的夹角；θ 为航迹角 (也称为弹道倾角)，是飞行器质心处的速度矢量与水平面之间的夹角；Θ 是飞行俯仰角；a_τ 和 a_n 分别是飞行器质心处沿飞行方向的切向加速度和法向加速度。

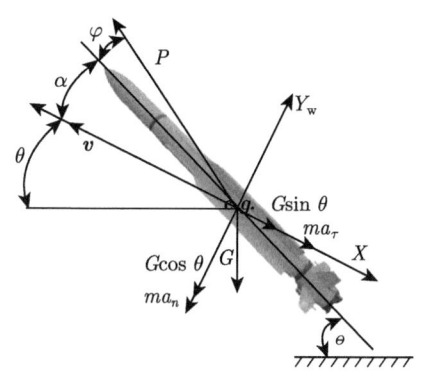

图 3.2 一些飞行器飞行参数的定义

(2) 按使用状态，载荷可分为以下几种形式。
(a) 地勤处理中的外载荷 (吊挂力、支反力)。
(b) 运输过程中的外载荷 (支反力)。
(c) 发射／起飞过程中的外载荷 (发动机推力 P、支架反作用力)。
(d) 飞行过程中的外载荷 (发动机推力 P、空气动力 R)。
(e) 着陆过程的外载荷。
(3) 按对结构影响的性质对载荷进行分类。
(a) 静载荷：作用时间或变化时间比飞行器结构固有振动周期长得多的缓变力 (如发动机推力、气动力、燃料箱的内压力)。
(b) 动载荷：除静载荷之外的力，是变速力 (阵风引起的载荷，发动机启动时的推力，急升、关机时的推力，突降、着陆时的冲击载荷，机动飞行)。

空间飞行器的最大载荷发生在发射段，在这个阶段，不仅有因运载火箭的加速度导致的惯性载荷和整流罩内的噪声载荷，与运载火箭结构耦合产生的振动载荷，火箭级间分离产生的冲击载荷，还有与运载火箭分离时分离机构产生的冲击载荷和瞬态惯性载荷，以及附件展开时的火工品产生的爆炸冲击载荷。与运载火箭结构耦合产生的载荷属于动载荷，需要在逐渐细化航天器有限元模型的过程中，通过迭代反复获得。

在轨阶段，卫星的载荷主要来自温度变化产生的热应力和轨道/姿态机动产生的惯性力。

3.1.2 载荷计算中的基本假设和处理方法

精确确定作用在飞行器上的外载荷是一项非常困难的工作，不但需要有比较准确的计算方法，而且要有大量的试验和实际飞行数据的积累。在进行飞行器结构静强度分析和计算时，为获取结构承受的外载荷，通常采用一些假定和处理方法，使计算既简便又能满足工程上要求的精度。

(1) 静力假设：认为所有载荷均为静载荷，忽略载荷的动力和冲击效应。实际上，无论是发动机推力还是空气动力，均是某种程度上的动载荷。

(2) 刚体假设：不考虑结构变形对外载荷重新分配的影响。这种假设在一般强度计算时是允许的，但是在计算结构动强度 (包括振动和气动弹性分析) 时，刚体假设会导致很大的误差，甚至本质上的错误。

在载荷的处理方法方面，主要是遵从力平衡原则和引入过载系数。在进行确定飞行器的整体、部件及元件的外力分析时，均采用平衡原则。只有进行元件的受力分析或进行局部范围内强度验算时，才需要用变形一致条件和平衡条件共同确定这部分的外力。过载系数是结构设计和机动飞行的一项重要指标，这个概念的引入对结构分析十分便利，在后面会进行详细解释和讨论。

在结构设计中，无论是设计计算还是强度校核计算，均需已知静载荷数据。计算步骤如下。

(1) 选择设计情况。飞行器使用中受载情况通常十分复杂，在一般情况下，是从飞行器所有使用状态中选择一些承载最严重的情况作为设计情况 (又称载荷计算情况)。要确定飞行器的设计情况，必须研究飞行器的全部使用过程 (飞行包络)。设计情况选择得当与否，将直接影响设计工作量和结构设计的可靠性。

(2) 外载荷计算。按所选定的设计情况，分别计算出作用在飞行器上的载荷及其在各部件上的分布。

(3) 确定内力。求出飞行器的剖面载荷，即绘制轴力 N、剪力 Q、弯矩 M 和扭矩 m 的内力图。

完成载荷计算工作所需的原始数据如下。

(a) 对于大气层内飞行器，需要气动数据；对于航天器，需要运载火箭的力学数据，即准静态加速度、发动机压力脉动、整流罩内噪声频谱等。

(b) 飞行器的飞行性能数据。

(c) 飞行器的结构数据，包括飞行器的三视图、部位安排图及飞行器的重量、重心和转动惯量等。

(d) 飞行器的各种使用状态 (飞行包络)。

(e) 其他有关的技术资料和文件等。

思考题

(1) 既然刚体假设会带来较大的误差，为何还要用？在何时用？
(2) 讨论决定飞行器惯性力的主要因素。
(3) 为何卫星的载荷更多考虑动载荷？

3.2 过载系数

3.2.1 过载系数的概念

过载系数 (over load factor) 是飞行器设计中经常使用的一个概念，会给飞行器的分析与设计带来便利。它实际上是将动态力表述为静态力的一种形式 (假设结构是刚性的)。过载系数通常记为 n，是作用在物体上所有表面力的合力 F 与该物体受到的重力 $G(G \approx mg_0$，g_0 为地球表面重力加速度) 之比，即

$$n = \sum F/G$$

这是一个无量纲的矢量，与表面力合力方向相同。因为 n 为矢量，可以分解在任意坐标系内，在今后的计算中，可根据实际情况具体处理。

过载系数有加速度形式和质量力形式两种形式。设一受载运动物体 m，其表面力合力为 $\sum F$，运动加速度为 a，重力 $G = mg$，由牛顿第二定律，可得

$$ma - G = \sum F$$

两边同除 mg_0，得

$$n = \frac{ma - G}{mg_0} = \frac{a - g}{g_0}$$

得到加速度形式的过载系数。需要注意的是，这里去掉了重力加速度的影响。

如果用惯性力形式，即令 $F_a = -ma$，考虑重力的影响，还可以导出质量力形式

$$n = \frac{\sum F}{mg_0} = \frac{-(G + F_a)}{mg_0}$$

在求结构元件的载荷时，这个表达式的应用往往会更方便。与加速度形式的过载系数相比较，计入了重力加速度产生的重力影响。

质量力形式的过载可以在乘竖直形式的电梯时感受到。设质量为 m 的人站立在电梯底板上，当电梯以匀加速度 a 上升时，设人给电梯底板的压力为 P，与

底板对人的反力 N 是作用力与反作用力的关系，由 P 可以计算出 N，按牛顿第二定律，可以写出在垂直于底板轴上的投影式为

$$ma = N - mg_0$$
$$N = ma + mg_0 = mg_0(1 + a/g_0) = G(1 + a/g_0)$$

当加速度为零时，人对底板的作用力就等于自身的重量 G。若有加速度存在，情况即发生改变，即作用力比人的体重大，这种现象称为过载，而 a/g_0 表示该作用力比人体重量大的倍数，$1 + a/g_0$ 为过载系数。与加速度形式的过载系数不同，此过载系数增加了数值 1。

因为飞行器在飞行中处于自由-自由状态，并且假设为刚体，由上面的讨论知，过载系数是飞行器飞行加速度以重力加速度为基准的无量纲化，即加速度与重力加速度之间的比例系数是衡量飞行器机动能力的重要指标。

飞机的过载系数是最重要的原始参数之一，是表征飞机机动性的重要参数。过载的大小应根据飞机的用途确定。各国规范会根据本国实际情况对飞机进行分类，并规定其过载的大小。一般情况下，规定 $n_{y\,\max}$ 值，即飞机最大法向过载系数。通常民用飞机的最大过载系数远低于军用飞机，特别是战斗机。

3.2.2　过载系数计算

飞行器的过载系数沿其主轴的三个分量分别为 n_{xl}、n_{yl}、n_{zl}。除重力之外的总外力的 y 向分量 (即升力 Y) 与飞机重力 G 之比，就是 y 向过载系数 $n_y = Y/G$，它可能为正，也可能为负，取决于该方向的外力情况。

对于图 3.3 所示的飞行器受载情况，表面力为发动机推力 P 和空气动力 R，物体的过载系数为 $n = (P + R - G)/G$。因为外力具有方向性，所以过载同样具有方向性，是矢量。如果将载荷分解在主体轴坐标系 (如弹体坐标系)(x_1, y_1, z_1) 内，就可以写出过载系数在轴系 (x_1, y_1, z_1) 上分量形式，

$$n_{x1} = \sum F_{x1}/G$$
$$n_{y1} = \sum F_{y1}/G$$
$$n_{z1} = \sum F_{z1}/G$$

这里，n_{x1}、n_{y1} 和 n_{z1} 分别为轴向过载、法向过载和横向过载。

以下列出了在飞行器设计中过载系数的用途与含义。

3.2 过载系数

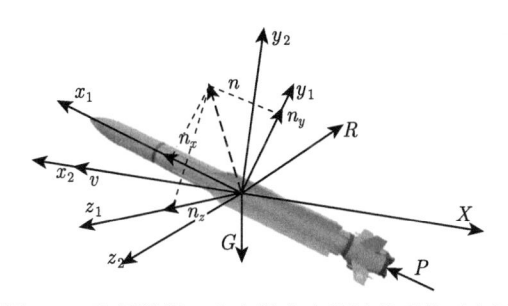

图 3.3 飞行器沿三个主轴方向的过载系数示意图

(1) 用来计算实际载荷的大小。若知道了飞行器的过载系数，就能很方便地求得其实际载荷的大小和方向，便于设计飞行器的结构，检验其强度、刚度。

(2) 过载系数与飞行器机动性等飞行状态密切相关，是飞行器机动性能的一项重要指标，是大气层内飞行器设计的一个重要参数，通常是构成飞行包络的主要参数。设计时如能正确选取过载系数的极限，则既能使飞行器满足机动性要求，又能使飞行器满足结构的重量要求。

(3) 根据实际使用要求，在方案设计阶段需要设定过载系数作为设计指标，这不仅对结构强度提出了设计要求，也对飞行动力系统和飞行控制系统提出了设计要求。

(4) 由过载系数的定义可知，结构受到的载荷与结构的重量成正比，因此，降低结构重量是降低结构载荷的重要途径之一。

过载系数的获取方法包括如下两种。

(1) 根据各种典型机动飞行中有关公式计算得到飞行速度、加速度、角速度和角加速度，然后计算过载系数。

(2) 在飞行中测定，从而得到更准确的飞行载荷谱。通常采用过载表进行测量，如果需要测量飞行器某处的过载，就将过载表装在该处；若要测量飞行器整体的过载，则将过载表装在其重心处。

上述讨论中将飞行器作为一质点，并且以上过载都是飞行器重心处的过载系数。实际上，飞行器不仅有重心的平移运动，还有绕重心的旋转运动 (图 3.4)。因此，对于重心外其他部位的元件过载系数，除了应当考虑飞行器重心的过载系数外，还应考虑因飞行器绕重心的转动而引起的附加过载系数 (过载系数和位置有关)。故飞行器上任意元件的总过载系数为

$$n_{xi} = n_{x0} + \Delta n_{xi} = (a_{x0} + x_i \omega_z^2)/g_0$$
$$n_{yi} = n_{y0} + \Delta n_{yi} = (a_{y0} + x_i \varepsilon_z)/g_0$$

其中，Δn_{xi}(离心力产生的过载) 和 Δn_{yi}(角加速度产生的过载) 是由转动产生的附加过载分量；x_i 是元件 i 在 x_1 轴上的坐标；a_{x0} 和 a_{y0} 分别是飞行器质心在 x_1 和 y_1 向的加速度分量；ε_z 和 ω_z 分别是飞行器绕重心转动的角加速度和角速度；n_{x0} 和 n_{y0} 是飞行器重心处的过载系数分量。

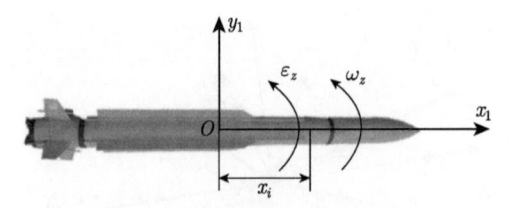

图 3.4　飞行器偏航旋转运动

由此可知，转动产生了附加过载，或者说是附加加速度，这也是飞行器可能会在大角速度急剧转弯时出现空中解体现象的原因。

上面的加速度形式的过载系数表达式实际上说明了过载系数的计算方法，即根据外力计算结构上一点的加速度，然后用重力加速度进行正则化。

当飞行器进行等速直线运动时，加速度形式的过载系数为 0，但按照质量力形式，则数值为 1。如果按图 3.3 所示的飞行方向和其垂直方向进行过载系数分解，则由力的平衡方程，可以得到沿两个方向分解后的过载系数分量分别是 $\sin\theta$ 和 $\cos\theta$（θ 是飞行倾角，参见图 3.2）。如果飞行器做等速圆周运动，令 L 为曲率半径（常量），则法向加速度为 $a_n = v^2/L$，切向加速度为 $a_\tau = 0$。根据质量力的过载形式定义，沿运动方向和垂直方向的过载系数分量分别为 $\sin\theta$ 和 $\cos\theta + v^2/(Lg_0)$，即向心加速度。但如果是变速曲线飞行，切向速度随着时间改变，即 $a_\tau = \mathrm{d}v/\mathrm{d}t \neq 0$，则沿运动方向的过载系数分量成为过载系数 $\sin\theta + (\mathrm{d}v/\mathrm{d}t)/g_0$。

由法向过载系数的表达式可知，在转弯时，飞行速度越高，过载系数越大；转弯半径越小，过载系数也越大。借助推力矢量控制技术，在飞行转弯时，现代防空导弹的法向过载系数已经高达 30 甚至更高。这对导弹结构设计提出了更高的要求，即需要更高的强度与刚度，但同时需要更低的重量。另外，受到人对过载的耐受程度限制，有人作战飞机的机动过载能力大幅度低于防空导弹，为此，提高隐身水平和对探测制导设备的干扰能力，是现代作战飞机的研究方向。

飞机有一些特殊的飞行方式，如等速水平盘旋（图 3.5）。等速水平盘旋是飞机机动性能的主要项目之一，此时的过载系数为

$$n_y = \frac{Y}{G} = \frac{1}{\cos\beta}$$

由上式可知，盘旋倾斜角 β 越大，n_y 越大。当大坡度盘旋 $\beta = 75° \sim 80°$ 时，$n_y = 4 \sim 6$。盘旋时水平方向的过载为

$$n_h = \frac{Y\sin\beta}{G} = n_y\sin\beta$$

当 $\beta = 75° \sim 80°$ 时，$n_h = 3.7 \sim 5.7$，因此过载系数较大。

3.2 过载系数

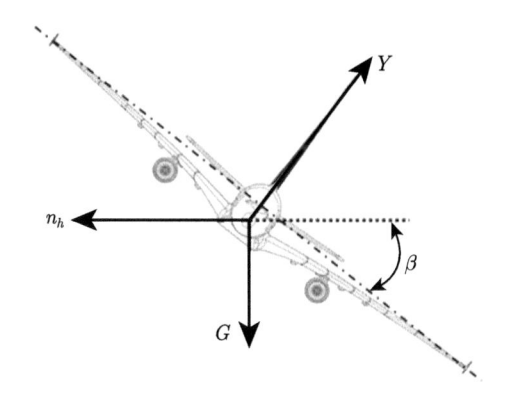

图 3.5 飞机等速水平盘旋

绕中心轴的旋转运动是作战用飞行器的标准动作之一。飞机在空中飞行时,通常既有平移运动,又有旋转运动。若飞机在对称面内做曲线运动,在鸭翼和平尾上会产生使飞机作机动飞行的载荷 Y_{mf} 与 Y_{mr},使飞机产生绕 z_1 轴的角速度 ω_z 和角加速度 ε_z。如图 3.6 所示,在距重心 d_i 处 i 点的线加速度为

$$\Delta a_i = \varepsilon_z d_i$$

在 i 点沿 y 方向的总加速度 a_{yi} 为

$$a_{yi} = a_n + \Delta a_i = a_n + \varepsilon_z d_i$$

这里,为方便起见,略去了代表体坐标系的下标 y。

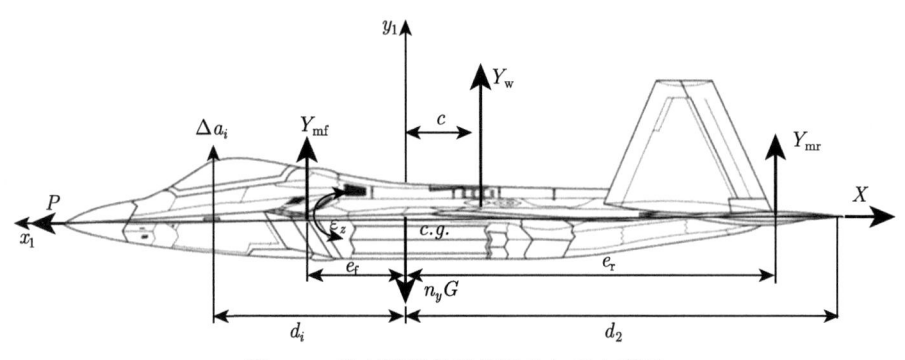

图 3.6 带有鸭翼的飞机运动与受力简图

如果 i 点处物体的重力为 G_i,则质量力为 $G_i \cos\theta + m_i a_i$。i 点处的过载系数 n_i 为

$$n_i = \frac{G_i \cos\theta + m_i a_i}{G_i} = \cos\theta + \frac{a_n + \varepsilon_z d_i}{g} = n_y + \frac{\varepsilon_z}{g} d_i$$

n_i 随飞机各处离重心距离 d_i 不同而不同,由于 d_i 有正有负,附加力矩有一定方向性,因而旋转惯性力及其附加的旋转过载也有正有负。由上式可以方便地计算某处局部的过载或外载。

3.2.3 过载系数与飞行机动控制的关系

以上分析中均假设飞行器处于稳态飞行状态,实际情况并非完全如此,为了击中/攻击目标,飞行器必须做各种机动飞行。飞行器的机动能力,即改变飞行速度的大小和方向的快慢程度,可以用机动过载系数 n_{y2} 的大小来表征。机动过载的大小取决于操纵面偏转角的大小及其偏转速度的快慢;对于推力矢量控制,还取决于姿态控制发动机的能力。

以导弹为例,假设飞行器从一个稳定状态过渡到另一个稳定状态的转变过程很快,以致可以认为飞行器的飞行速度是不变的。于是,飞行器的纵向基本运动方程可写成如下形式[①]:

$$mv\frac{\mathrm{d}\theta}{\mathrm{d}t} = Y^\alpha \alpha + Y^\delta \delta + P\alpha - G\cos\theta$$

$$J_z\frac{\mathrm{d}\omega}{\mathrm{d}t} = M_z^\alpha \alpha + M_z^\delta \delta + M_z^\omega \omega$$

其中,v 为飞行速度;δ 为舵面偏转角;m 和 J_z 分别为飞行器的质量和相对横轴的转动惯量;ω、θ 和 α 分别是飞行器绕横轴的转动角速度、弹道倾角和迎角(图 3.2),三者之间的关系是 $\mathrm{d}\theta/\mathrm{d}t = \omega - \mathrm{d}\alpha/\mathrm{d}t$,$\mathrm{d}\theta/\mathrm{d}t$ 是飞行的法向加速度。在上面的运动方程中,$Y^\alpha = C_y^\alpha qs$,$Y^\delta = C_y^\delta qs$,$M_z^\alpha = m_z^\alpha qsb_A$,$M_z^\delta = m_z^\delta qsb_A$,$M_z^\omega = m_z^\omega qsb_A$,$q = \frac{1}{2}\rho v^2$。其中,$C_y^\alpha$ 为导弹升力系数对角 α 的导数,C_y^δ 为导弹升力系数对舵偏角 δ 的导数,m_z^α 为导弹气动力矩系数对 α 的导数,m_z^δ 为导弹气动力矩系数对 δ 的导数,m_z^ω 为导弹气动力矩系数对 ω 的导数,b_A 为弹翼的平均气动弦长,s 为弹翼面积,q 为速度压力。这些参数来自气动力计算结果。

由运动方程可以得到垂直飞行速度方向(即迎角定义的方向)的过载系数,

$$n_{y2} = \frac{Y + P\alpha}{G_0} = \frac{Y^\alpha + P}{G_0}\alpha + \frac{Y^\delta \delta}{G_0} \approx \frac{Y^\alpha + P}{G_0}\alpha$$

根据导弹的纵向基本运动方程,可以得到纵向过载系数 n_{y2} 的微分方程

$$\frac{\mathrm{d}^2 n_{y2}}{\mathrm{d}t^2} + 2a\frac{\mathrm{d}n_{y2}}{\mathrm{d}t} + bn_{y2} = B\delta$$

---

① 刘莉,喻秋利. 导弹结构分析与设计. 北京:北京理工大学出版社,1999.

3.2 过载系数

$$2a = \frac{Y^\alpha + P}{mv} - \frac{M_z^\omega}{J_z}$$

$$b = -\left[\frac{M_z^\alpha}{J_z} + \frac{M_z^\omega}{J_z}\frac{(Y^\alpha + P)}{mv}\right]$$

$$B = \frac{Y^\alpha + P}{G_0}\left(\frac{M_z^\delta}{J_z} + \frac{M_z^\omega}{J_z}\frac{Y^\alpha}{mv}\right)$$

求解上式则可以得到过载系数随舵偏角的变化规律。根据不同的舵偏角与时间的关系，可以得到不同的过载系数。为方便起见，在下面的讨论中，令 $n = n_{y2}$。过载系数方程的通解可以写成

$$n = n_1 - (n_1 - n_0)\left(\frac{a}{\omega}\sin\omega t + \cos\omega t\right)e^{-at}$$

这里假设 $t = 0$ 时，$n = n_0$，$\mathrm{d}n/\mathrm{d}t = 0$。

如果飞行器采用气动舵进行机动飞行控制，当舵偏角由 δ_0 突变到 δ_1 时，即产生阶跃突变，过载系数随时间变化的时间历程曲线见图 3.7，对应于机动控制，这实际上是产生了超调现象[1]。对上面的过载系数时间历程求极值，即 $\mathrm{d}n/\mathrm{d}t = 0$，可得到过载系数最大值，

$$n_{\max} = n_1 + (n_1 - n_0)e^{-a\pi/\omega}$$

引入波动系数 (K)

$$K = \frac{n_1 - n_0}{n_1}e^{-\frac{a\pi}{\omega}}$$

$$n_{\max} = (1 + K)n_1$$

n_1 也称为稳定过载，$\omega = \sqrt{b - a^2}$。

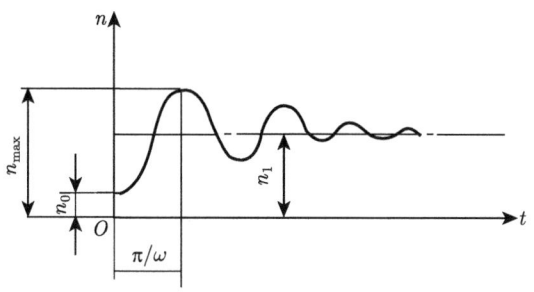

图 3.7 气动舵偏转角阶跃突变时过载系数随时间变化情况 [2]

---

[1] Dorf R C, Bishop R H. Modern Control Systems. 10th Ed. Upper Saddle River, NJ: Pearson Prentice Hall, 2005.

[2][1] 刘莉, 喻秋利. 1999. 导弹结构分析与设计. 北京: 北京理工大学出版社.

波动系数 K 是一个十分重要的系数，它不仅取决于原始飞行状态的过载系数 n_0，还取决于弹体在一定的飞行状态下的气动力系数、弹体稳定性及阻尼系数。例如，如果导弹的机动飞行是由稳定过载为 $-n_1$ 的定态曲线飞行转变为稳定过载为 n_1 的定态曲线飞行，则 $K \approx 2\mathrm{e}^{-\frac{\alpha \pi}{\omega}}$。如果波动系数大于 1，则最大过载会高于稳定过载 2 倍以上。

安装在导弹靠近头部位置的推力矢量控制装置会产生类似于阶跃控制力的效果。但从控制飞行器运动的角度，降低因控制超调产生的过载系数增大问题，需要控制气动舵的转角角速度或者推力矢量控制侧向发动机的喷射动量变化过程，以使产生的控制力逐渐增大，但这会降低飞行器的机动性能。另一种普遍采用的方法是改进反馈控制率，加大速度反馈系数，以产生接近 1 的阻尼比，进而降低超调量。

3.2.4 阵风载荷及其附加过载系数

阵风 (gust) 也叫不稳定气流 (turbulence)。如果有一定持续时间，阵风对飞行器的过载，尤其是法向过载和侧向过载有较大的影响，在设计时必须加以考虑。由于阵风是瞬时的，它引起的载荷是动载荷，具体情况较为复杂，在此仅对其最大值进行分析，以便和飞行器无阵风影响的稳定飞行状态下的过载系数相加，作为初步设计计算的依据。

阵风通常可分为水平阵风和垂直阵风，下面分别进行讨论。

1) 水平阵风引起的附加过载

飞行器突然遇到水平阵风时，可以认为飞行器此时的迎角不变，而是飞行器相对于大气的飞行速度增加了。设水平阵风的速度为 Δv，而此时飞行器的升力值为

$$Y = C_{y0} S \frac{\rho}{2} (v_0 + \Delta v)^2$$

其中，C_{y0} 为相应于初始迎角 α_0 时飞行器的升力系数；ρ 为空气密度；S 为翼面积；v_0 为飞行器的飞行速度。

若飞行器原作水平等速直线飞行，不计及推力分量的影响，当有水平阵风作用时，弹体的过载系数是

$$n_{y2} = \frac{Y}{G_0} = \frac{Y}{Y_0} = \left(1 + \frac{\Delta v}{v_0}\right)^2$$

对于高速飞行的飞行器，一般要求 $\Delta v < 0.1 v_0$，所以对法向过载的影响不大，一般为 $n_{y2} < 1.2$。但是，在飞行器起飞时，因为飞行器的飞行速度较低，阵风的影响就较大，所以有些导弹在发射时对阵风有一定的限制，即风速太大时不允许发射。

2) 垂直阵风引起的附加过载

当飞行器以速度 v_0 平飞时，如遇到速度为 u 的垂直阵风，主要影响是使飞

行器迎角发生变化。迎角增量变化为 $\Delta\alpha$，因其值很小，所以有

$$\Delta\alpha \approx \arctan\Delta\alpha = \frac{u}{v_0}$$

$$v = v_0/\cos\Delta\alpha \approx v_0$$

迎角变为 (图 3.8)

$$\alpha = \alpha_0 + \Delta\alpha = \alpha_0 + u/v_0$$

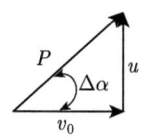

图 3.8 垂直阵风引起的迎角变化

升力则变为

$$Y = 0.5C_y^\alpha \alpha S v^2 \rho = Y_0 + 0.5C_y^\alpha u\rho v_0 S$$

过载系数成为

$$n_{y2} = \frac{Y + P\sin\alpha}{G_0} \approx \frac{Y + P(\alpha_0 + \Delta\alpha)}{G_0} = n_{y20} + \Delta n_{y2}$$

其中，$n_{y20} = (Y_0 + P\alpha_0)/G_0$，产生的过载系数增量为

$$\Delta n_{y2} = u\left(\frac{1}{2}C_y^\alpha \rho v_0 \frac{S}{G_0} + \frac{P}{v_0 G_0}\right)$$

显然，垂直阵风越大，附加的过载系数越大，弹翼的面积 S 越大，阵风作用的面积越大，因而会放大阵风的作用效果。

垂直阵风所引起的附加过载系数较大，必须考虑其对强度的影响。对于飞机，在暴风雨中飞行时，u 可达 40m/s，将产生较大的过载。除此之外，周期性突风还将引起振动而产生疲劳，同时产生附加的振动过载。

3.2.5 卫星主结构的综合过载系数

卫星的载荷同样以过载系数形式给出，通常称为多少个 g。过载系统的通用表达式为

$$n_i = S_i \pm \left(L_i^2 + R_i^2\right)^{0.5}$$

其中，n_i、S_i、L_i 和 R_i 分别是综合载荷过载系数、稳态载荷过载系数、低频动态力过载系数和高频随机力过载系数。表 3.1 是法国阿丽亚娜–4 运载火箭提供给卫

星方的载荷系数,用于结构强度计算。使用手册给出的过载系数的方法是:横向载荷可以以任何方向与纵向载荷同时作用于卫星上;卫星结构的综合载荷(QSL)应是静态载荷和作用于卫星底部(星箭分离面)处的动态载荷(正弦振动)的组合,综合载荷应均匀作用在整个卫星上。

表 3.1 法国阿丽亚娜-4 运载火箭提供给卫星方的载荷系数

飞行事件	载荷	纵向	横向
最大动压期间	综合 (QSL)	−3.0	±1.5
	静态 + 动态	−2±1.0 (5~100Hz)	−0.2±0.4 (5~100Hz)
发动机推力终止前	综合	−7.0	1.0
	静态 + 动态	−4.5±1.0 (5~100Hz)	±(0.8±0.4) (5~18Hz) ±0.6(18~100Hz)
发动机推力终止后	综合	+2.5	±1.0
	静态 + 动态	±1.0 (5~100Hz)	±0.8(5~100Hz) ±0.6(5~100Hz)

注:"−"表示压缩载荷。

因为施加在卫星上的力是以过载系数形式给出的,当转化为作用力时,过载系数需要乘以卫星的质量和重力加速度。这样就产生了设计迭代过程,即根据任务目标和技术要求,首先完成构型设计,布置好有效载荷和设备,并预估结构构件的横截面积,由此获得结构的质量分布,然后按照过载系数将质量分布转化为力载荷分布,进行结构的强度计算,并按照有限元模型中的应力分布和幅值情况,修改结构构件的横截面积,改进连接结构,必要时要先修改结构构型,再进行强度计算,直到满意为止。

3.2.6 影响最大过载的使用因素

限制飞机最大使用过载值的因素包括:飞机最大过载值的大小,飞机的飞行战斗性能,飞机结构的受力,设备的正常工作条件,人员的生理机能等。在飞机设计规范中,对不同类型的飞机所应选取的最大过载值都有明确规定。

由图 3.9 可知,过载随飞行速度增大而急剧增加。在中高空飞行时,由于空气密度降低,大气层内飞行器的最大升力下降,这时气动舵无法产生足够的对飞行运动变化的控制力,或者说是大过载,故依赖气动舵进行飞行控制的飞行器的机动性能随飞行高度提高而降低。因此,在高空飞行时,为实现强机动飞行,需采用推力矢量控制技术。

人员的生理机能是最大过载的主要限制因素之一(图 3.10)。人体能够承受过载的大小是有方向性的:在胸到背、背到胸的方向,驾驶员能忍受的过载最强;在足至头的方向,忍受过载的能力最弱。所以,在机动性能方面,有人飞行器无法实现无人飞行器的高机动性能。

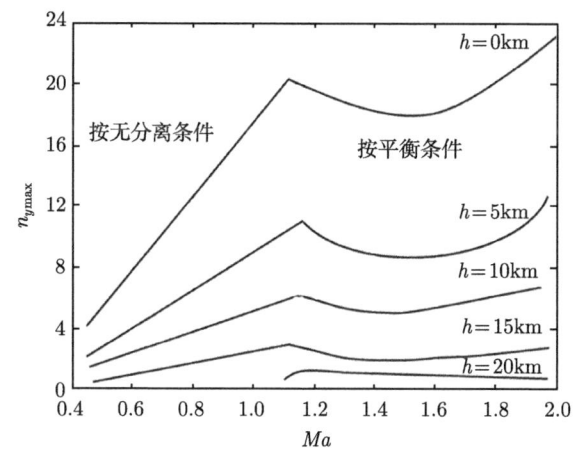

图 3.9 过载 $n_{y\max}$ 随 Ma 变化曲线

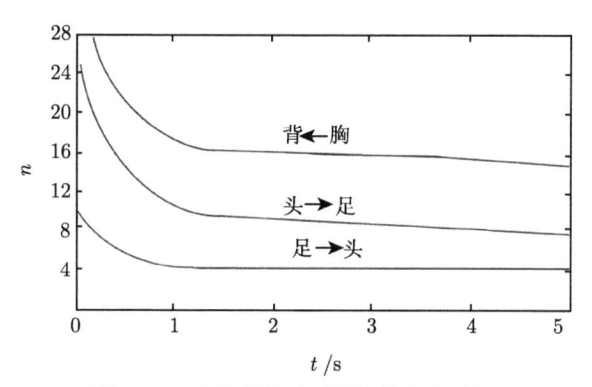

图 3.10 人员所能承受的过载值和时间

思考题

(1) 讨论过载系数的物理意义。
(2) 过载系数是如何将结构、飞行控制、气动力联系在一起的？
(3) 讨论过载系数和自动控制中超调的对应关系。
(4) 根据飞行高度对过载系数的影响，讨论提高飞机/导弹机动能力的技术途径。
(5) 讨论过载系数指标对飞机结构强度设计的影响。

3.2.7 地面使用时的载荷与过载

地面使用情况是导弹特有的，包括车辆运输、起吊和发射等；飞机也有地面工况，包括系留、运输、滑行等。

1) 发射时的载荷与过载

导弹在助推器的推力作用下，沿发射导轨的运动过程称为发射过程。发射时作用在导弹上的载荷取决于发射状态，如垂直发射或倾斜发射，活动发射或固定发射等。发射时的载荷有重力、助推器推力、惯性力、地面风引起的气动力，以及由发射装置的运动或飞机运动、舰艇摇摆所引起的惯性力等。发射时，以上载荷将使弹体产生一定的过载，过载系数的求解根据具体发射情况进行。

2) 导弹吊挂升降时的过载

导弹在吊挂升降时，因加速度和冲击，挂钩对导弹的作用载荷将产生相应的过载。这时，挂钩对导弹的作用载荷应为导弹的重量乘以升降加速度和冲击产生的过载。

3) 地面运输时的过载

地面运输时的过载，受到路面情况的影响，如无可靠数据，可取

(a) 铁路运输：$n_x = \pm 0.25$，$n_y = 1.6$；

(b) 公路或土路运输：$n_x = \pm 1$，$n_y = \pm 2$。

4) 卫星次结构及星载设备载荷确定

在附属结构和柔性附件的分析中，应考虑结构引起的动态载荷的放大量级。对星载设备及其支撑面：

(a) 对低频瞬态载荷和随机振动载荷进行合理的组合；

(b) 对于质量大于 500kg 的设备，可忽略随机振动；

(c) 对于质量小于 500kg 的设备，不可忽略随机振动。

上述载荷同时作用在设备的 3 个轴上。

思考题

(1) 根据飞行高度对过载系数的影响，讨论提高飞机/导弹机动能力的技术途径。

(2) 讨论过载系数指标对飞机结构强度设计的影响。

(3) 为何卫星的载荷是由前面提到的三种载荷合成而来的？

3.3　飞行器的设计情况

飞行器在整个使用过程中，其受载情况是十分复杂的，而部件本身的受载情况就更加复杂，即使在某种使用状态下，各个部件的受载情况也是不相同的。在进行飞行器结构部件设计时，必须知道部件的受载情况，但由于飞行器在使用过程中的受载情况十分复杂，有必要从中选择一定的载荷最严重情况作为设计情况，分析、设计此时的受载情况。载荷通常以过载系数的形式给出。本部分主要介绍一些选择设计情况的方法和原则。

3.3.1　地面使用时的设计情况

飞行器在地面使用时，可能有飞行器的某些元件的受载设计情况，如起吊时的吊钩、吊挂接头，运输过程中的支持接头等。此外，在运输时，需要注意飞行

器固有频率和运输工具固有频率的耦合状态,以及与外部载荷频率的距离,避免产生共振导致的结构过载系数放大。

确定地面使用时的设计情况,通常是分析、计算出各情况下飞行器的轴向过载 n_x 和法向过载 n_y,取其最大值作为设计情况。

3.3.2 飞行时的设计情况

飞行状态较地面使用情况复杂得多,而飞行器上的多数部件主要受载状态又是出现在这个过程中。对于有人飞行器,人对过载的耐受程度决定了飞行器的最大过载;对载人飞船,需要限制运载火箭的最大加速度及飞船返回时的最大加速度;对于有人军用飞机,在各种飞行状态中,大气层内飞行器的俯冲拉起过程的过载系数最大,可以选择这个过载系数作为最大过载限制。

对于无人飞行器,主要是以首先能够满足任务目标和使用要求为前提,设计飞行方式和飞行轨迹 (弹道),然后从中选择过载系数最大的情况,以这个过载作为设计载荷。此外,飞行器不同位置上的载荷情况也不同,不同部件的最大过载飞行轨迹可能是不相同的,即使是同一条飞行轨迹 (弹道) 上受载最严重的点 (设计情况) 也可能是不同的。在这种情况下,需要根据过载系数的幅值分布情况,有针对性地进行结构强度设计,即进行等强度设计,以最大程度地降低结构重量,从而降低结构受到的惯性载荷。

例如,某种导弹为了完成各种任务,其设计、使用弹道都不是单一的,而每条弹道上各点的载荷又是时间的函数[1]。因此,在不同的飞行弹道和弹道上不同的点,导弹所受的载荷大小是不相同的。然而,在确定导弹部件的设计情况时,无须对所有的弹道都进行计算。首先根据理论分析和实践经验,从众多可能的飞行弹道中选取若干受载最严重的典型弹道,然后针对每条典型弹道确定受载最严重的点。图 3.11 给出了四条弹道。对于在垂直平面内作机动飞行的导弹,其机动过载为

$$n_{y2} = \frac{v^2}{g_0 L} + \cos\theta$$

其中,L 和 θ 分别是弹道的曲率半径和航迹角。导弹的机动过载系数 n_{y2} 与飞行速度 v^2 成正比,与弹道的曲率半径 L 成反比。在目标的高度和速度一定的条件下,其遭遇距越小,弹道越弯曲,过载越大,即

$$(n_{y2})_a > (n_{y2})_b, \quad (n_{y2})_d > (n_{y2})_c$$

由此知道,a 点消耗掉的燃料比 d 点多,获得的速度比 d 点大。所以,在弹道对应的四个极限点中,遭遇 a 点的弹道上过载最大。因此,可将最大射高、最小射距的弹道 $D_{\min 1}$ 作为典型弹道。

---

[1] 刘莉, 喻秋利. 导弹结构分析与设计. 北京: 北京理工大学出版社, 1999.

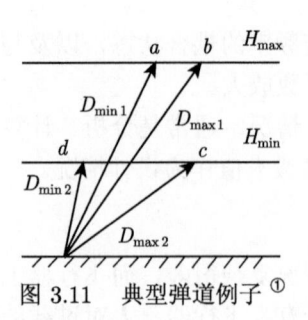

图 3.11 典型弹道例子 [1]

但在上面的例子中，实际最大过载会出现在为跟踪和与目标接触而实施的高速小角度转弯过程中，即大机动飞行中。

同样，在进行飞机设计时，对所有情况都进行计算是不可能的。在飞机飞行中，作用在飞机上的载荷随飞行高度、速度、飞行姿态、过载系数和飞机质量等变化。根据理论分析和飞行试验，针对飞机结构易遭到损坏、人员易遭到损伤的载荷情况及飞机可能的飞行状态，选出有代表性的设计情况来考虑。

飞机飞行的强度极限可用飞行包线 (flight envelope) (V-n 线图) 表示，以用来限制各项要求的应用区域。根据飞机的飞行性能、操纵性、稳定性、战术技术和结构强度要求，飞机有多种飞行包线。在此包线内，飞机是可操纵的，而且强度要求得到保证。每一类型的飞机均有其专用的 V-n 线图及规定的失速速度 V_s 和失速过载 n_s。在飞行包线图中 (图 3.12)，横轴表示空速 (V)，纵轴表示过载 (n)。图中的极限空速是飞机的设计参数，如果飞机的飞行速度超过极限空速，则可能遭到：(a) 临界突风，(b) 破坏性颤振，(c) 副翼反效，(d) 机翼或操纵面变形扩大，(e) 临界压缩性效应 (如稳定性和操纵性问题、损坏抖振等情况)。

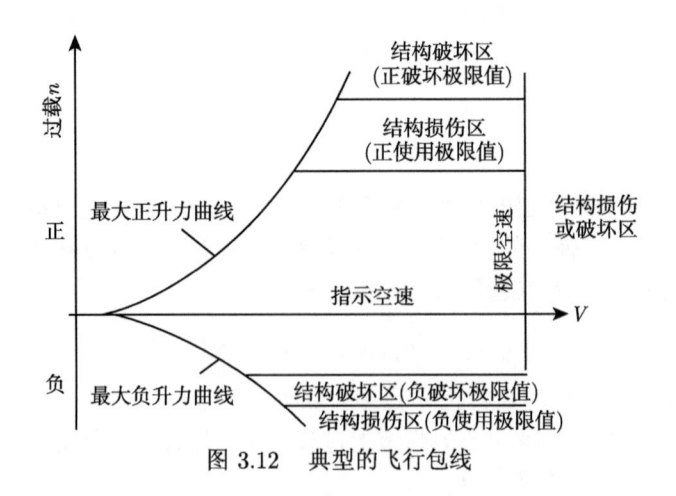

图 3.12 典型的飞行包线

---

[1] 刘莉, 喻秋利. 导弹结构分析与设计. 北京: 北京理工大学出版社, 1999.

3.3 飞行器的设计情况

飞机的飞行速度和过载系数的范围 (飞行包线) 确定依据如下：

(1) 过载系数 n 限制范围 (机动性和结构强度的限制)；

(2) 飞行速度限制范围 (发动机功率和结构强度的限制)；

(3) 升力系数 C_L 范围 (发动机推力和攻角变化范围的限制)。

飞机强度受到下面四个因素的影响，这四个因素中任意一个发生变化，都会导致使用极限发生很大变化，进而改变飞行包线的形状。此外，改变承受阵风载荷的能力，也会改变飞行包线形状。但极限空速侧永远都是一条平行于过载系数轴的直线①。

(1) 飞机总重量改变，如果过载系数不变，则意味着所受载荷发生变化。

(2) 飞机构型改变 (起落架和襟翼全部收起，外挂物、襟翼和起落架放下位置等)，会导致气动力和过载系数变化。

(3) 对称载荷 (由于在高速飞行时，滚转退出会使结构强度极限减小到对称载荷极限的 2/3 左右)。

(4) 可适用的飞行高度改变，由前面的讨论知道，这会改变过载系数及其变化情况。

3.3.3 疲劳载荷

在设计中，要考虑疲劳载荷引起的结构疲劳，这和飞行器的工作状况有关。

(1) 突风重复载荷：突风产生一个攻角增量 $\Delta \alpha$，导致过载系数改变 Δn_y。突风来源于大气环境，现已有规范给出了大气环境的统计值，突风载荷是运输机类飞机的主要疲劳载荷。

(2) 机动重复载荷：是战斗机类飞机的主要疲劳载荷，由飞机的机动飞行 (盘旋、俯冲、退出等) 产生。

(3) 着陆撞击重复载荷：飞机着陆时有一接地速度，使起落架受到撞击而产生振动，导致重复载荷产生。着陆撞击载荷对机体的疲劳损伤影响极小，但对起落架有较大影响。

(4) 地面滑行重复载荷：与跑道的粗糙度有关，对不同类型的跑道已有统计结果，对飞机机体影响极小。

(5) 地–空–地循环载荷：由压差引起，对气密舱有影响。

思考题

(1) 讨论决定飞行器结构强度的关键因素。

(2) 为何要考虑运输对飞行器结构设计的影响？

(3) 飞行包线为何用过载系数作为纵坐标？

(4) 哪些因素决定了飞行包线？

(5) 飞行包线在何时能够最终确定？

---

① Howe D. Aircraft Loading and Structural Layout. Reston, VA AIAA, 2004.

3.4 薄壁结构元件分析

飞行器结构由于轻量化的要求，常常采用薄壁结构元件。因此，薄壁结构元件的拉压弯扭分析是其结构分析设计的基础。在本节中，我们将首先回顾相关的基本计算方法，简述如何基于这些基本原理进行结构强度、刚度的判定与初步设计。

3.4.1 薄壁结构元件的基本特点和假定

薄壁结构元件主要包括薄壁杆件、薄板和薄壳。杆件的横截面特征尺寸 a 远小于其长度 l，通常 $l/a > 5$。如图 3.13 所示，薄壁杆件是指壁厚 h 远小于 a 的杆件，此时，$h \ll a \ll l$。

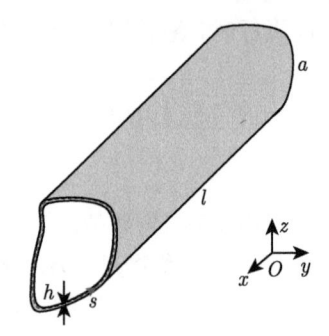

图 3.13 薄壁杆件特征尺寸示意图

对于细长的薄壁杆件，通常将其近似为一维的结构元件，在进行计算的过程中，常采用如下基本假定。

1) 纵向纤维互不挤压假定

忽略杆件在侧向的相互挤压作用。如果用应力张量来表示，在图 3.13 所示的坐标系下，$\sigma_{yy} \approx 0$，$\sigma_{zz} \approx 0$，$\tau_{yz} \approx 0$，此时，非零的应力分量只有 σ_{xx}，τ_{xy}，τ_{xz}。而对于薄壁杆件而言，如果杆件侧壁表面不受到沿轴向的剪力，根据剪应力互等定理，其横截面的剪应力总是沿着横截面中心线的方向 (见图 3.13 中红色虚线及箭头 s)，此时非零应力分量只有 σ_{xx}，τ_{xs}。

2) 平截面假定

当薄壁杆件发生弯曲时，假设杆件的横截面在变形后仍然保持平面，且与变形后的轴线保持正交。

3) 刚体周边假定

当薄壁杆件发生扭转时，忽略变形前后横截面周边形状的改变，允许横截面的刚体平移、转动及平面的翘曲。但在变形过程中，忽略横截面中心线的面内伸长和面内弯曲，即图 3.13 中 s 方向的正应变为零，且变形引起的曲率变化为零。

3.4 薄壁结构元件分析

平板是由两个相互平行的面及与其垂直的柱面所围成的物体，如图 3.14 所示，两个板面之间的距离 h 称为板的厚度，而平分厚度 h 的平面称为板的中面。对于薄板元件，其厚度 h 远小于中面的最小尺寸 a(例如 $a/h > 5$)。

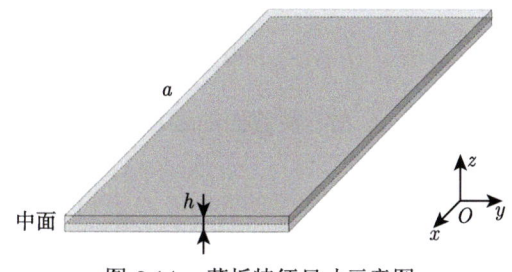

图 3.14　薄板特征尺寸示意图

壳体与板的定义类似，但是壳的中面是曲面。假设壳体中面的特征曲率半径为 R，厚度为 h，薄壳通常要求 $R/h > 20$。

对于薄板和薄壳的计算，若取薄板的中面为 xy 面，在如图 3.14 所示的坐标系下，通常采用如下假定。

(1) 各层互不挤压假定：忽略沿厚度方向的挤压作用。如果用应力分量表示，则 $\sigma_{zz} \approx 0$。

(2) Kirchhoff 直法线假定：忽略板的横向剪切变形。如果用应变分量来表示，则 $\gamma_{zx} \approx 0$，$\gamma_{zy} \approx 0$。

(3) 挠度随厚度的变化可以略去：忽略挠度 w 在厚度方向的变化，通常采用中面的挠度来表征板的挠度。

3.4.2 薄壁杆件的拉压分析

在对火箭进行整体分析的时候，可以将其简化为主要承受轴向力的变截面杆。如图 3.15 所示，对于一个具有任意截面形状的变截面杆件的拉压问题，其求解基本思路如下。

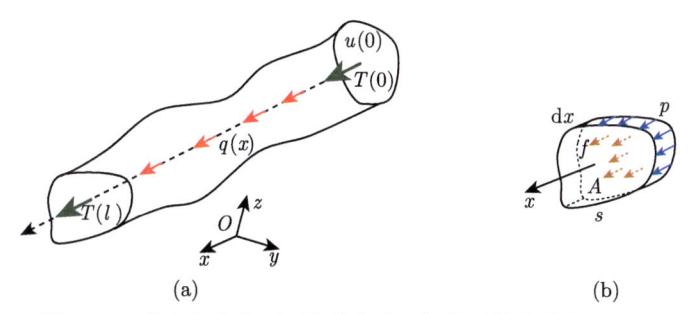

图 3.15　具有任意截面形状的变截面杆件受轴向载荷示意图

1) 可近似为一维问题，将外载荷沿着杆件的轴线进行简化和等效

将杆的形心沿杆长度方向的连线选为杆的轴线。假设杆件受到的体力为 $f(x)$，侧面受到的分布力为 $p(x)$，通过对如图 3.15(b) 所示的微元体进行分析。根据平衡方程，可以得到长度为 $\mathrm{d}l$ 的杆所受到的轴向外力 $q(x)$：

$$q(x)\mathrm{d}l = \oint p(x)\mathrm{d}s\mathrm{d}l + \int f(x)\mathrm{d}A\mathrm{d}l$$

其中，s 表示横截面的周线；A 表示横截面的面积。

2) 求解轴力分布

如图 3.15(a) 所示，求解出单位长度的轴向外力 $q(x)$ 后，根据内力与外力平衡

$$\frac{\mathrm{d}T(x)}{\mathrm{d}x} + q(x) = 0$$

可直接积分求出轴向内力 $T(x)$ 的大小，即

$$T(x) = -T(0) - \int_0^x q(x)\mathrm{d}x$$

3) 求解轴向应力和应变

轴向应力在横截面上均匀分布，$\sigma_{xx} = T(x)/A(x)$。若材料是线弹性材料，弹性模量的大小为 E，则轴向应变为 $\varepsilon_{xx} = \sigma_{xx}/E$。

4) 求解轴向位移

若杆件底部的位移为 $u_x(0)$，则距离底部 x 位置处的位移大小为

$$u_x(x) = u_x(0) + \int_0^x \varepsilon_{xx}\mathrm{d}x$$

3.4.3 薄壁杆件的弯曲分析

1. 普通杆件的弯曲分析

如图 3.16(a) 所示，对于横向分布力作用下的杆件平面弯曲问题，求解基本思路如下：

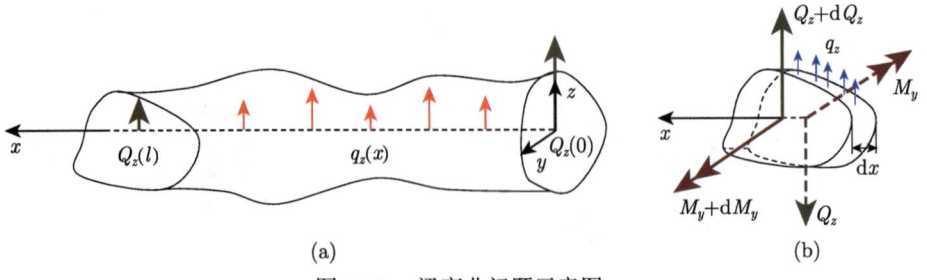

图 3.16 梁弯曲问题示意图

(b) 为从 (a) 中截取的微元体

3.4 薄壁结构元件分析

1) 通过杆件所受到的面力和体力求解横向分布力 q_z
2) 绘制剪力图

根据图 3.16(b) 中所示的微元体，沿着 z 方向进行力平衡分析，剪力 Q_z 与横向分布力 q_z 之间的关系为

$$Q_z + \mathrm{d}Q_z + q_z \mathrm{d}x = Q_z$$

$$\frac{\mathrm{d}Q_z}{\mathrm{d}x} = -q_z$$

3) 绘制弯矩图

根据图 3.16(b) 中所示的微元体，对绕着 y 轴的力矩进行平衡分析，可以得到弯矩 M_y 与剪力 Q_z 之间的对应关系为

$$Q_z \mathrm{d}x + M_y = M_y + \mathrm{d}M_y$$

$$\frac{\mathrm{d}M_y}{\mathrm{d}x} = Q_z$$

图 3.16(b) 中，若弯矩 M_y 的方向和 y 轴的正方向重合，则为正，否则为负。类似的定义，同样适用于绕着 z 轴的弯矩 M_z。

对于弯矩 M_z，通过类似的推导，可得

$$\frac{\mathrm{d}M_z}{\mathrm{d}x} = -Q_y$$

4) 强度校核

为了深刻理解杆件弯曲问题强度校核的基本假设，需要清晰掌握弯曲应力的推导方法。

下面推导弯矩引起的正应力。

(a) 变形协调条件。由于变形是可以观察的，因此分析问题常常从变形特征入手。对于细长杆件可以采用平截面假定，即杆件的轴线在变形后仍然垂直于横截面。如图 3.17(a) 所示，假设杆上初始长度为 $\mathrm{d}x$ 的微元体，在受到纯弯曲作用后的曲率为 κ，曲率半径为 R，杆件在中性轴上没有发生沿长度方向的轴向位移。若记中性轴处 $z=0$，距中性轴 z 位置处的轴向位移为 $\mathrm{d}u$，则该位置处的正应变为

$$\varepsilon_{xx} = \frac{\mathrm{d}u}{\mathrm{d}x} = \frac{(R+z)\mathrm{d}\theta - R\mathrm{d}\theta}{R\mathrm{d}\theta} = \frac{z}{R} = \kappa z$$

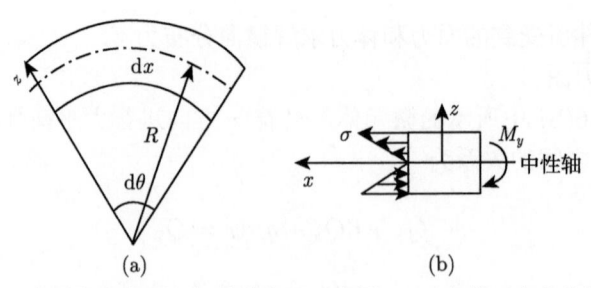

图 3.17 (a) 纯弯曲作用下杆件的变形示意图；(b) 弯曲正应力分析示意图

(b) 应力–应变关系。根据应力–应变关系，轴向的正应力 $\sigma_{xx} = E\varepsilon_{xx} = E\kappa z$，其中，$E$ 是弹性模量。可见，中性轴刚好是横截面拉应力及压应力的转折点。

(c) 平衡方程。

问题：如何确定中性轴的位置？

这需要根据轴向力的平衡得到。在纯弯曲作用下，虽然杆中有轴向应力，但没有轴向力，即轴向应力沿着横截面进行积分的合力为零，即

$$T = \int_A \sigma_{xx} \, dA = \int_A E\kappa z \, dA = 0$$

$$\int_A z \, dA = 0$$

由此可知，在没有轴向外力的情况下，中性轴刚好经过横截面的形心。

问题：如何确定曲率 κ 的大小？

这需要根据力矩平衡得到。如图 3.17(b) 所示，

$$M_y = \int_A \sigma_{xx} z \, dA = E\kappa \int_A z^2 \, dA$$

定义截面的惯性矩 (面积的二次矩) 为

$$I_y = \int_A z^2 \, dA$$

由此可得到曲率和正应力的表达式分别为

$$\kappa = \frac{M_y}{EI_y}, \quad \sigma_{xx} = \frac{M_y}{I_y} z$$

通过类似的推导过程可以得到，在弯矩 M_z 的作用下正应力的大小为

$$\sigma_{xx} = -\frac{M_z}{I_z} y$$

3.4 薄壁结构元件分析

下面推导剪力引起的剪应力。

对于细长杆件，通常假设横截面上的剪应力沿着宽度方向均匀分布。例如，图 3.18(a) 所示，当剪力 Q_z 沿着 z 轴方向时，宽度方向是指沿着 y 轴的方向。

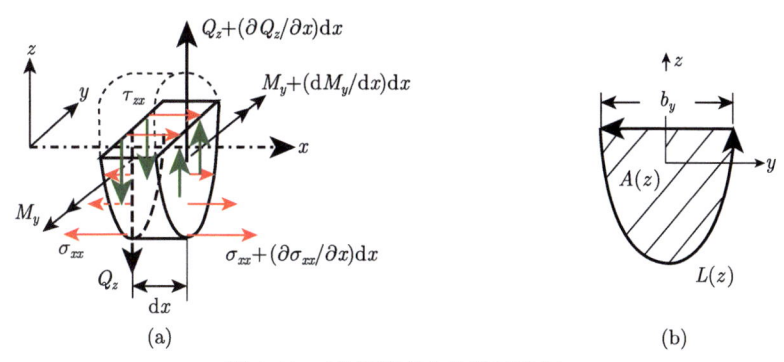

图 3.18 弯曲剪应力分析示意图

考虑一个长度为 $\mathrm{d}x$ 的微元体，根据剪应力互等定理，在 z 位置处，侧面上的剪应力 (图 3.18(a) 中的绿色箭头所示) 与水平截面上的剪应力大小相等。因此，z 位置处的剪应力大小可以根据 x 方向的力平衡计算得到

$$\tau_{zx} b_y \mathrm{d}x + \int (\partial \sigma_{xx}/\partial x) \mathrm{d}x \mathrm{d}A' = 0$$

其中，A' 对应图 3.18(b) 中的阴影部分的面积。

根据正应力和弯矩的关系，进一步得到

$$\tau_{zx} b_y \mathrm{d}x + \int \left(\frac{\partial M_y}{\partial x} \frac{z}{I_y} \right) \mathrm{d}x \mathrm{d}A' = 0$$

最后根据弯矩和剪力的关系，可得

$$\tau_{zx} = -\frac{Q_z}{I_y b_y} \int z \mathrm{d}A' = -\frac{Q_z S'_y(z)}{I_y b_y(z)}$$

需要注意的是，这里的静矩 $S'_y(z)$ 是 z 的函数，对应着待求剪应力的位置处的部分截面的静矩，在求解面积积分时对应着图 3.18(b) 中阴影部分的面积，可以通过分析沿着 x 方向的力平衡方程来加深理解。因为杆的横截面宽度可能随着高度发生变化，所以宽度 $b_y(z)$ 也是 z 的函数。

5) 刚度校核

杆件受弯时可能会发生剪切变形 (剪力引起) 和弯曲变形 (弯矩引起)。但对于细长杆而言，剪切变形通常可以忽略。因此，下面主要介绍由弯矩引起的挠度和转角的求解方法。

如图 3.19 所示，杆件的挠度是指杆件沿着 z 方向的位移 u_z，从图 3.19 的局部放大图，容易得到转角 θ 与挠度的关系为

$$\theta(x) = -\mathrm{d}u_z/\mathrm{d}x$$

对于杆的弯曲问题，前面我们已经推导了曲率的公式 $\kappa = \dfrac{M_y}{EI_y}$，因此只要得到曲率和转角的关系，就可以进一步求解出挠度。

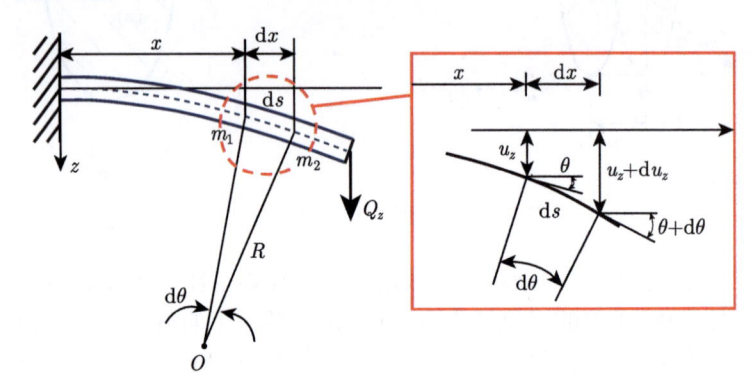

图 3.19　弯曲引起的挠度和转角计算示意图

因为 $\mathrm{d}s = R\mathrm{d}\theta \approx \mathrm{d}x/\cos\theta \approx \mathrm{d}x$，可得曲率 $\kappa = 1/R = \mathrm{d}\theta/\mathrm{d}s \approx \mathrm{d}\theta/\mathrm{d}x = -\mathrm{d}^2 u_z/\mathrm{d}x^2$，从而得到挠度的求解方程

$$M_y = -EI_y \mathrm{d}^2 u_z/\mathrm{d}x^2$$

结合边界条件，可以求解出挠度的大小。

通过类似的推导过程可得

$$M_z = EI_z \mathrm{d}^2 u_y/\mathrm{d}x^2$$

6) 拓展讨论

对于具有非对称横截面的杆件，如何确定其中性轴的位置？

根据前面的讨论，中性轴主要是根据横截面的正应力的合力为零来确定的。

如图 3.16 所示具有任意横截面的杆件，如果绕着 y 轴发生弯曲，产生的曲率为 κ_1，对应的正应力 $\sigma_{xx} = E\kappa_1 z$，横截面的合力为 0，需要满足 $\int z\mathrm{d}A = 0$；同理，如果绕着 z 轴发生弯曲，产生的曲率为 κ_2，对应的正应力 $\sigma_{xx} = -E\kappa_2 y$，横截面的合力为 0，需要满足 $\int y\mathrm{d}A = 0$。因此，在不受轴向外力的情况下，具有任意横截面形状的杆件中性轴均通过横截面的形心。

3.4 薄壁结构元件分析

在通过形心的任意坐标系下，对于具有任意横截面形状且轴线沿着 x 轴的杆件求解由弯矩引起的正应力，可以先把弯矩分解为 M_y 和 M_z，然后利用叠加法求解正应力 $\sigma_{xx} = \dfrac{M_y z}{I_y} - \dfrac{M_z y}{I_z}$ 吗？

该问题有两个分析思路。

解法 1：如果杆件绕着 y 轴发生弯曲，产生的曲率为 κ_1，对应的正应力 $\sigma_{xx}^* = E\kappa_1 z$。该正应力产生的绕着 y 轴的弯矩为

$$M_y^* = \int \sigma_{xx}^* z \,\mathrm{d}A = \int E\kappa_1 z^2 \,\mathrm{d}A = E\kappa_1 I_y$$

该正应力产生的绕着 z 轴的弯矩

$$M_z^* = -\int \sigma_{xx}^* y \,\mathrm{d}A = -\int E\kappa_1 zy \,\mathrm{d}A = -E\kappa_1 I_{yz}$$

如果杆件绕着 z 轴发生弯曲，产生的曲率为 κ_2，对应的正应力 $\sigma_{xx}^{**} = -E\kappa_2 y$。该正应力产生的绕着 y 轴的弯矩为

$$M_y^{**} = \int \sigma_{xx}^{**} z \,\mathrm{d}A = -\int E\kappa_2 yz \,\mathrm{d}A = -E\kappa_2 I_{yz}$$

该正应力产生的绕着 z 轴的弯矩为

$$M_z^{**} = -\int \sigma_{xx}^{**} y \,\mathrm{d}A = \int E\kappa_2 y^2 \,\mathrm{d}A = E\kappa_2 I_z$$

根据力矩的平衡条件可得

$$M_y = M_y^* + M_y^{**}, \quad M_z = M_z^* + M_z^{**}$$

将前述推导代入，利用两个力矩平衡方程，可定解 κ_1，κ_2 两个未知量。最终得到非对称截面杆的正应力的表达式如下：

$$\sigma_{xx} = \dfrac{-\left(M_z I_y + M_y I_{yz}\right) y + \left(M_y I_z + M_z I_{yz}\right) z}{I_y I_z - I_{yz}^2}$$

解法 2：如图 3.20 所示，横截面上形心为 C，假设在 M_y 和 M_z 的作用下，杆件弯曲对应的中性轴如虚线所示，弯曲产生的曲率为 κ，若中性轴与 y 轴的夹角为 α，则与中性轴距离为 ζ 处的正应力为

$$\sigma_{xx} = E\kappa\zeta = E\kappa\left(y\sin\alpha + z\cos\alpha\right)$$

该正应力产生的绕着 y 轴的弯矩为

$$M_y = \int \sigma_{xx} z \,\mathrm{d}A$$

该正应力产生的绕着 z 轴的弯矩为

$$M_z = -\int \sigma_{xx} y \mathrm{d}A$$

上述两个公式可用于定解曲率 κ 及夹角 α 两个未知数，最终可获得非对称截面杆的正应力，结果与解法 1 相同。

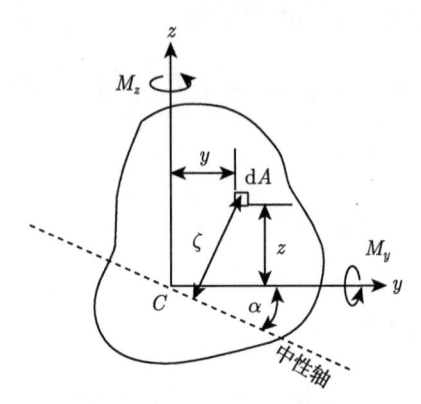

图 3.20　弯曲正应力求解示意图

通过上述分析可知，只有当 $I_{yz}=0$ 时，才可采用题目中的公式。

主轴是指过惯性积等于零的一对坐标轴。当采用的坐标轴为形心主轴时，可采用叠加法求解正应力，简化正应力的计算公式。需要注意的是，在前面推导剪力引起的剪应力时，同样用到了正应力和弯矩之间的关系。如果选择的不是形心主轴坐标系，在计算剪应力时也会有与惯性积相关的项。因此，在进行弯曲分析时，建议采用形心主轴坐标系。

2. 薄壁杆件的弯曲分析

根据前述的薄壁杆件的定义及基本假定可知，当发生弯曲变形时，在图 3.13 所示坐标系下，其非零的应力分量只有弯矩产生的轴向正应力 σ_{xx} 和剪力引起的沿着横截面中心线的剪应力 τ_{xs}。

考虑到薄壁杆件的壁厚远小于横截面特征尺寸，可以假设应力 σ_{xx} 和 τ_{xs} 沿着壁厚均匀分布。据此，可以定义剪流 q_s 等于剪应力与壁厚 h 的乘积，即 $q_s = \tau_{xs}h$。

正应力 σ_{xx} 的求解方法和普通杆件一致。下面重点介绍弯曲剪应力 τ_{xs} 的求解方法。

1) 开口薄壁杆件

薄壁杆件弯曲剪应力的求解方法和普通杆的思路一致。如图 3.21 所示，同样是利用沿着杆件轴线的力平衡得到

3.4 薄壁结构元件分析

$$\tau_{xs}h\mathrm{d}x + \int (\partial \sigma_{xx}/\partial x)\mathrm{d}x\mathrm{d}A' = 0$$

在形心主轴坐标系下，可得剪应力和剪流分别为

$$\tau_{xs} = -\left(\frac{Q_z S'_y}{I_y h} + \frac{Q_y S'_z}{I_z h}\right)$$

$$q_s = -\left(\frac{Q_z S'_y}{I_y} + \frac{Q_y S'_z}{I_z}\right)$$

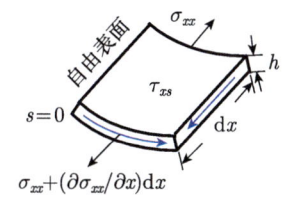

图 3.21 薄壁杆件弯曲剪应力分析的微元体受力图

在应用该公式的过程中，截面的惯性矩 I_y 和 I_z 是对应整个截面的，但是静矩 S'_y 和 S'_z 是相对部分截面的，即

$$S'_y = \int_{A'} z\,\mathrm{d}A'$$

$$S'_z = \int_{A'} y\,\mathrm{d}A'$$

其中，A' 表示截取的微元受正应力作用的面积，通常取剪应力为零的位置到当前位置处的截面面积。也就是说，通常将剪应力为零的位置取为静矩计算的起点。比如，对于开口薄壁杆件，根据剪应力互等定理可知，在开口处的剪应力为零，因此常将开口处作为静矩计算的起点。

通过上述公式也可以看出，剪流在横截面上的分布规律是由该位置处计算出来的静矩大小决定的。若横向剪力与惯性主轴的某一个方向平行，那么在中性轴上的静矩最大，因此，此处剪流也最大 (例如后文中图 3.26(b))。另外，若厚度突变，就会引起剪应力突变。

2) 闭口薄壁杆件

根据上述剪应力计算公式可知，静矩的有效计算是弯曲剪应力分析的一个关键问题。对于对称的闭口薄壁杆件，如果外加剪力刚好沿着对称轴，那么对称轴处的剪应力为零，可以以此位置作为静矩计算的起点。但是对于具有任意截面形状的闭口薄壁杆件，有时很难确定剪应力为零的位置，所以本节将专门介绍具有非对称截面的闭口薄壁杆件的剪应力求解方法。

如图 3.22(a) 所示，如果闭口薄壁杆件的横截面没有对称轴，可以采用叠加法来进行处理。

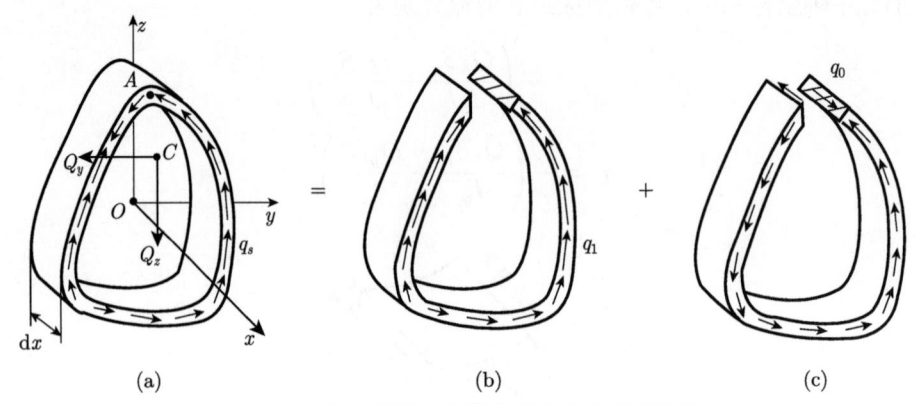

图 3.22　闭口薄壁杆件弯曲剪应力分析示意图

首先，在截面上任取一点 A，在该位置处将杆件切开成如图 3.22(b) 中所示开口薄壁杆件，假设 A 处沿着 x 轴的截面上没有任何剪应力的作用，由此可以按照前述开口薄壁杆件的求解方法，求解在外加剪力 Q_z 和 Q_y 的作用下，横截面上的剪流 q_1。显然，此时可以用开口处作为静矩计算的起点，在形心主轴坐标系下，可得

$$q_1 = -\left(\frac{Q_z S'_y}{I_y} + \frac{Q_y S'_z}{I_z}\right)$$

在上述的假设中，忽略了切开位置 A 处的剪流，根据剪应力互等定理，横截面上也将存在着剪流 q_0，如图 3.22(c) 所示。因此，截面上的真实剪流是

$$q_s = q_1 + q_0$$

若外加剪力 Q_z 和 Q_y 作用的位置为 C 点，其坐标为 (y_C, z_C)，则外加剪力产生的相对于坐标原点 O 的扭矩为

$$T = Q_z y_C - Q_y z_C = \oint r q_s \mathrm{d}s = \oint r(q_1 + q_0)\,\mathrm{d}s$$

其中，r 表示横截面上任意一点处无限小的微元体上的剪力相对于坐标原点 O 的力臂。易证明，$\oint r \mathrm{d}s = 2A_0$。更多讨论，可参见扭转分析章节中的图 3.35。$A_0$ 表示闭口薄壁杆件横截面中心线包络的面积，注意该面积不等于横截面自身的面积。

据此，可得

$$T = \oint r q_1 \mathrm{d}s + 2A_0 q_0$$

所以
$$q_0 = \frac{T}{2A_0} - \frac{\oint r q_1 \mathrm{d}s}{2A_0}$$

求出了 q_1 和 q_0，即可得到横截面的剪流 q_s。剪应力可以由剪流除以厚度得到。

3) 剪力中心

剪力中心是指剪应力合力的作用点，也称为弯曲中心。如果外加剪力通过剪力中心，那么杆件只发生弯曲，不发生扭转。因此，剪力中心的确定对于判断是否发生扭转具有重要的作用。

问题：怎么求解剪力中心的位置？

这里不妨取一个横截面，在这个横截面上建立形心主轴坐标系，如图 3.23 中 Oyz 所示。假设剪力中心的位置为 C 点，坐标为 (y_C, z_C)，根据剪力中心的定义，剪应力合力的作用点在 C 点，则剪应力合力相对 O 点的力矩等于剪应力相对 O 点的力矩，即

$$Q_z y_C - Q_y z_C = \int_A r \tau_{xs} \mathrm{d}A = \int_s r q_s \mathrm{d}s$$

其中，r 为 O 点到横截面中心线切线的距离；A 表示整个横截面的面积；最右侧的公式表示横截面上各点的剪流 q_s 相对于 O 点取力矩。

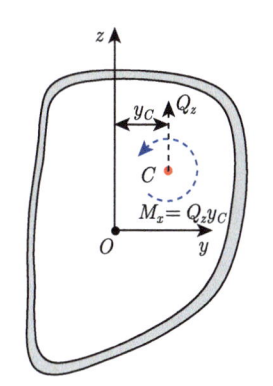

图 3.23　剪力中心求解示意图

对于开口薄壁杆件，单独施加横向剪力 Q_z 和 Q_y，可获得剪力中心的位置

$$y_C = \frac{1}{Q_z} \int_s r q_s \mathrm{d}s = -\frac{1}{I_y} \int_s r S'_y \mathrm{d}s$$

$$z_C = -\frac{1}{Q_y} \int_s r q_s \mathrm{d}s = \frac{1}{I_z} \int_s r S'_z \mathrm{d}s$$

在上述推导过程中，横截面上剪应力的合力与外加剪力相等，坐标 (y_C, z_C) 与 Q_y 和 Q_z 无关，所以剪力中心与外加剪力无关，仅仅是横截面的几何性质。

如果截面是 (反) 对称的，剪力中心在 (反) 对称轴上；若开口薄壁杆件只有一个角点，则剪力中心在该角点上。

对于闭口薄壁杆件，在求解剪力中心位置时，还需要用到如下条件：当外加剪力作用在剪力中心时，不发生扭转，所以单位长度的扭转角 α 为零。该条件可以通过下文薄壁杆件扭转分析中讲到的剪应力环路定理来表示，即

$$\alpha = \frac{1}{2A_0}\oint \frac{\tau}{G}\mathrm{d}s = \frac{1}{2A_0}\oint \frac{q_1+q_0}{Gh}\mathrm{d}s = 0$$

式中符号的定义如图 3.22 所示。

结合前面关于闭口薄壁杆件弯曲分析的公式

$$q_1 = -\left(\frac{Q_z S'_y}{I_y} + \frac{Q_y S'_z}{I_z}\right)$$

分别单独施加 Q_z 和 Q_y，根据 $\alpha = 0$ 及 q_1 的公式，可以求出相应的 q_0。继而根据下式可以求出 y_C 和 z_C 为

$$Q_z y_C - Q_y z_C = \oint r q_1 \mathrm{d}s + 2A_0 q_0$$

从而可以计算出闭口薄壁杆件剪力中心的坐标 $(y_C,\ z_C)$。

例题：如图 3.24(a) 所示的槽形截面梁，其端部受到集中力 P 的作用，长度为 L，横截面尺寸如图 3.24(b) 所示，厚度均为 t。

(a) 求弯矩最大处的横截面上的正应力分布。
(b) 假设 $t \ll b$，$t \ll h$，忽略扭转效应，求横截面上的剪应力分布。
(c) 求弯曲中心的位置。

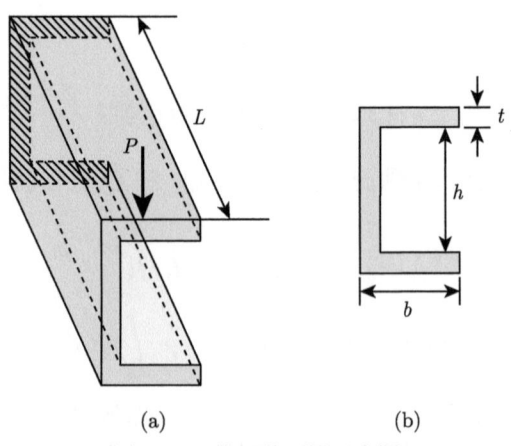

图 3.24 槽形截面梁示意图

解 (a) 根据对称性可知，截面的形心在对称轴上。如图 3.25 所示，在沿着 z 方向的横剪力作用下，截面剪流仅与惯性矩 I_y 和静矩 S_y 有关。在形心主轴坐标系下的惯性矩 I_y 和静矩 S_y 与该坐标系下的 y 坐标无关。因此，可将坐标原点取在对称轴上的 O 点，将对称轴取为 y 坐标轴。

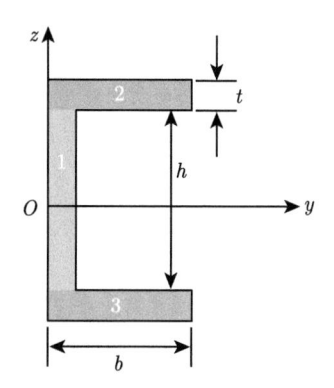

图 3.25 槽型截面梁横截面坐标系示意图 (为右手坐标系)

将截面划分为如图 3.25 所示的三个部分，则有

$$I_y = I_{y1} + 2I_{y2} = \frac{th^3}{12} + 2\left[\frac{bt^3}{12} + \left(\frac{t+h}{2}\right)^2 bt\right] = \frac{th^3}{12} + \frac{bt^3}{6} + \frac{(t+h)^2}{2}bt$$

建立如图 3.26 所示的坐标系，对梁进行受力分析可知，根部约束力为 P，弯矩方程为

$$M_y(x) = P(L-x)$$

因此弯矩在 $x = 0$ 处，即根部约束处达到最大值，横截面上的正应力分布为

$$\sigma_{xx} = \frac{M_y}{I_y}z = \frac{PL}{\dfrac{th^3}{12} + \dfrac{bt^3}{6} + \dfrac{(t+h)^2}{2}bt}z = \frac{12PL}{t\left[h^3 + 2bt^2 + 6b(t+h)^2\right]}z$$

(b) 从没有外力作用的表面开始，沿横截面边界方向截取有限长度 s，到达所要求剪力的点，在梁上截取一段微元体，如图 3.26(a) 所示。

由于壁厚很小，因此可以将横截面上的剪应力视为均匀分布。因为上下表面均为自由表面，根据剪应力互等定理，可以推知横截面的剪应力沿着横截面中心线的方向。

根据微元体 x 方向的力平衡方程可得

$$F_{Nx} + \mathrm{d}F_{Nx} + \tau t \mathrm{d}x = F_{Nx}$$

$$\tau = -\frac{1}{t}\frac{\mathrm{d}F_{Nx}}{\mathrm{d}x}$$

$$F_{Nx} = \int_{A'} \sigma_{xx}\,\mathrm{d}A' \quad \Rightarrow \quad \mathrm{d}F_{Nx} = \int_{A'} \mathrm{d}\sigma_{xx}\,\mathrm{d}A'$$

$$\tau = -\frac{1}{t}\frac{\mathrm{d}F_{Nx}}{\mathrm{d}x} = -\frac{1}{t}\int_{A'}\frac{\mathrm{d}\sigma_{xx}}{\mathrm{d}x}\mathrm{d}A' = -\frac{1}{t}\int_{A'}\frac{\mathrm{d}M_y}{\mathrm{d}x}\frac{z}{I_y}\mathrm{d}A' = \frac{P}{tI_y}S'_y$$

其中，A' 为截取的微元受正应力作用的面积。静矩表达式具体为：

当 $z \geqslant h/2$ 时，

$$S'_y = \int_{A'} z\,\mathrm{d}A' = \int_{\frac{h}{2}}^{\frac{h}{2}+t} \mathrm{d}z \int_z^b z\,\mathrm{d}y = \frac{t}{2}(h+t)(b-y)$$

当 $0 \leqslant z < h/2$ 时，

$$S'_y = \int_y^{h/2} \mathrm{d}y \int_0^t y\,\mathrm{d}z = \frac{bt}{2}(h+t) + \frac{t}{2}\left(\frac{h^2}{4} - y^2\right)$$

横截面剪应力分布如图 3.26(b) 所示，最大剪应力位于中性轴处。

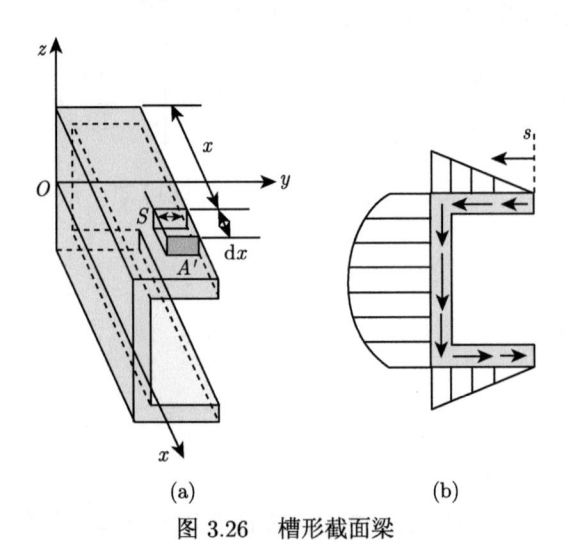

图 3.26 槽形截面梁

(a) 微元体分析示意图；(b) 横截面剪应力分布

(c) 在求解弯曲中心时，由于截面具有一条对称轴，因此可以确定弯曲中心在对称轴上，即 $z_C = 0$，仅需求解 y_C。将 Q_z 作用下产生的剪应力对原点取矩，等于在弯曲中心上施加 Q_z 在原点处产生的力矩，可得

$$Q_z y_C = 2 \times \int \tau \frac{h}{2}\mathrm{d}A_2 = 2 \times \int_b^0 \frac{Q_z S'_y}{I_y t}\frac{h}{2}t\,\mathrm{d}y$$

上式中 Q_z 可以取任意值，最终可得弯曲中心位置的坐标 y_C 为

$$y_C = -\frac{3b^2}{h+6b}$$

问题：能否总结一下杆件弯曲时的强度及刚度校核的总体思路？

杆件弯曲的强度及刚度校核的总体逻辑示意图如图 3.27 所示，务必理清图中涉及的基本概念，应力、变形推导的基本假设及思路。

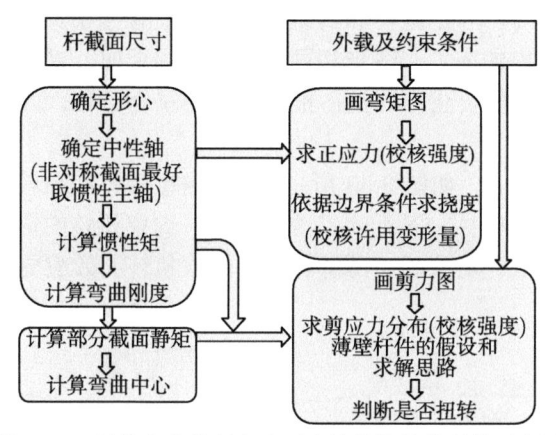

图 3.27　杆件弯曲的强度及刚度校核的总体逻辑示意图

3.4.4　薄壁杆件的扭转分析

1. 普通杆件的扭转分析

杆件的扭转可分为两大类，自由扭转及约束扭转。如图 3.28 所示，自由扭转是指杆件的两端自由，且受到一对等大反向的扭矩作用。约束扭转是截面的翘曲受到限制的扭转。

图 3.28　杆件扭转示意图
(a) 自由扭转；(b) 约束扭转

问题：杆件的扭转分析还能采用平截面假定吗？

注意非圆截面杆件发生扭转后，常产生翘曲变形，此时，平截面假定不成立。如图 3.29 所示，翘曲变形是指沿着杆件轴向的非均匀变形。

圆形截面杆 (包括闭口圆管) 或薄壁正多边形截面杆扭转无翘曲变形。

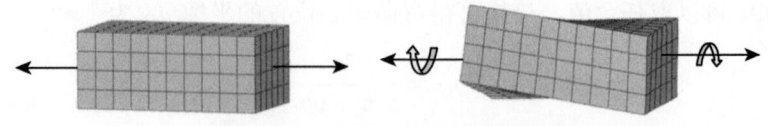

图 3.29　矩形杆件扭转后发生翘曲

问题：自由扭转与约束扭转，在什么情况下没有差别？在什么情况下会产生较大差别？

在不发生翘曲时，自由扭转和约束扭转几乎没有差别。比如圆截面杆自由扭转与约束扭转，杆内的应力、变形相同。在发生翘曲时，受到约束的杆件会产生轴向应力 σ_{xx}。但是需要注意的是，根据轴向的平衡条件，此时轴向应力的合力及合力矩为零。

对于薄壁杆件而言，如图 3.30 所示，闭口薄壁杆件在扭转过程中产生的翘曲量明显小于开口薄壁杆件。对于闭口薄壁杆件，约束扭转的影响会随着到约束端距离的增加快速衰减；对于开口薄壁杆件，约束扭转的效应更加明显。

闭口薄壁杆件，没有相对位移
(a)

开口薄壁杆件，有相对位移
(b)

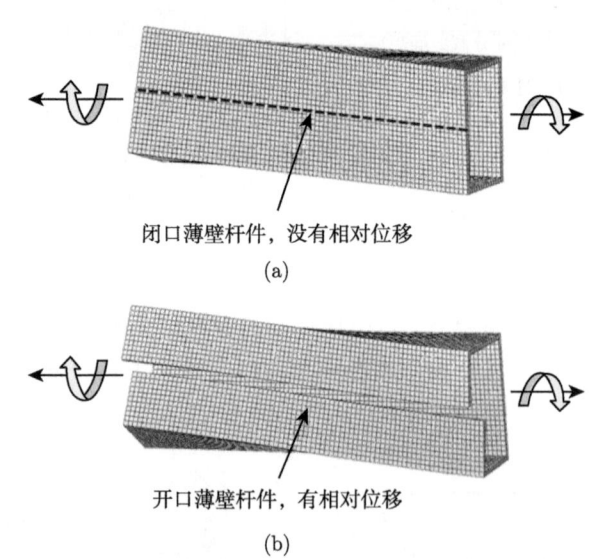

图 3.30　闭口薄壁杆件在扭转过程中产生的翘曲量明显小于开口薄壁杆件

问题：对于任意的变截面杆，若受到面力和体力的作用，请问其扭矩求解的基本思路是什么？

(a) 首先需要明确杆件究竟绕着哪个轴发生扭转。

杆件的扭转是绕着扭转中心(弯曲中心)连成的轴线。因此，需要首先针对杆的横截面，求解弯曲中心的位置。

(b) 根据微元体的平衡方程，求解面力和体力引起的单位长度杆上的扭矩 m_x。

3.4 薄壁结构元件分析

如图 3.31 所示，假设微元体受到的体力沿着 y 轴和 z 轴的分量分别为 f_y 和 f_z，侧面受到的面力沿着 y 轴和 z 轴的分量分别为 p_y 和 p_z，根据 x 轴方向的力矩平衡可以得到

$$M_x + \frac{\mathrm{d}M_x}{\mathrm{d}x}\mathrm{d}x - M_x + \int [f_z(y-y_C) - f_y(z-z_C)]\mathrm{d}A\mathrm{d}x$$
$$+ \int [p_z(y-y_C) - p_y(z-z_C)]\mathrm{d}s\mathrm{d}x = 0$$

其中，(y_C, z_C) 是指横截面弯曲中心 C 的坐标；(y, z) 是横截面上任意一点的坐标；A 是横截面的面积；s 代表横截面的周线。

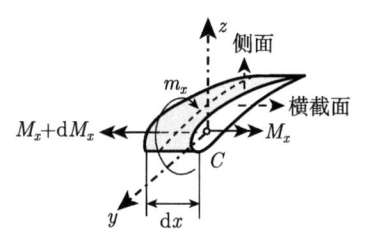

图 3.31 杆件扭转分析时微元体力矩平衡示意图

根据

$$M_x + \frac{\mathrm{d}M_x}{\mathrm{d}x}\mathrm{d}x - M_x + m_x(x)\mathrm{d}x = 0$$

可得到单位长度杆上作用的外力对弯曲中心的扭矩为

$$m_x = \int [f_z(y-y_C) - f_y(z-z_C)]\mathrm{d}A + \int [p_z(y-y_C) - p_y(z-z_C)]\mathrm{d}s$$

问题：如何求解圆杆自由扭转时产生的剪应力和扭转刚度？

求解圆杆的扭转刚度及扭转时产生的剪应力的思路如图 3.32 所示。首先通过分析圆杆扭转的变形特征求应变分布。如图 3.32(a) 所示，在扭矩 M_x 的作用下，圆杆微元体发生扭转，横截面上的 C 点移动到 C' 点的位置。在小变形假设下，剪应变对应着转角的变化。因此，横截面上与轴线相距 r 位置处的剪应变 $\gamma(r)$ 满足

$$\gamma(r) = \frac{CC'}{AC} = \frac{r\mathrm{d}\varphi}{\mathrm{d}x} = \alpha r$$

其中，α 为单位长度的扭转角；φ 为总扭转角。

假设剪切模量为 G，利用应力-应变关系可以得到剪应力 τ 为

$$\tau = G\gamma = G\alpha r$$

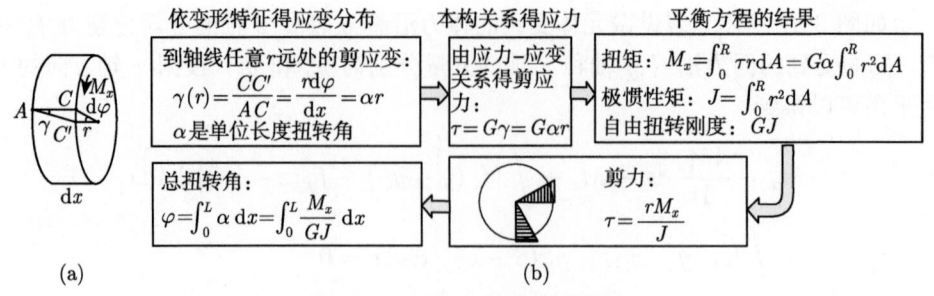

图 3.32 圆杆扭转分析逻辑图

根据微元体的力矩平衡方程,可以得到剪应力和扭矩之间的关系:

$$M_x = \int_A \tau r \, dA = G\alpha \int_A r^2 \, dA$$

其中,r 表示圆杆外径的大小。

若将 $J = \int_A r^2 \, dA$ 定义为极惯性矩,自由扭转刚度则为 GJ。因此,剪应力计算公式为

$$\tau = \frac{rM_x}{J}$$

可以看出剪应力随着到弯曲中心的距离增加而线性增大。

横截面上的总扭转角 φ 等于单位长度扭转角沿着杆长度方向的积分,

$$\varphi = \int_0^L \alpha \, dx = \int_0^L \frac{M_x}{GJ} dx$$

其中,L 为杆的长度。

2. 薄壁杆件的自由扭转分析

问题:如何将圆杆扭转分析拓展到薄壁杆件的自由扭转分析?

(1) 首先分析一个特例,将实心圆杆的扭转解拓展到空心圆杆的扭转解,如表 3.2 所示。

表 3.2 空心圆杆及实心圆杆的扭转解

	极惯性矩	剪力	总扭转角
实心圆杆 (外径为 R)	$J = \dfrac{\pi R^4}{2}$	$\tau = \dfrac{rM_x}{J}$	$\varphi = \displaystyle\int_0^L \dfrac{M_x}{GJ} dx$
空心圆杆 (外径为 R_o,内径为 R_i)	$J = \dfrac{\pi R_o^4 - \pi R_i^4}{2}$	$\tau = \dfrac{rM_x}{J}$	$\varphi = \displaystyle\int_0^L \dfrac{M_x}{GJ} dx$

对于厚度为 h 的薄壁空心圆杆,$R_o \approx R_i \approx R_m$,其中,$R_o$,$R_i$,$R_m$ 分别为横截面的外径、内径、平均半径。此时,极惯性矩 $J \approx R_m^2 (2\pi R_m h) = 2\pi R_m^3 h$。同

3.4 薄壁结构元件分析

时，最小剪应力 $\tau_{\min}$ 和最大剪应力 $\tau_{\max}$ 的比为 $\dfrac{\tau_{\min}}{\tau_{\max}} = \dfrac{R_i}{R_o} \approx 1$，因此可以假设剪应力沿着壁厚均匀分布。

如图 3.33 所示，薄壁空心圆杆上无限小的微元体受到的剪应力为 τ，其产生的扭矩为 $\tau h \mathrm{d}s \cdot R_m$，则整个横截面上的扭矩为 $\oint \tau h R_m \mathrm{d}s = 2\tau h A_0 = M_x$，即

$$\tau = \frac{M_x}{2A_0 h}$$

其中，M_x 为外加扭矩；A_0 代表闭口薄壁杆件横截面中心线包围的面积，对于薄壁空心圆杆，A_0 为 πR_m^2。

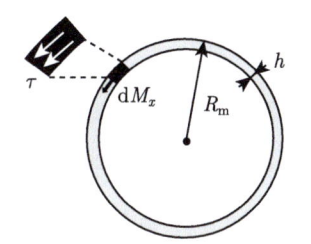

图 3.33 薄壁空心圆杆件扭转分析

(2) 下面将证明：剪应力计算公式适用于任意形状的闭口薄壁杆件。

(a) 对于非圆截面的闭口薄壁杆件，在自由扭转时，仍然可以假设剪应力沿着横截面均匀分布，并且横截面的剪流为常数。那么，为什么横截面剪流为常数呢？

如图 3.34 所示，在闭口薄壁杆件上，任意取一个长度为 $\mathrm{d}x$ 的微元体，假设横截面上 A 处的厚度为 h_A，剪应力为 τ_A，B 处的厚度为 h_B，剪应力为 τ_B，根据剪应力互等定理，可知微元体沿着 x 轴的截面上的剪应力分别为 τ_A 和 τ_B。根据 x 轴方向的力的平衡条件可得

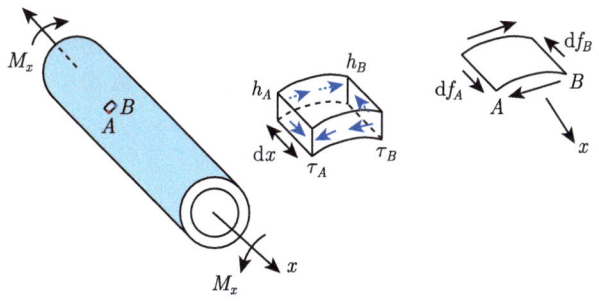

图 3.34 横截面剪流分布特征示意图

$$\tau_A h_A \mathrm{d}x - \tau_B h_B \mathrm{d}x = 0, \quad 即 \tau_A h_A = \tau_B h_B = q_s$$

据此可知，横截面上的剪流 q_s 处处为常数，并且沿着横截面弧长的方向。根据上述计算公式可知，此时横截面上最大剪应力发生在厚度最小的位置。

(b) 求解横截面的剪流大小。如图 3.35 所示，在闭口薄壁杆件的横截面上，任意取一个长度为 $\mathrm{d}s$ 的微元体，其上剪流对应的剪力为 $q_s \mathrm{d}s$，产生的扭矩为 $q_s \mathrm{d}s \cdot r_s = 2q \mathrm{d}A_0$。$\mathrm{d}A_0$ 为图 3.35 中阴影部分的面积。沿着整个横截面进行积分，可以得到产生的总扭矩为 M_x，即

$$\oint q_s \cdot r_s \mathrm{d}s = 2q_s A_0 = M_x$$

其中，A_0 为薄壁杆件中心线包围的面积，注意这个面积不是横截面的面积。因此，

$$q_s = \frac{M_x}{2A_0}$$

可知剪应力 τ_{xs} 等于剪流除以待求位置处的厚度 h，即

$$\tau_{xs} = \frac{M_x}{2hA_0}$$

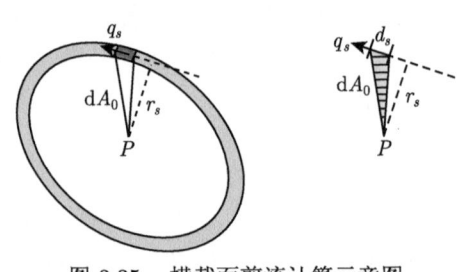

图 3.35 横截面剪流计算示意图

问题：如何求解任意截面形状的闭口薄壁杆件自由扭转时的扭转角？

针对所考虑的闭口薄壁杆件，我们建立如图 3.36 所示的坐标系。根据刚体周边假定，距离固支端 x 处的 C 点由于扭转引起的沿着弧长 s 方向的位移 u_s 近似等于 CC'，则 u_s 与单位长度扭转角 α 的关系为

$$u_s = r_s \alpha x$$

其中，r_s 为 C 点到轴线的距离。

3.4 薄壁结构元件分析

依据广义胡克定律及剪应变 γ_{xs} 的定义，有如下表达式：

$$\frac{\tau_{xs}}{G} = \gamma_{xs} = \frac{\partial u_s}{\partial x} + \frac{\partial u_x}{\partial s} = r_s\alpha + \frac{\partial u_x}{\partial s}$$

其中，G 是剪切模量，τ_{xs} 为 C 点处的剪应力。上式中的未知量包括单位长度扭转角 α 及 C 点沿着 x 方向的位移 u_x，因此还需建立另外一个方程，才能定解。根据上式可得

$$\frac{\partial u_x}{\partial s} = \frac{\tau_{xs}}{G} - r_s\alpha$$

因此，

$$u_x = \int_0^C \left(\frac{\tau_{xs}}{G} - r_s\alpha\right) \mathrm{d}s$$

如果将上式右端的积分沿着闭口横截面的中心线积分一周，即沿着图 3.36 中的点画线所示的弧长方向积分一周，根据位移的单值性条件，闭合回路的积分应该等于零，即

$$\oint \left(\frac{\tau_{xs}}{G} - r_s\alpha\right) \mathrm{d}s = 0$$

$$\oint \frac{\tau_{xs}}{G} \mathrm{d}s = \oint r_s\alpha \mathrm{d}s = 2\alpha A_0$$

上式也称为剪应力环路定理。据此，可得单位长度扭转角 α 的公式如下：

$$\alpha = \frac{1}{2A_0}\oint \frac{\tau_{xs}}{G} \mathrm{d}s = \frac{1}{2A_0}\oint \frac{M_x}{2GA_0 h} \mathrm{d}s = \frac{M_x}{4GA_0^2}\oint \frac{\mathrm{d}s}{h} = \frac{M_x}{GK}$$

其中，K 为几何刚度，

$$K = \frac{4A_0^2}{\oint \dfrac{\mathrm{d}s}{h}}$$

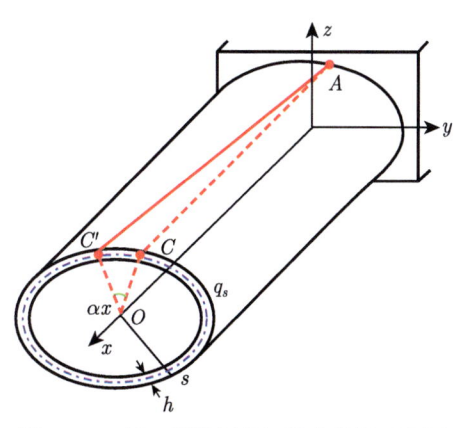

图 3.36　闭口薄壁杆件扭转角分析示意图

如果厚度 h 处处为常数，闭口薄壁杆件横截面中心线的周长为 S，可得

$$K = \frac{4A_0^2 h}{S}$$

可知，当闭口薄壁杆件的横截面的周长和厚度不变时，横截面中心线包围面积越大，杆件的抗扭能力越强。

问题：如何进行多闭室薄壁杆件的自由扭转分析？

如图 3.37 所示，机翼等通常可以简化为多闭室的薄壁杆件，在这种情况下应该如何进行扭转分析？

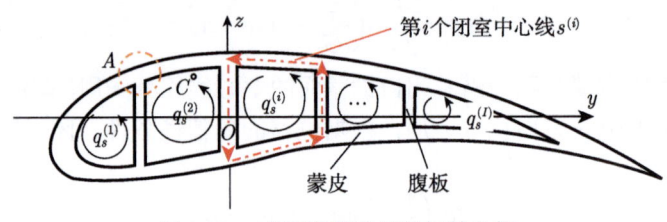

图 3.37 多闭室薄壁杆件扭转分析

首先，可以认为每个闭室都会贡献一部分扭矩，来共同抵抗外加扭矩 M_x。不妨假设，第 i 个闭室承受的扭矩为 $M_x^{(i)}$，则可以得到

$$M_x = \sum_{i=1}^{I} M_x^{(i)}$$

其中，I 为闭室的总数量；上标 (i) 表示该物理量对应着第 i 个闭室。那么第 i 个闭室对应的剪流 $q_s^{(i)}$ 满足

$$q_s^{(i)} = \frac{M_x^{(i)}}{2A_0^{(i)}}$$

其中，$A_0^{(i)}$ 为第 i 个闭室中心线所包络的面积。

对于图 3.37 中标注为蒙皮的位置，仅属于一个闭室，上面的剪流可直接根据所属单闭室的剪流得到。但是对于腹板的位置，同时属于多个闭室，如何计算它的剪流？下面将举例说明，在图 3.37 的 A 点处取一个小微元，如图 3.38 所示，如何分析腹板上的剪流 q_s？该求解思路和剪流分析类似，仍然基于剪应力互等定理和沿着杆轴向的力平衡条件得到。根据剪应力互等定理

$$q_s^{(1)} = q_{x1}, \quad q_s^{(2)} = q_{x2}, \quad q_s = q_{xa}$$

根据轴向的力平衡条件

$$q_{x1}\mathrm{d}x - q_{xa}\mathrm{d}x - q_{x2}\mathrm{d}x = 0$$

3.4 薄壁结构元件分析

可得腹板上的剪流

$$q_s = q_s^{(1)} - q_s^{(2)}$$

为保证变形协调，假设整个横截面上各个位置具有相同的单位长度扭转角 α。根据剪应力环路定理可得

$$\oint \frac{q_s}{h} \mathrm{d}s^{(i)} = 2G\alpha A_0^{(i)}, \quad i = 1, 2, \cdots, I$$

其中，左边的积分为针对第 i 个闭室的积分；q_s 为各个位置处的真实剪流的数值。根据前面的推导，对于腹板的位置，q_s 并不等于第 i 个闭室对应的剪流 $q_s^{(i)}$（例如图 3.38）。

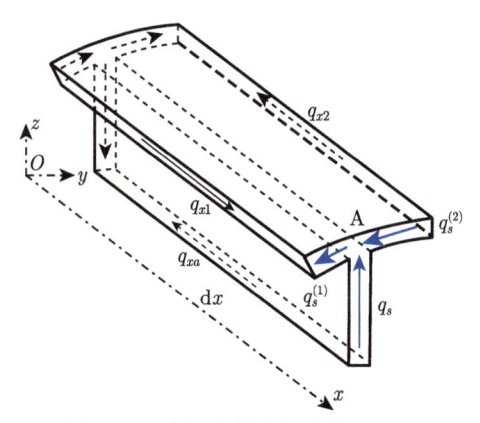

图 3.38 多闭室薄壁杆件剪流分析

综上，该问题共有 I 个 $q_s^{(i)}$ 的未知量和 1 个单位长度扭转角 α 的未知量。由前面的推导可知，由 1 个扭矩平衡方程和 I 个扭转角求解的方程，刚好可以求出所有未知量的大小。

问题：如何分析开口薄壁杆件的自由扭转问题？与闭口薄壁杆件有何区别？

对前述的闭口薄壁杆件扭转问题，我们从空心圆杆的扭转分析入手，得出了剪应力沿着壁厚均匀分布的假设。该假设是否适用于开口薄壁杆件的扭转剪应力？

不妨以一个简单的 L 型开口薄壁杆自由扭转问题为例来进行分析，如果剪应力沿着横截面厚度均匀分布，那么剪应力的分布大致可能呈现如图 3.39(a) 及图 3.39(b) 两类情况。容易发现，图 3.39(a) 的剪应力分布可以平衡外加扭矩，但是无法满足自身的力平衡条件。图 3.39(b) 的剪应力分布可以满足自身的力平衡条件，但是无法与外加扭矩平衡。因此，开口薄壁杆件不能继续采用剪应力沿着厚度均匀分布的假设。

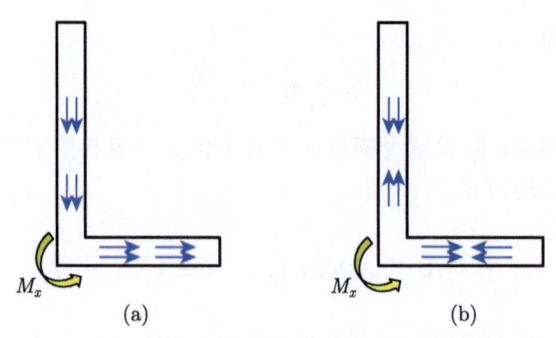

图 3.39 L 型开口薄壁杆扭转剪应力分布的假想图

对开口薄壁杆件的自由扭转分析，可以借鉴矩形杆的自由扭转分析。

首先根据弹性力学推导，可以求解出矩形杆在扭矩 M_x 作用下横截面上的剪应力分布，如图 3.40 所示，剪应力的最大值 $\tau_{\max}$ 发生在长边中点处，

$$\tau_{\max} = \frac{M_x}{c_1 a h^2}$$

其中，a 为矩形杆横截面的长度，h 为矩形杆横截面的厚度，见图 3.40。

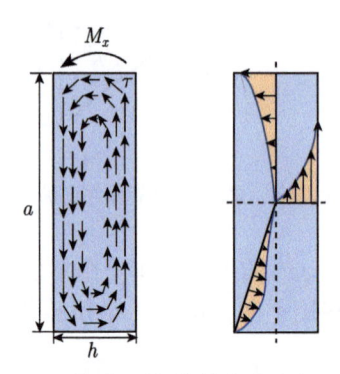

图 3.40 受扭矩形杆的剪应力分布示意图

该矩形杆单位长度的扭转角 α 为

$$\alpha = \frac{M_x}{G c_2 a h^3} = \frac{M_x}{GK}$$

其中，K 为几何刚度，$K = c_2 a h^3$，c_1 和 c_2 为常数，其取值依赖于 $\dfrac{a}{h}$。如图 3.41 所示，当 $a \geqslant 5h$ 时，$c_1 = c_2 = \dfrac{1}{3}\left(1 - 0.63\dfrac{h}{a}\right)$，当 $a \gg h$ 时，$c_1 = c_2 = \dfrac{1}{3}$，因

3.4 薄壁结构元件分析

此对于薄壁构件，通常取 $c_1 = c_2 = \dfrac{1}{3}$。另外，当 $a \gg h$ 时，可以近似认为剪应力沿着壁厚线性分布。

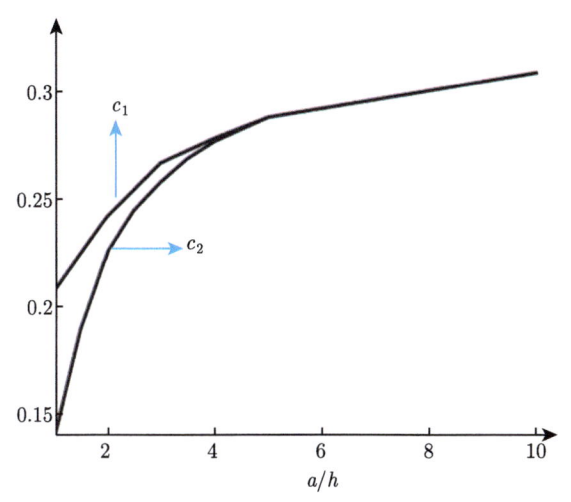

图 3.41 常数 c_1 和 c_2 对矩形杆横截面长宽比 a/h 的依赖关系

问题：如何将矩形杆的结果拓展到具有其他截面形状的开口薄壁杆件的自由扭转分析？

例如，对于图 3.42(a) 所示的 C 形开口薄壁杆件，它的剪应力分布如何？最大剪应力和单位长度扭转角如何计算呢？

类似矩形杆自由扭转时的剪应力分布，我们可以得到 C 形开口薄壁杆件中的剪应力分布如图 3.42(b) 所示。此时，我们可以假设将该 C 形开口薄壁杆件拉直，如图 3.42(c) 所示，拉直之后对应的 "矩形杆" 的长度 $a = a_1 + 2a_2$，厚度仍然为 h。利用矩形杆的扭转解，很容易得到

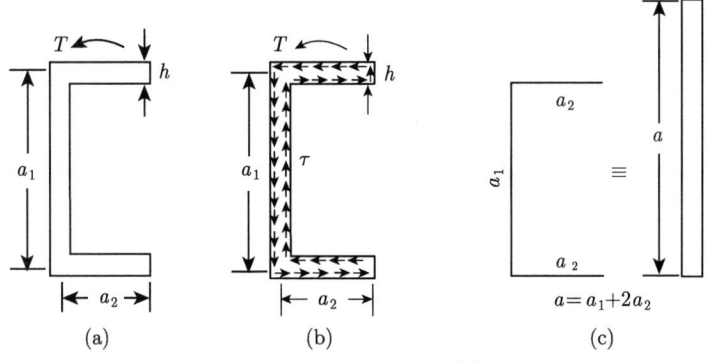

图 3.42 C 形开口薄壁杆件扭转分析示意图

最大剪应力 $$\tau_{\max} = \frac{M_x}{c_1 a h^2} = \frac{3M_x}{(a_1 + 2a_2)h^2}$$

单位长度扭转角 $$\alpha = \frac{M_x}{Gc_2 a h^3} = \frac{3M_x}{G(a_1 + 2a_2)h^3}$$

那么为什么这种简单的"拉直"处理,可以用于分析开口薄壁杆件的自由扭转问题呢?

实际上,上述分析暗含着叠加法的思想。不妨考虑一个更加普适的情况,假设薄壁杆件由 n 段不同厚度的矩形杆件组成,每一段小矩形杆件都将承担一部分的扭矩,它们承担的扭矩之和等于总的扭矩。同时,每一部分小矩形杆件上单位长度的扭转角都相等。这个分析思路非常类似于处理多闭室薄壁杆件的自由扭转问题。下面将对其进行具体说明。

如图 3.43(a) 所示的 C 形杆受到扭矩 M_x 的作用,单位长度的扭转角为 α,几何刚度为 K。可以将该 C 形杆分解成如图 3.43(b) 所示的三根矩形杆,长度分别为 a_1, a_2, a_3,厚度分别为 h_1, h_2, h_3,假设它们的几何刚度分别为 K_1, K_2, K_3,承担的扭矩分别为 $M_x^{(1)}$, $M_x^{(2)}$, $M_x^{(3)}$,产生的单位长度的扭转角分别为 α_1, α_2, α_3。根据前面的分析,可以得到

$$M_x = M_x^{(1)} + M_x^{(2)} + M_x^{(3)}$$

$$\alpha = \alpha_1 = \alpha_2 = \alpha_3$$

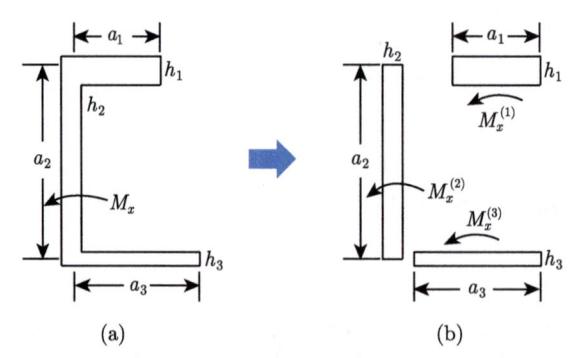

图 3.43　基于叠加法分析开口薄壁杆件的扭转问题

根据单位长度扭转角的公式,可得

$$\frac{M_x}{GK} = \frac{M_x^{(1)}}{GK_1} = \frac{M_x^{(2)}}{GK_2} = \frac{M_x^{(3)}}{GK_3}$$

$$\frac{M_x}{GK} = \frac{M_x^{(1)} + M_x^{(2)} + M_x^{(3)}}{GK_1 + GK_2 + GK_3}$$

所以
$$K = K_1 + K_2 + K_3 = \frac{1}{3}(a_1 h_1^3 + a_2 h_2^3 + a_3 h_3^3)$$

考虑特例 $h_1 = h_2 = h_3 = h$，此时，
$$K = K_1 + K_2 + K_3 = \frac{1}{3}(a_1 + a_2 + a_3)h^3$$
$$\tau_{\max} = \frac{M_x h}{K}$$

正好解释了图 3.42 的算例为何可以采用 "拉直" 的简单处理方法。

可见，如果一个薄壁杆件可看成由 n 段矩形杆件组成，则其几何刚度为
$$K = \frac{1}{3}\sum_{i=1}^{n} a_i h_i^3$$

单位长度的扭转角为
$$\alpha = \frac{M_x}{GK}$$

第 i 部分的最大剪应力 $\tau_{\max\_i}$ 为
$$\tau_{\max\_i} = \frac{M_x^{(i)}}{\frac{1}{3}a_i h_i^2} = \frac{M_x K_i}{\frac{1}{3}a_i h_i^2 K} = \frac{M_x h_i}{K}$$

从该公式可以看出，开口薄壁杆件自由扭转时，最大剪应力发生在壁厚最大的位置处。

利用类似的分析方法，可以很容易地得到其他类型开口薄壁杆件受扭转时的最大剪应力和单位长度扭转角的大小。

例如，如图 3.44(a) 所示，若开口薄壁圆环形杆件的直径为 d，壁厚为 h，则其自由扭转时的最大剪应力为 $\tau_{\max} = \dfrac{3M_x}{\pi d h^2}$。

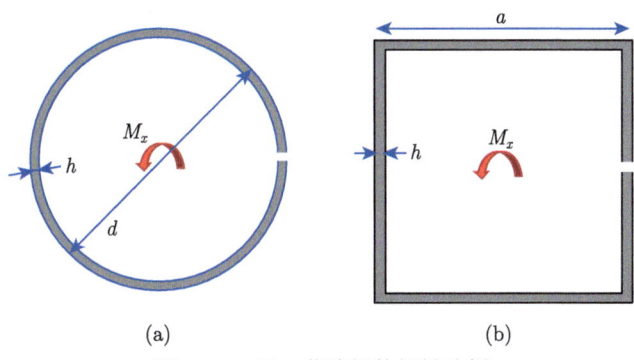

图 3.44 开口薄壁杆件扭转分析

例如，如图 3.44(b) 所示，若开口正方形环的边长为 a，壁厚为 h，受扭时的最大剪应力为 $\tau_{\max} = \dfrac{3M_x}{4ah^2}$。

例如，对于分叉型的开口薄壁杆件，比如图 3.45 所示的工字梁，求解其自由扭转时的扭转刚度。

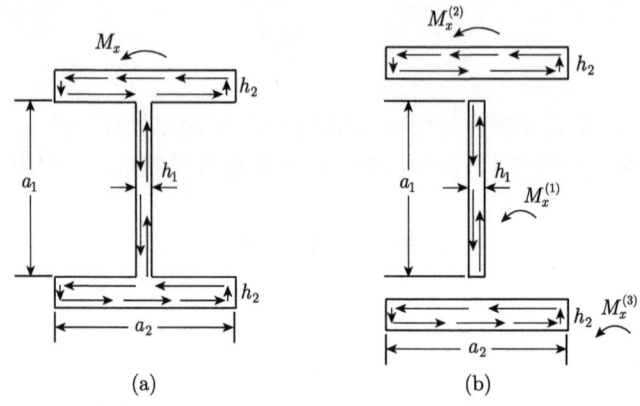

图 3.45　开口薄壁工字梁扭转分析示意图

类似前面的分析，同样可以将其看成 n 个矩形杆的叠加 (图 3.45(b))，其几何刚度为

$$K = \frac{1}{3}\sum_{i=1}^{n} a_i h_i^3$$

因此，其自由扭转时的扭转刚度为 $GK = \dfrac{1}{3}G(a_1 h_1^3 + 2a_2 h_2^3)$。

问题：开口薄壁杆件和闭口薄壁杆件哪个抗扭能力更强？差别有多大？

通过前面的分析，不难发现，自由扭转时，开口薄壁杆件的抗扭能力远弱于闭口薄壁杆件。

下面将以图 3.46 所示的圆环形薄壁杆件的自由扭转问题为例来进一步证明。该圆环形薄壁杆件厚度为 h，直径为 d，所受扭矩为 M_x。如图 3.46(a) 所示，闭口薄壁杆件受自由扭转的时候，剪应力 τ_{xs} 沿着厚度方向均匀分布，对应的剪力 $\mathrm{d}F$ 贡献扭矩的力臂为 d。然而，如图 3.46(b) 所示，开口薄壁杆件受扭转的时候，剪应力 τ_{xs} 沿着厚度方向非均匀分布，对应的剪力 $\mathrm{d}F$ 贡献扭矩的力臂为 h。因此，我们可以很容易理解，开口薄壁杆件自由扭转时的最大剪应力一定远远大于闭口薄壁杆件。

针对这一问题，可以进行更加定量的分析。闭口圆环形薄壁杆件自由扭转剪应力 $\tau_{\text{closed}} = \dfrac{M_x}{2hA_0} = \dfrac{2M_x}{\pi h d^2}$，单位长度扭转角 $\alpha_{\text{closed}} = \dfrac{M_x}{GK} = \dfrac{4M_x}{Gh\pi d^3}$。

3.4 薄壁结构元件分析

开口圆环形薄壁杆件扭转剪应力 $\tau_{\text{open}} = \dfrac{3M_x}{\pi d h^2} = \dfrac{3d}{2h}\tau_{\text{closed}} \gg \tau_{\text{closed}}$，单位长度扭转角 $\alpha_{\text{open}} = \dfrac{3M_x}{G\pi d h^3} = \dfrac{3d^2}{4h^2}\alpha_{\text{closed}} \gg \alpha_{\text{closed}}$。

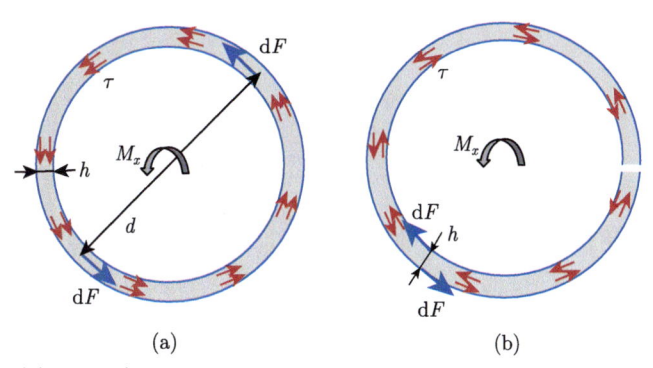

图 3.46 闭口 (a) 和开口 (b) 薄壁杆件抗扭能力对比示意图

根据上面的定量分析，可以将开口薄壁杆件与闭口薄壁杆件自由扭转的特征总结在表 3.3 中。可见，相比于闭口薄壁杆件，开口薄壁杆件的自由扭转刚度降低，最大剪应力的大小增加。另外，对于变厚度的开口薄壁杆件，其最大剪应力发生在厚壁处，而闭口薄壁杆件发生在薄壁处。开口薄壁杆件的扭转剪应力沿壁厚近似呈线性分布，而闭口薄壁杆件的扭转剪应力沿壁厚均匀分布。

表 3.3 开口薄壁杆和闭口薄壁杆自由扭转特征对比

特性	开口薄壁杆件	闭口薄壁杆件
扭转刚度	$GK \propto dh^3$	$GK \propto hd^3$
最大剪应力	$\tau_{\max} \propto \dfrac{1}{dh^2}$	$\tau_{\max} \propto \dfrac{1}{hd^2}$

其中 d 为横截面的特征尺寸，h 为杆件的壁厚。

因为开口薄壁杆件的抗扭能力远低于闭口薄壁杆件，所以在飞行器结构设计时应尽量避免开口。然而，因为功能和维修等的需要，不得不引入一些开口结构，此时一定要注意补强。比如，在机舱舱门处需要引入局部加强的环框等。

思考：薄壁杆件的约束扭转与自由扭转有何差别？

(1) 自由扭转。单位长度扭转角为

$$\alpha = \frac{M_x}{GK} = \frac{\mathrm{d}\varphi}{\mathrm{d}x}$$

与扭矩 M_x 有如下关系：

$$M_x = GK\frac{\mathrm{d}\varphi}{\mathrm{d}x} = GK\varphi'$$

自由扭转通常主要引起横截面上的剪应力。

(2) 约束扭转

约束扭转时，扭矩包括扭转角对应的扭矩 M_x^{t} 及翘曲引起弯曲带来的剪应力对应的扭矩 M_x^{w}。

$$M_x^{\text{t}} = GK\varphi'$$

$$M_x^{\text{w}} = -EC_{\text{w}}\varphi'''$$

$$M_x = M_x^{\text{t}} + M_x^{\text{w}}$$

其中，φ 是扭转角；C_{w} 是截面的翘曲常数，对于某些薄壁杆件可以通过查表得到。

约束扭转会引起横截面上的扭转剪应力，对于约束翘曲引起的剪应力，以及约束翘曲引起的正应力，更详细的理论推导推荐阅读薛明德和向志海编著的《飞行器结构力学基础》。

3.4.5 薄板弯曲的基本受力特征

飞行器结构中曲率较小的蒙皮、飞机的客舱地板、航天器的太阳能帆板等，都是典型的薄板结构，常用于承受面内及面外载荷。下面我们将以薄板的小挠度弯曲问题为例，来介绍其受力特征。

薄板的小挠度弯曲问题通常是指产生的挠度和板厚之比小于 1/5。对于这样的小变形问题，如图 3.14 所示，我们在计算过程中采用的基本假定包括：各层互不挤压假定，Kirchhoff 直法线假定，挠度随厚度的变化可以略去的假定。

基于这些基本假设，如何分析其强度和刚度？

首先，仍然是从变形特征出发。在图 3.14 所示坐标系下，根据 Kirchhoff 直法线假定，

$$\gamma_{xz} = \frac{\partial u_x}{\partial z} + \frac{\partial u_z}{\partial x} = 0$$

其中，位移矢量 $\boldsymbol{u}$ 的下标 x、z 分别表示位移在 x、z 方向的分量。

当板很薄时，$\dfrac{\partial u_x}{\partial z} = \dfrac{u_x(x,y,z) - u_x(x,y,0)}{z}$，其中 $z=0$ 表示板中面的位置。因此，

$$u_x(x,y,z) = u_x(x,y,0) - z\frac{\partial u_z}{\partial x}$$

据此，可得正应变

$$\varepsilon_{xx} = \frac{\partial u_x}{\partial x} = \frac{\partial u_x(x,y,0)}{\partial x} - z\frac{\partial^2 u_z}{\partial x^2} = \varepsilon_{xx}(x,y,0) - z\frac{\partial^2 u_z}{\partial x^2}$$

3.4 薄壁结构元件分析

同理，根据 $\gamma_{yz}=0$，可以推导得到

$$u_y(x,y,z) = u_y(x,y,0) - z\frac{\partial u_z}{\partial y}$$

$$\varepsilon_{yy} = \varepsilon_{yy}(x,y,0) - z\frac{\partial^2 u_z}{\partial y^2}$$

进而，也可得到

$$\gamma_{xy} = \frac{\partial u_x}{\partial y} + \frac{\partial u_y}{\partial x} = \gamma_{xy}(x,y,0) - 2z\frac{\partial^2 u_z}{\partial x \partial y}$$

类似梁的弯曲问题，如图 3.47 所示，定义曲率 $\kappa_x = \dfrac{\partial^2 u_z}{\partial x^2}$，$\kappa_y = \dfrac{\partial^2 u_z}{\partial y^2}$，同时定义扭率为 $\kappa_{xy} = \dfrac{\partial^2 u_z}{\partial x \partial y}$，扭率的物理意义类似于杆扭转问题中单位长度的扭转角。

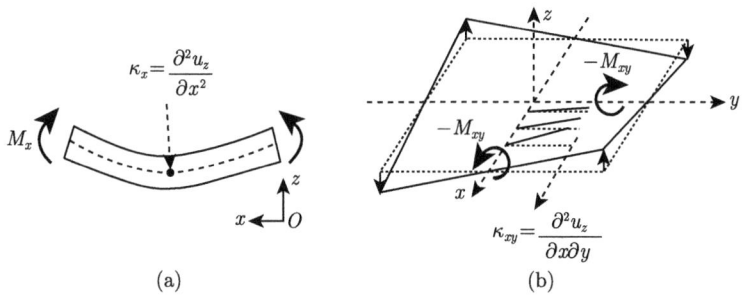

图 3.47 薄板小挠度弯曲问题的 (a) 弯矩和曲率示意图及 (b) 扭矩和扭率示意图

对于小挠度弯曲问题，中面的面内变形可以忽略，即 $\varepsilon_{xx}(x,y,0) = 0$，$\varepsilon_{yy}(x,y,0) = 0$，$\gamma_{xy}(x,y,0) = 0$。由此，可以得到如下应变公式

$$\varepsilon_{xx} \approx -z\kappa_x$$

$$\varepsilon_{yy} \approx -z\kappa_y$$

$$\gamma_{xy} \approx -2z\kappa_{xy}$$

将其代入本构方程，根据各层互不挤压假定，$\sigma_{zz} \approx 0$，可得

$$\sigma_{xx} = \frac{E}{1-\nu^2}(\varepsilon_{xx} + \nu\varepsilon_{yy}) \approx \frac{-Ez}{1-\nu^2}(\kappa_x + \nu\kappa_y)$$

$$\sigma_{yy} = \frac{E}{1-\nu^2}(\varepsilon_{yy} + \nu\varepsilon_{xx}) \approx \frac{-Ez}{1-\nu^2}(\kappa_y + \nu\kappa_x)$$

$$\tau_{xy} = \frac{E}{2(1+\nu)}\gamma_{xy} \approx \frac{-Ez}{1+\nu}\kappa_{xy}$$

其中，E 为材料的弹性模量；ν 为泊松比。

求出应力之后，可以求解板中的内力素。板的面内合力包括单位长度的面内拉力 T_x，T_y，及面内切力 T_{xy}。此外，还有单位长度的横向剪力 Q_x，Q_y，以及单位长度的弯矩 M_x，M_y 及扭矩 M_{xy}。值得注意的是薄板问题中定义的弯矩与杆中弯矩的定义是不同的 (方向及量纲均不同)。杆中绕着 y 轴的弯矩定义为 M_y(例如，当杆轴线沿着 x 轴时，σ_{xx} 对应的绕着 y 轴的弯矩为 M_y)，而板中 σ_{yy} 对应的单位长度板上的弯矩定义为 M_y，σ_{xx} 对应的单位长度板上的弯矩定义为 M_x。对于受到面外载荷引起的薄板弯曲，对应的内力素如图 3.48 所示，具体公式如下：

$$T_x = \int_{-h/2}^{h/2} \sigma_{xx} \mathrm{d}z \approx 0$$

$$T_y = \int_{-h/2}^{h/2} \sigma_{yy} \mathrm{d}z \approx 0$$

$$T_{xy} = \int_{-h/2}^{h/2} \tau_{xy} \mathrm{d}z \approx 0$$

$$M_x = \int_{-h/2}^{h/2} \sigma_{xx} z \mathrm{d}z = -D(\kappa_x + \nu\kappa_y)$$

$$M_y = \int_{-h/2}^{h/2} \sigma_{yy} z \mathrm{d}z = -D(\kappa_y + \nu\kappa_x)$$

$$M_{xy} = \int_{-h/2}^{h/2} \tau_{xy} z \mathrm{d}z = -D(1-\nu)\kappa_{xy}$$

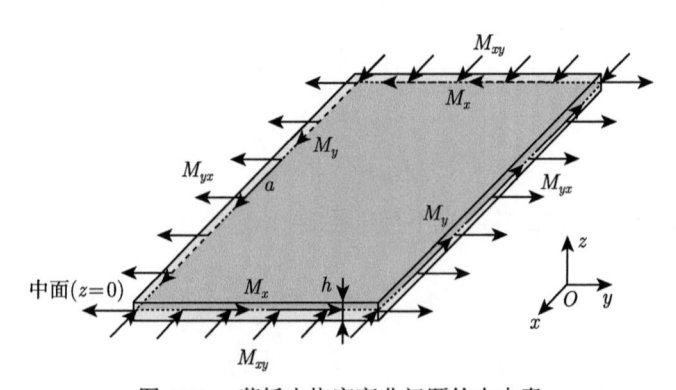

图 3.48 薄板小挠度弯曲问题的内力素

其中 D 为板的弯曲刚度

$$D = \frac{Eh^3}{12(1-\nu^2)}$$

求解上式中弯矩和扭矩的关键在于求解曲率和扭率,而它们都依赖于挠度。计算挠度则需要利用平衡方程。如图 3.49 所示,因为单位长度的面内拉力 T_x、T_y 及面内切力 T_{xy} 均为 0,所以沿着 x 及 y 方向的力平衡条件自动满足。

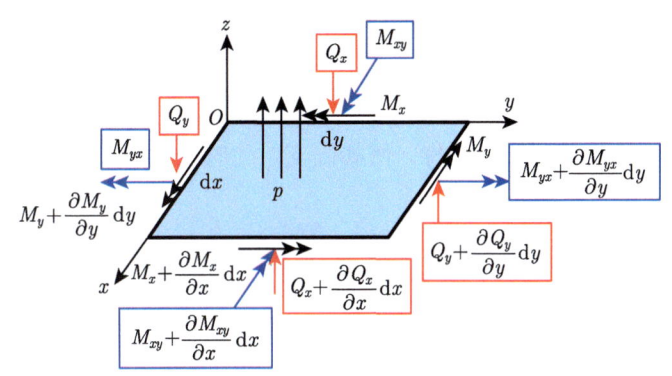

图 3.49 薄板小挠度弯曲问题微元体分析示意图

根据 z 方向的力平衡条件,得到

$$\frac{\partial Q_x}{\partial x} + \frac{\partial Q_y}{\partial y} + p = 0$$

其中,p 为板受到的横向分布力。

沿着 z 方向的力矩平衡自动满足。根据沿着 x 和 y 方向的力矩平衡条件,得到

$$Q_y = \frac{\partial M_{xy}}{\partial x} + \frac{\partial M_y}{\partial y} = D\frac{\partial}{\partial y}(\kappa_x + \kappa_y) = -D\frac{\partial}{\partial y}\nabla^2 u_z$$

$$Q_x = \frac{\partial M_x}{\partial x} + \frac{\partial M_{xy}}{\partial y} = D\frac{\partial}{\partial x}(\kappa_x + \kappa_y) = -D\frac{\partial}{\partial x}\nabla^2 u_z$$

上述三个方程联立,可得到关于挠度 u_z 的双调和方程:

$$\nabla^2\nabla^2 u_z = \frac{\partial^4 u_z}{\partial x^4} + 2\frac{\partial^4 u_z}{\partial x^2 \partial y^2} + \frac{\partial^4 u_z}{\partial y^4} = \frac{p}{D}$$

这个四阶偏微分方程,需要四个边界条件才能定界。

如图 3.50 所示的薄板问题,其边界条件可以表示如下:

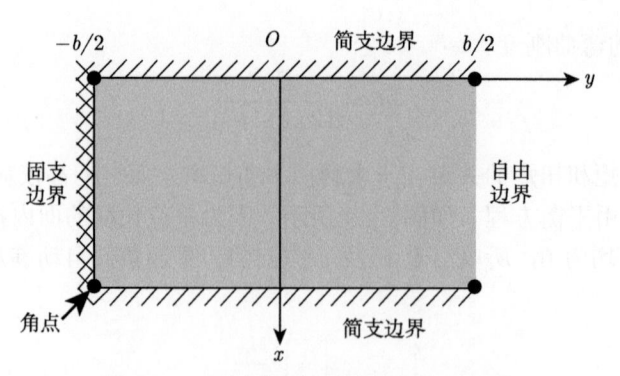

图 3.50 平板弯曲问题边界条件示意图

(a) 给定广义位移的边界条件。例如固支，此时挠度和转角为零。图 3.50 中，当 $y = -b/2$ 时，

$$u_z = 0, \quad \frac{\partial u_z}{\partial y} = 0$$

(b) 给定广义力的边界条件。例如自由边界，此时弯矩、剪力和扭矩为零。

由于引入了"直法线"假定，剪力和扭矩的两个条件用一个等效剪力边界条件来代替。图 3.50 中，当 $y = b/2$ 时，

$$\frac{\partial^2 u_z}{\partial y^2} + \nu \frac{\partial^2 u_z}{\partial x^2} = 0$$

$$\frac{\partial^3 u_z}{\partial y^3} + (2-\nu) \frac{\partial^3 u_z}{\partial x^2 \partial y} = 0$$

(c) 角点边界条件。图 3.50 中，当 $x = 0, y = b/2$，$x = 0, y = -b/2$，$x = a, y = -b/2$ 和 $x = a, y = b/2$ 时，

$$\frac{\partial^2 u_z}{\partial x \partial y} = 0$$

(d) 混合边界条件。例如简支边界，挠度为 0，弯矩为 0。图 3.50 中，当 $x = 0$ 或 $x = a$ 时，

$$u_z = 0, \quad \frac{\partial^2 u_z}{\partial x^2} = 0$$

更多关于不同类型边界条件的数学表示及讨论，推荐阅读薛明德和向志海编著的《飞行器结构力学基础》2.6 节。

注意上述推导对应着 Kirchhoff 平板理论，采用的直法线假定忽略了横向剪切，这种处理对于薄板问题是适用的。但是当板厚较大时，需要考虑横向剪切的

作用，此时应该采用 Mindlin 平板理论。在梁弯曲问题中，同样有类似的假设，如果梁比较薄，采用平截面假定，对应着 Euler-Bernoulli 梁理论 (即本书前面介绍的梁理论)；如果梁比较厚，需要考虑剪切变形，对应着 Timoshenko 梁理论。

此外，Kirchhoff 平板理论忽略了板中面的面内变形，因此，计算出来的面内拉力 T_x、T_y 及面内切力 T_{xy} 均为 0。容易想到，对于薄膜或者大挠度弯曲问题，薄膜应力会起到很大的作用，例如装水的塑料袋，使用中的降落伞，以及太阳帆等，此时，或 Kirchhoff 薄板小挠度弯曲理论不再适用。

薄膜在横向载荷下的受力特征不同于薄板。薄膜通常没有弯曲刚度，不能抵抗弯曲载荷。通过薄板的弯曲刚度 $D = \dfrac{Eh^3}{12(1-\nu^2)}$ 也可分析出来，当 h 趋近于 0 时，D 也趋近于 0。因此，通常薄膜可承受拉伸载荷，无法承受弯曲载荷，否则容易起皱等。由于薄膜受力特性的差异，不能采用薄板小挠度弯曲问题的解来理解薄膜弯曲问题。因此，在处理实际问题时，需要小心求证，弄清需要采用 Mindlin 厚板理论，或 Kirchhoff 薄板理论，还是薄膜理论来展开分析。

3.4.6 薄壳弯曲的基本受力特征

与薄板结构不同，薄壳结构可以通过薄膜应力来抵抗弯曲载荷。在横向力的作用下，壳体大部分区域的弯曲应力和扭转应力远小于薄膜应力，壳体主要处于薄膜应力 (无矩) 状态。因此，薄壳结构承受弯曲的能力远高于薄板结构。实际上，壳之于板的优势，类似于拱之于梁。

我们首先分析一下梁和拱的差别来理解这一问题。

例如，如图 3.51 所示，假设梁和拱的跨度均为 l，拱高为 f，都受到横向分

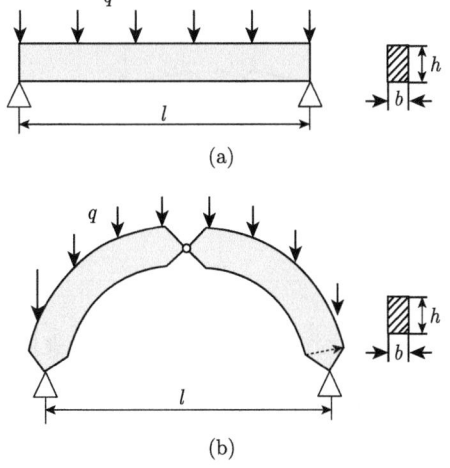

图 3.51 横向载荷作用下的 (a) 梁和 (b) 拱

布力 q 的作用，横截面的宽度为 b，厚度为 h。假设以梁和拱左端点为起点，水平方向设为 x 轴，竖直方向为 y 轴，拱的轴线函数为 $y = 4fx(l-x)/l^2$，对比梁和拱承受弯曲能力的差别。

首先分析梁的弯曲问题：根据力平衡，可得梁两个端点的支反力为 $\dfrac{ql}{2}$。在距离左端 x 位置处的弯矩为 $M_z = \dfrac{q}{2}x(l-x)$，弯曲正应力的表达式为

$$\sigma_{xx} = -\dfrac{M_z}{I_z}y$$

截面惯性矩为

$$I_z = \dfrac{bh^3}{12}$$

$$\sigma_{xx} = -\dfrac{6qx(l-x)}{bh^3}y$$

可得梁受到的最大正应力 $\sigma_{\max}^{\text{beam}} = \dfrac{3ql^2}{4bh^2}$。

然后分析拱的弯曲问题：如图 3.52 所示，根据拱整体的力平衡，以及结构的对称性，可以求出拱两个端点竖直方向的支反力 $R = \dfrac{ql}{2}$。根据铰点 B 的力矩为零，可得拱两个端点的水平方向的支反力 $H = \dfrac{ql^2}{8f}$。

用截面法，如果沿着拱上任意一点 A 截开，根据力矩的平衡条件，可以得到 $M_z(x) = Hy - Rx + \dfrac{q}{2}x^2 = 0$，即任意一点 A 处的力矩为零。

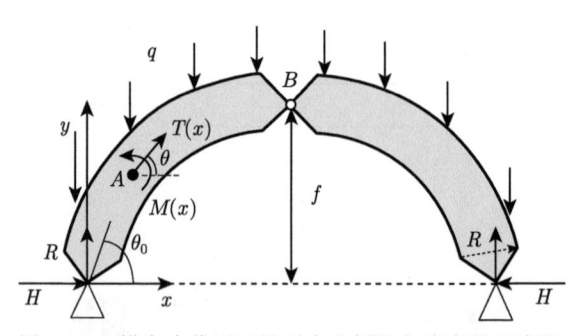

图 3.52 横向力作用下拱受力分析的主要变量示意图

根据力平衡条件，可以得到在拱上任意一点 A 处的剪力为零，轴向力 $T(x) = -\dfrac{ql^2}{8f\cos\theta}$。$\theta$ 为拱的轴线与 x 轴的夹角，见图 3.52。因此，最大正应力大小为

3.4 薄壁结构元件分析

$\sigma_{\max}^{\text{arch}} = \dfrac{ql^2}{8fbh\cos\theta_0}$，$\theta_0$ 为端部位置处拱的轴线与 x 轴的夹角。由此可得 $\dfrac{\sigma_{\max}^{\text{arch}}}{\sigma_{\max}^{\text{beam}}} = \dfrac{h}{6f\cos\theta_0}$。因为 f 远大于 h，所以梁受到的最大应力远高于拱。

上述计算说明，拱因为自身弯曲的特性，有可能完全借助轴向力来平衡外载荷。但是，这里需要注意的是，此时，两个端点的横向支反力起到重要的作用，并且只有在特定的载荷及特定的拱轴线函数的情况下，才能保证拱中任意位置的力矩为 0。

壳之于板的优势，类似于拱之于梁。如图 3.53 所示，对于壳来说，它们可通过径向力来抵抗弯曲载荷，同时环向力限制了每个拱段的弯曲。因此，壳体大部分区域的弯曲应力和扭转应力比薄膜应力小得多，处于薄膜应力 (无矩) 状态。

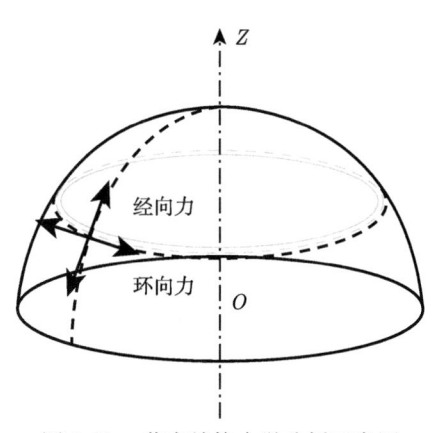

图 3.53　薄壳结构力学分析示意图

壳体通常只有局部区域处于有矩状态，这些位置在进行结构强度和刚度校核的时候一定要特别注意，并且需要局部补强。例如：

(a) 受到不可忽略的弯矩、扭矩或剪力的边界附近；
(b) 结构间断处，比如曲率或厚度不连续；
(c) 载荷间断处，比如不连续的面力或集中力。

通常只有较简单的结构和边界条件，才能利用解析解计算板壳结构的应力和变形。而对于复杂的问题，往往需要借助有限元计算辅助设计。选择有限元单元类型时，需明确结构的力和变形特征，以及单元所能描述的力和变形。壳单元有很多种类型，通常可考虑薄膜应力、弯曲和扭转应力。在进行实际计算过程中，务必弄清有限元的单元能描述的变形能力，可首先利用简单算例进行一些初步验证，再针对复杂问题展开分析。

思考题

(1) 在杆的弯曲问题中，求解剪力引起的剪应力。在计算静矩时，对图 3.18(b) 所示的 z 位置处的下表面进行积分，与采用 z 位置处的上表面进行积分，结果一致吗？为什么？

(2) 对于具有任意横截面的杆件弯曲问题，如果选择的是过形心的任意坐标轴，而非形心主轴坐标系，请推导由剪力引起的剪应力公式。

(3) 假设薄壁杆件的横截面形状如图 3.54 所示，请计算在横向力 Q 作用下截面上的剪应力大小及分布。

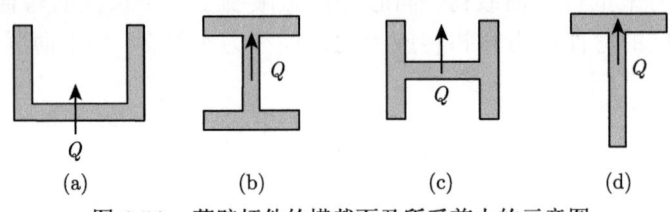

图 3.54　薄壁杆件的横截面及所受剪力的示意图

(4) 如图 3.55 所示的箱式梁由四块木板钉成，如果钉子及其间距 L 相同，判断在竖直方向的剪力作用下，图中哪种情况下箱子所受到的剪应力最小？

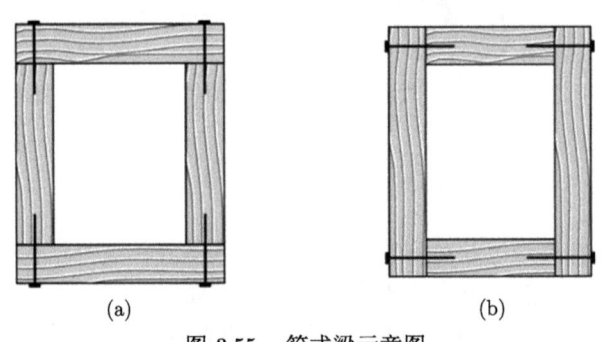

图 3.55　箱式梁示意图

(5) 当横截面上的扭矩为 T 时，请从应力大小及分布、扭转角、变形特征三个角度，对比图 3.56 所示的开口薄壁杆件和闭口薄壁杆件响应的差别，并讨论由此带来的设计上的启示。

(6) 机翼在初步分析时，可以简化为多闭室薄壁杆件的扭转问题，请利用如图 3.57 所示的简单例子，分析在总质量相同、外截面形状相同及各个闭室大小相同的情况下，闭室数量是否会对抗扭能力产生影响。若总质量相同，并且外截面形状相同，如何设计内部的闭室可以获得最好的抗扭能力。

3.5 飞行器内力初步计算

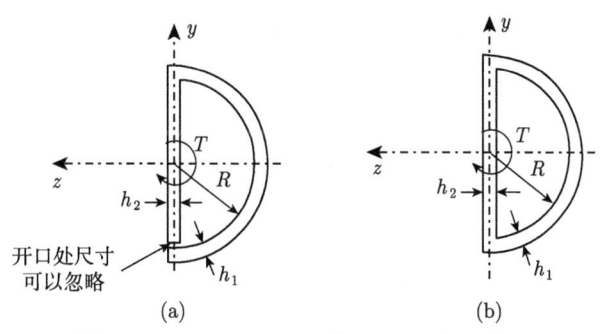

图 3.56 (a) 开口及 (b) 闭口 D 形杆示意图

杆件横截面中心线处半径为 R，圆弧部分厚度为 h_1，竖直部分厚度为 h_2，$h_1 < h_2 \ll R$

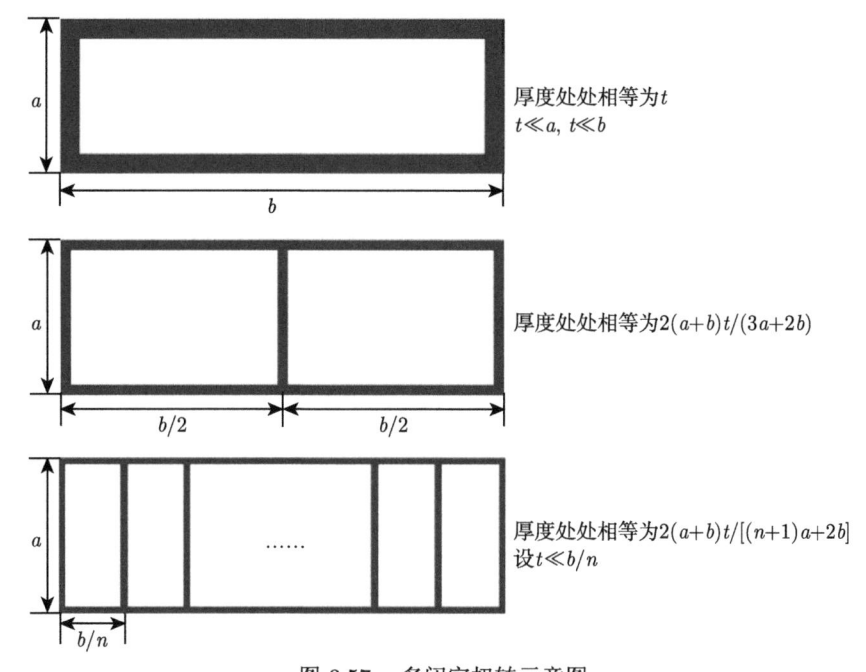

厚度处处相等为 t
$t \ll a$，$t \ll b$

厚度处处相等为 $2(a+b)t/(3a+2b)$

厚度处处相等为 $2(a+b)t/[(n+1)a+2b]$
设 $t \ll b/n$

图 3.57 多闭室扭转示意图

(7) 从基本假设、适用条件、推导思路、弯矩–剪力–正应力关系式等角度，分析 Kirchhoff 薄板弯曲理论与 Euler-Bernoulli 梁的异同。

(8) 论述薄板和薄壳受力的差异。

3.5 飞行器内力初步计算

为了进行设计计算和强度校核计算，以确定结构的尺寸，在选择设计情况之后，应对此情况下的外载荷进行分析，并研究飞行器结构在外载荷作用下的内力及其分布情况，即绘制其弯矩 M 图、剪力 Q 图、轴力 N 图和扭矩 m 图。

3.5.1 翼所受内力的确定

飞行器翼和气动舵所受到的外载荷主要有：沿翼展分布的气动力 q_y 和质量力 $q_m = n_y mg$，以及集中质量力 (如发动机和外挂载荷等)。

在分析翼的内力及分布时，应首先分析其沿翼展向的内力分布，由于翼面的结构形式不同，有时还需计算弦向的内力和任意剖面处的内力值。

对于小展弦比翼，目前在设计实践中常应用的两种分析内力的方法是：初等梁理论和结构力学分析方法 (如有限元等)。第一种方法虽然粗略，但作为设计计算 (初步确定结构尺寸) 时仍有一定的实用价值。在此仅介绍设计计算中常用平切面法确定其内力的近似估算方法。

将翼看成固支在机/弹身上的悬臂梁 (图 3.58)。在载荷作用下，梁将产生弯曲、剪切和扭转。因 q_y 的作用方向始终与 q_m 的方向相反，故它们的代数和为

$$q = q_y - q_m$$

考虑到在数值上 q_m 一般比 q_y 小，为安全起见，计算中也可以略去分布质量力 q_m。q 的作用点一般不通过翼的刚性轴。此外，还受到集中质量的作用，例如发动机和外挂载荷等，用 $G_i = m_i g$ 表示第 i 个横截面上的集中重量。运用材料力中的平切面法，根据内力和外力的平衡条件，即可求出任意剖面 I-I 的内力。其表达式为

$$Q(z) = \int_0^z q \mathrm{d}z + \sum_{i=1}^{i_z} n_{yi} G_i$$

$$M(z) = \int_0^z Q \mathrm{d}z + \sum_{k=1}^{k_z} M_k$$

$$m(z) = \int_0^z (q_y e - q_m d) \mathrm{d}z + \sum_{j=1}^{j_z} d_j G_j$$

其中，z 是由翼尖量起的翼展方向坐标；e 和 d 分别是剖面压心到刚心的距离和剖面质心到刚心的距离；i_z 和 j_z 分别表示从翼尖到剖面 I-I 之间的产生剪力的集中质量数量和产生扭转的集中质量数量；k_z 是集中弯矩 M_i 的个数；d_j 是第 j 个集中重量质心到刚心线的距离。由于 q 的分布一般是不能用函数表达的，所以求解以上各式时不采用直接积分而是采用数值积分的方法，如梯形法等。根据结果绘出弹翼的剪力 Q 图、弯矩 M 图和扭矩 m 图。

如图 3.58 所示，压力中心线是压力中心的连线，重心线是所有重心点的连线，刚心线是翼扭转时的转动轴，也称之为弹性轴，由各个横截面的弯曲中心 (也称为扭转中心) 连接而成，即相对于该轴进行扭转变形。

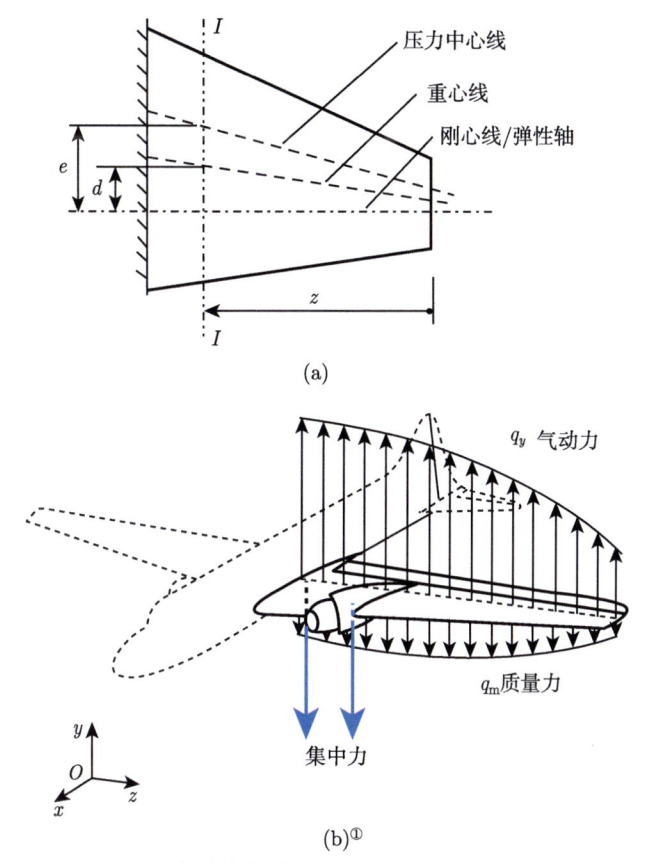

图 3.58　机翼的轴线定义 (a) 与受力 (b) 示意图

3.5.2　机/弹身内力的确定

进行机/弹身的内力计算时，同样可以按照初等梁理论，将其看成是支撑在翼上的一根梁。为叙述方便，以下将机身和弹身统称为主结构。但是，其所受到的外载荷与翼不同，具有集中力多、轴向载荷大的特点。因此，主结构的内力分析与翼也不完全相同。

作用在主结构上的外载荷一般有：

(1) 沿主结构表面分布的气动力 q_x 和 q_y；

(2) 沿主结构分布的质量力 $q_{my} = n_y mg$ 和 $q_{mx} = n_x mg$；

(3) 主结构内部装载物的集中重量 ($G_i = m_i g$)(通过接头以集中力的形式作用在主结构上)；

(4) 其他部件 (如升力面、发动机等) 传来的集中力 Y_i 和 X_r；

---

① 薛明德，向志海. 飞行器结构力学基础. 北京：清华大学出版社，2009.

(5) 局部作用力，如增压舱、燃料储箱的增压压力等。

在计算中，采用刚体假设。运用材料力学的平面假设，根据内力和外力的平衡条件，可以计算出距离主结构头部 x 的剖面上的内力

$$Q(x) = \int_0^x (q_y + n_y mg)\mathrm{d}x + \sum_{k=1}^{k_x} Y_i + \sum_{i=1}^{i_x} n_{yi} G_i$$

$$M(x) = \int_0^x Q(x)\mathrm{d}x + \sum_{h=1}^{h_z} M_h$$

$$m(x) = \sum_{j=1}^{j_x} m_j$$

$$N(x) = \int_0^x (q_x - n_x mg)\mathrm{d}x + \sum_{r=1}^{r_x} X_r + \sum_{i=1}^{i_x} n_{xi} G_i$$

其中，$N(x)$ 是轴向力；m 是分布质量；h_z、k_x、i_x、j_x 和 r_x 分别是由主结构头部到由 x 定义的横截面位置的所有集中弯矩、集中法向力 Y_i、集中重量 G_i、集中轴向力 X_r 和集中扭矩 m_j 的数量。因为主结构上的载荷通常不能用函数表达，所以同样不能采用直接积分的方法进行求解，多用数值方法。

在上面的讨论中将翼简化为板，将主结构简化为梁，这虽然和实际情况偏差很大，但却提供了结构基本构型设计和进行构件截面设计计算的出发点，提供了获得结构基本设计和构造初始有限元模型的基础。

思考题

(1) 回顾材料力学中讲过的内容，与本节的内容有何异同？

3.6 静强度分析与计算

飞行器结构设计首先要保证结构具有足够的强度，以抵抗载荷导致的破坏和保护所搭载的设备与人员的安全。飞行器结构的强度分析可以分为静强度分析(包括应力、应变和稳定性等)、动强度分析(包括结构固有频率、动载荷作用下结构的动态响应及动力不稳定性等)、热强度(包括热应力、热稳定性、热振动等)，以及疲劳和断裂强度分析。静强度分析与设计是结构静态设计的主要工作。

3.6.1 强度概念及强度计算

强度是指材料和结构在各种工作环境下，抵抗破坏和保持正常工作的能力。影响结构强度的因素很多，如载荷形式、工作环境，以及它的几何尺寸、所用材

料、工艺质量、失效形式等。结构的破坏形式有拉裂、剪断和疲劳等。结构失稳则属于结构失效的一种形式。

结构设计过程中通常包括两种强度计算：设计计算和校核计算。

(1) 设计计算是在方案设计阶段进行的强度计算，目的是按承受载荷的要求计算出主要受力元件的基本剖面尺寸。该计算方法简单、方便，且具有足够精度即可。常用弹性力学理论公式或经验、半经验公式进行计算。

(2) 校核计算是在结构细节设计后进行的强度计算，目的是得出整个结构及其每个元件的强度数据，为是否需要进一步修改设计提供依据。因此，校核计算的精度要求很高，计算方法应经过仔细选择，尽可能采用最精确的理论 (如弹性及塑性理论等) 和最先进的计算方法和手段 (如有限元方法等)，以得到精确的计算结果，减少以后的强度试验工作量。

3.6.2 强度分析的基本准则

进行强度计算的目的是判断结构设计是否满足强度要求，因此，需要给出强度要求的判据。判别结构是否已经失去正常工作能力，可以从结构的强度、刚度和稳定性三个方面进行。

1) 强度判别准则

通常可以采用材料力学的四个强度准则进行分析。综合四个强度准则可以写成一个表达式

$$\sigma_e \leqslant [\sigma]$$

其中，σ_e 和 $[\sigma]$ 分别是等效应力和临界应力。

对于第一、二、三和第四强度准则，临界应力值分别为

$$\sigma_e = \begin{cases} \sigma_1 \\ \sigma_1 - \mu(\sigma_2 + \sigma_3) \\ \sigma_1 - \sigma_3 \\ \sqrt{0.5\left[(\sigma_1-\sigma_2)^2 + (\sigma_2-\sigma_3)^2 + (\sigma_3-\sigma_1)^2\right]} \end{cases}$$

在上面的等效应力形式中，第四种在工程计算中也称 von Mises 应力，简称 Mises 应力。

对于以上四个强度准则，在实际使用时需根据材料的力学特性来选取，一般情况下：

(a) 对于铸铁、石料、混凝土和玻璃等脆性材料，通常以断裂的形式失效，宜采用第一和第二强度理论；

(b) 对于钢、铜和铝等塑性材料，通常以屈服的形式失效，宜采用第三和第四强度理论；

(c) 无论是塑性或脆性材料，在三向压应力相近的情况下，都可以引起塑性变形，宜采用第三或第四强度理论。

2) 刚度判别原则

"刚度" 是指以限定的变形抵抗载荷的能力。结构刚度用位移 (或转角)k 表示，使其不大于规定的允许值 k_0，即满足

$$k \leqslant k_0$$

则可以认为结构刚度满足设计要求。

3) 稳定性判别原则

"稳定性" 是指结构在载荷作用下维持一定平衡形状的能力。结构的稳定性问题比较复杂，它与结构的形状和载荷形式有关。对于承受单一载荷的结构，可以通过比较结构的应力与其相应的临界应力，来判断结构是否失稳。

假设结构在单一载荷下产生的应力和相应的临界应力分别为：弯曲正应力 σ_W，弯曲临界应力 $\sigma_{cr,W}$，轴压正应力 σ_N，轴压临界应力 $\sigma_{cr,N}$，剪应力 τ，剪切临界应力 τ_{cr}。当满足下面的条件时，认为结构不会失稳。

$$\sigma_W \leqslant \sigma_{cr,W}$$

$$\sigma_N \leqslant \sigma_{cr,N}$$

$$\tau \leqslant \tau_{cr}$$

3.6.3 强度计算方法

1. 许用应力法和破坏载荷法

许用应力法是指结构元件在使用载荷作用下不产生永久变形。根据使用载荷 P_{lim} 计算结构元件的最大应力 $\sigma_{max.lim}$，使其小于材料的许用应力 $[\sigma]$。

破坏载荷法是指结构在设计载荷下结构不失效或破坏。根据设计载荷 P_{des} 计算结构元件的最大应力 $\sigma_{des.max}$，使其小于材料的破坏应力 σ_b。飞行器设计通常采用破坏载荷法，一方面破坏应力可以直接测量，另一方面和许用应力相比，破坏应力不需要通过除以安全系数而降低其数值，这样有利于减轻结构重量。

2. 结构分析方法

材料力学和结构力学等为设计人员提供了各种典型构件和复杂部件的强度分析方法，如力法、位移法、矩阵力法、矩阵位移法、有限元法等，这些分析方法为结构的强度计算奠定了理论和方法基础。因为在结构设计的初始阶段不具备建

立结构有限元模型的条件,而且由于结构的部分载荷以过载系数的形式给出,需要进行初始设计分析才能给出,这时可以直接应用结构力学的分析方法,根据结构的特点,略去一些次要元件和次要因素,将复杂的实际结构简化为较简单的、理想的结构进行计算,从而获得初始结构的模型参数,主要采用前面介绍的方法,既简便又有一定的精度。在获得初始结构的有限元模型后,根据初始的质量分布情况,并且加入需要在结构上安装的设备和有效载荷的重量及位置情况 (通常采用集中质量模型),由过载系数计算出惯性力,进而获得作用在结构上的总载荷,以进行进一步计算。在计算过程中,通过完善结构设计,改进有限元模型,进行更加详细的设计计算。在初始设计中,对一些实践中提出的、尚无很好的理论能够解释和计算的问题,可以引用基于大量实验结果的经验、半经验公式进行计算。

3. 安全系数法

在实际应用中,最大的载荷称为使用载荷 ($P_{\lim}$)。在结构设计中,应保证结构在使用载荷作用下既不破坏又不产生显著的永久变形,要求使用载荷必须小于破坏载荷,结构的应力一般不超过材料的屈服极限。为了使设计的结构满足以上要求,又便于将强度理论计算结果与破坏试验的结果相对比,飞行器设计中广泛采用设计载荷法或破坏载荷法。设计载荷 (P_{des}) 是由结构的使用载荷乘以一个安全系数 f 得到的,

$$P_{\text{des}} = fP_{\lim}$$

设计载荷法的强度条件是不大于破坏载荷。

安全系数越大,结构越安全,但是结构的重量也越大。若安全系数太小,使用中可能导致结构破坏。因此,合理选取安全系数对于采用安全系数法设计的结构是十分重要的。

影响安全系数选取的因素很多,其中包括载荷、材料性能、结构尺寸公差和加工质量等分散性很大的随机因素。安全系数有确定性安全系数 (传统的安全系数) 和可靠性安全系数两种。实践证明,用传统安全系数设计,方便、简单、直观,但是它也有很大的局限性。首先,它是基于设计人员对许多未知因素的估计和安全度的期望而经验性地确定的,比较笼统,具有较大的经验性和一定的盲目性。其次,没有与产品在使用中的可靠性联系起来,缺乏概率和量的概念,往往偏于保守。实际上,影响安全系数选取的各种因素均具有随机性,而传统的安全系数没有考虑这一点,但实现需要大量的实验和数据积累。

1) 确定性安全系数

为保证结构安全可靠,在传统的结构设计中,对影响安全系数的一些因素用

一些系数来考虑，而安全系数为

$$f = f_1 \times f_2 \times f_3 \times \cdots \times f_i \times \cdots$$

其中各系数 f_i 的含义和选定原则如下。

f_1：所选材料的强度极限与比例极限 (保持线弹性的最大应力) 之比。该系数的作用是使结构在使用载荷作用下不发生永久变形，是决定传统安全系数的主要因素。

f_2：考虑材料的疲劳与永久变形的系数。对于消耗性飞行器，即一次使用性飞行器，疲劳破坏的可能性较小，另外也允许一部分非重要元件有少量的永久变形，为此这些因数的系数 f_2 可稍小于 1。

f_3：考虑误差影响的系数。为了考虑载荷的计算误差、材料的性能偏差、元件加工装配的误差及测量误差等各种因素的影响，f_3 的值应该大于 1。

f_4：考虑地面操作人员安全的系数。为了保证操作人员的安全，对于需要地面操作但对操作安全有威胁的结构，如工作的高压容器、高压气瓶等，f_4 的值应大于 1。

2) 可靠性安全系数

可靠性安全系数是由强度和载荷的变差系数确定的。如令载荷为正态分布，其均值为 μ_1，标准偏差为 σ_1；强度为正态分布，其均值为 μ_s，标准偏差为 σ_s。可靠性安全系数可以简单地表示为

$$f_0 = \mu_s/\mu_1$$

还有一种称为可采用的可靠性安全系数 f_R，是在某一概率值下材料的最小强度 $S_{a\min}$ 与在另一概率值下可能出现的最大载荷 $L_{b\max}$ 之比

$$f_R = S_{a\min}/L_{b\max}$$

3) 剩余强度系数

飞行器结构的强度计算结果会用剩余强度系数 η 表示，以表示结构强度的设计余量。对于整个结构，可以表示为

$$\eta = \frac{P_f}{P_{\text{des}}}$$

对于单个构件，

$$\eta = \frac{\sigma_f}{\sigma_{\text{des,max}}}$$

其中，σ_f 和 $\sigma_{\text{des,max}}$ 分别是构件的破坏应力和按照设计载荷计算得到的构件内最大应力。

飞行器所受到的载荷和计算获得的载荷充满不确定性，需要留有一定的强度裕度，以避免因实际载荷大于设计载荷而出现结构破坏的问题，因此，剩余强度系数通常取 1.05~1.1，或者更大。但如前所述，设计载荷实际上通过安全系数已经考虑了诸多不确定性因素，如果取剩余强度系数大于 1，实际上是重复考虑了这些不确定性因素的影响，因此，取剩余强度系数等于 1 是合理的。

3.6.4 确定计算模型

计算模型是指从真实结构抽象出来的力学模型。尽管现在普遍采用有限元模型进行计算，但在设计的初期，可以准确反映结构强度和动态特性的模型是不存在的。此外，有限元模型的精度受到多种因素的影响，需要通过试验不断进行模型修正 (model updating)。所以，在设计中，选择计算模型的基本原则是由简单到复杂，由经验模型到有限元模型。

(1) 初步设计中用于估算固有特性的模型应比设计后期用于校核计算的模型简单，用于计算固有特性的模型要比计算冲击响应的模型简单；

(2) 在初始设计阶段，一般要采用物理概念比较清晰、明确的简单模型，以方便进行结构构型设计和传力分析；

(3) 模型要正确反映结构的实际特性，在详细设计阶段，通过试验对有限元模型进行修正时，需要特别关注容易产生模型显著误差的结构部分，例如连接结构和非线性环节，做到试验状态和真实状态尽可能接近。

3.6.5 强度计算的步骤

总结以上强度分析的问题，可以将结构强度分析的过程分为以下步骤：
(1) 选择强度计算方法，确定结构的计算模型；
(2) 在结构上布置有效载荷和设备，明确质量和空间布置情况；
(3) 根据过载系数，确定结构初始惯性载荷，和其他载荷 (如气动载荷) 一起合成总载荷 (使用载荷 $P_{\lim}$)；
(4) 选择安全系数，求出设计载荷 P_{des}；
(5) 求出结构在设计载荷作用下的应力和变形；
(6) 根据强度准则，判断结构强度是否满足条件；
(7) 重复以上步骤，可以得到满意的结构设计。
这里应该强调的是，上述步骤属于静态设计。

思考题

(1) 回顾材料力学讲过的内容，与本节内容有何异同？
(2) 讨论采用安全系数的原因，如何确定合理的安全系数？与剩余强度系数的关系如何？

(3) 过载系数是如何影响结构的设计过程的？

3.7 飞行器结构的静强度、刚度及稳定性分析

3.7.1 结构的几何不变性

结构是指主要用于支撑和传力的各种元件的组合。几何不变性和不可移动性是组成结构的必要条件。几何不变性是指在外载荷的作用下，若忽略结构元件的弹塑性变形，结构仍然保持原来的几何形状。不可移动性是指结构和支座之间不发生相对运动。

问题：如何判断一个结构是否满足几何不变性和不可移动性？

可利用运动学中的自由度和约束的概念进行判断。众所周知，平面上的点的自由度为 2，即只有 2 个平动自由度；空间上点的自由度为 3，即有 3 个平动自由度。而平面上刚体的自由度为 3，相比平面上的点而言多 1 个转动自由度；空间上刚体的自由度为 6，相比空间上的点而言多 3 个转动自由度。

刚性接头会约束住构件的平动及转动。因此，平面上的刚性接头对应着 3 个约束，空间上的刚性接头对应着 6 个约束。铰链会约束构件的平动，但是不约束其转动。如果铰链只连接两个构件，称为简单铰链。因此，平面上的简单铰链对应着 2 个约束，空间上的简单铰链对应着 3 个约束。连接着 n 个构件的复杂铰链可以看成 $(n-1)$ 个简单铰链。从另一个角度来看，若把铰链当成点，则具有点的自由度数，那么连接铰链的构件就可以看成是铰链的约束。此时，一根两端具有光滑铰链的杆对应着 1 个约束。

系统具有几何不变但可移动的必要条件是：系统加上约束后，剩下相应的刚体的自由度数，即一个平面系统加上约束后只剩下 3 个自由度；一个空间系统加上约束后只剩下 6 个自由度。

系统具有几何不变且不可移动的必要条件是：系统加上约束后没有自由度。

如果系统的约束数大于自由度数，则称之为具有多余约束，或冗余约束，对应的冗余约束数称为静不定度。

问题：为什么自由度数的判断，只是几何不变性的必要条件，而不是充分条件？

约束数目不够，系统通常是几何可变的。但是，如果约束分布不合理，系统仍然可能是几何可变的。

瞬时可变系统就是一个典型的例子。其定义为系统初始是几何可变的，但是经过微小的位移之后又呈现出几何不变性。

例如，图 3.59(a) 所示的系统，自由度数为零。此时，B 点在 AB 杆的约束下，可沿着垂直于 AB 杆的方向运动，B 点在 BC 杆的约束下，可沿着垂直于 BC 杆的方向运动，因为 AB 杆与 BC 杆共线，B 点在这一瞬时具有垂直于 AB

杆 (或 BC 杆) 的自由度。但是 B 点经过微小位移之后，不再具有可动性。这种情况即为瞬时可变系统。

瞬时可变系统的内力通常为无穷大，或者有多种解。

例如图 3.59(a) 所示的系统，如果受到图 3.59(b) 所示竖直向下的力 F 的作用，假设 AB 杆和 BC 杆长度相等，所受轴力均为 T，则 $T = F/(2\sin\theta)$，θ 为杆中轴力与水平方向的夹角。可以看出，当 $\theta = 0$ 时，轴力无穷大。

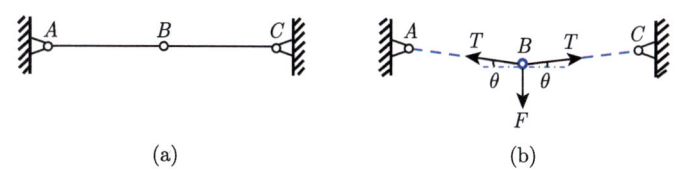

图 3.59 杆件系统示意图 (a) 及其受力分析 (b)

瞬时可变系统还有其他典型的结构形式。这里首先引入一个虚铰的概念，虚铰是指连接两个刚体的两根杆件的交点，也可称为瞬时转动中心。

三个虚铰共线，虚铰共点，或虚铰交于无穷远，都是典型的瞬时可变系统，其典型的例子分别如图 3.60(a)~(c) 所示。

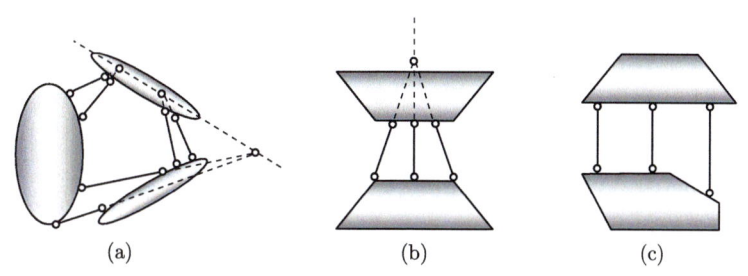

图 3.60 典型的瞬时可变系统示意图

问题：在判断系统的自由度数和约束数之后，如何判断系统的几何不变性？典型的方法包括组成法和零载法。

1) 组成法

(a) 逐次连接节点法。

众所周知，三角形具有几何不变性。基于此，对于平面桁架系统来说，可以首先选择三根杆，通过铰链连接成三角形系统，将其当成初始的几何不变系统；然后在此基础上，每增加一个节点，用两根不在一条直线上的杆连接这个点。这种方法也可以拓展为空间桁架结构，此时每增加一个节点，用三根不在同一个面上的三根杆来连接这个节点即可。

例如，如图 3.61 所示，1-2-3 桁架是几何不变的；增加节点 4，增加 2-4, 3-4

两个不共线的杆；再增加节点 5，增加 2-5，4-5 两个不共线的杆；再增加节点 6，增加 5-6，3-6 两个不共线的杆，此时 1-2-3-4-5-6 具有几何不变性。然而，如果我们增加节点 7，增加 3-7，5-7 共线的杆，则系统变为瞬时可变系统。

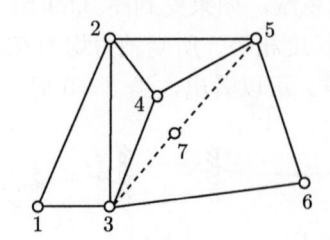

图 3.61　逐次连接节点法示意图

(b) 逐次连接桁架法。

对于平面桁架系统，几何不变的桁架之间需要用三根不交于一点的杆 (包括不能相互平行导致交于无穷远处) 或者一个铰链加上一根不通过这个铰链的杆来连接。

例如，在图 3.60(b) 和 (c) 中，将几何不变的桁架看成刚片，它们之间的连接可以看成是交于一点的三根杆和交于无穷远的三根杆，此时就是瞬时可变系统。但是，如果这三根杆既不平行，也不交于一点，则为几何不变系统。

2) 零载法

根据静定杆系结构的性质，即静定系统在每一种外载荷作用下，内力是唯一的。因此，对于没有多余约束的系统，只要能根据平衡条件证明系统在没有外载荷时所有内力都确实为零，则系统就是几何不变的。

例题：判断图 3.62 所示平面桁架是否具有几何不变性。

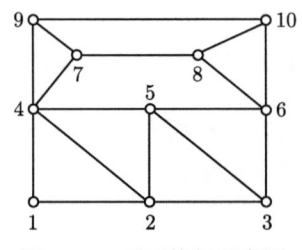

图 3.62　平面桁架示意图

(a) 约束数目的判断。

图 3.62 所示桁架中共 10 个节点，$Y = 10$，自由度数为 $2Y$；共有 17 根杆，对应 17 个约束，$C = 17$，
$$2Y - C = 3$$
满足几何不变性的必要条件。

(b) 组成法判断。

由平面桁架的组成法可知 1-2-3-4-5-6 桁架是几何不变的，另外 4-7-9 和 6-8-10 桁架是几何不变的。这三部分通过 4 点和 6 点的两个铰及 7-8 和 9-10 两根平行的杆相连接，三个虚铰交于无穷远处，故整个结构是瞬时可变的。

(c) 零载法判断。

除了组成法之外，也可以用零载法进行判断。

桁架不受载荷时，将 9-10、7-8、4-5、2-4、1-2 杆截断，其中仅有 2-4 杆可以产生竖直方向的力分量，根据平衡条件知 2-4 杆上内力为 0，同理知 3-5 杆内力为 0，即

$$T_{2\text{-}4} = T_{3\text{-}5} = 0$$

因此由对 2、5 两节点的受力分析知，平衡情况下 2-5 杆中没有内力，即

$$T_{2\text{-}5} = 0$$

由对 1、3 点的受力分析知

$$T_{1\text{-}4} = T_{1\text{-}2} = T_{2\text{-}3} = T_{3\text{-}6} = 0$$

剩余的 4、5、6、7、8、9、10 节点组成的桁架中，9-10，4-6，7-8 中的内力可以有无穷多解，因此，此结构是瞬时可变的。

3.7.2 桁架结构

桁架结构是指利用轴向力抵抗外载的杆系结构。在分析桁架结构时，主要基于如下两个基本假设：

(1) 假设每一根杆的两端都通过无摩擦的光滑铰链相互连接。因为铰链无法传递剪力和弯矩，所以杆件为只承受轴力的二力杆。

(2) 外载荷只作用在铰链中心 (节点) 上。

实际的结构很少真正完全通过铰链连接。但是，如果将通过桁架分析确定的轴向载荷定义为一级载荷，将偏离一级载荷的部分 (如剪力和弯矩的贡献) 定义为二级载荷，若一级载荷远大于二级载荷，就可以当成桁架结构来近似分析。反之，如果二级载荷很大，就需要按照刚架结构来分析。刚架结构是指通过全刚性接头连接 (比如焊接或螺栓连接) 的系统，元件可以承受弯曲、剪切，或扭转。

问题：如何分析静定桁架结构的受力？

主要包括节点法和截面法。

节点法是指在每个节点建立平衡方程，联立求解。以平面桁架为例，如果有 n 个节点，m 根杆，k 个支反力，那么每个节点上有两个平衡方程，因此共有 $2n$

个平衡方程。杆中的轴向力为未知数，支反力为未知数，因此共有 $m+k$ 个未知数。当 $2n = m+k$ 时，方程数和未知数个数相同，可以定解。此时对应着静定问题；当 $2n < (m+k)$ 时，包含额外的未知数，但没有额外的方程，对应着静不定问题。因此，静不定问题无法单独依靠平衡方程来进行求解，还需要利用变形条件引入额外的方程。

截面法是指假设用一个截面将结构切开，内力变外力，通过部分结构的平衡分析进行求解。

下面将以图 3.63 所示的桁架结构分析为例，具体讨论节点法和截面法的求解过程和优缺点。

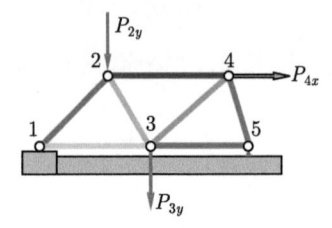

图 3.63　桁架结构示意图

(a) 静定性判断：无论采用哪种方法，需要先判断静定性，即分析自由度数和约束数，以及几何不变性。

图 3.63 所示的桁架系统具有 5 个铰链，对应 10 个自由度，7 根杆和 3 个边界约束，共计对应 10 个约束，因此自由度数为 0，且没有多余约束。利用组成法，可以判断是否具有几何不变性。因此，图 3.63 所示的桁架系统为静定结构。

(b) 节点法：针对 5 个铰链对应的 5 个节点，分别绘制受力分析图，如图 3.64 所示。

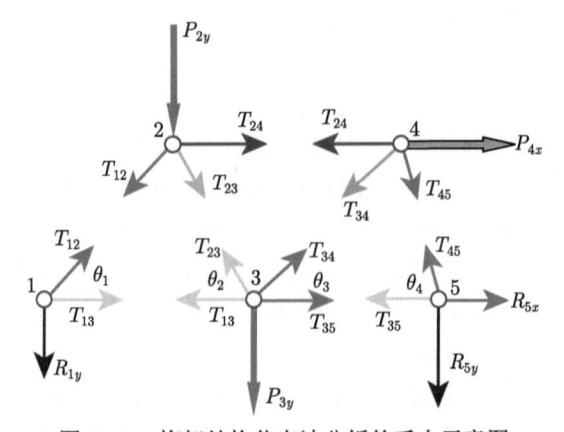

图 3.64　桁架结构节点法分析的受力示意图

3.7 飞行器结构的静强度、刚度及稳定性分析

$$1 \text{ 点}: \begin{cases} T_{12}\cos\theta_1 + T_{13} = 0 \\ T_{12}\sin\theta_1 - R_{1y} = 0 \end{cases}$$

$$2 \text{ 点}: \begin{cases} T_{12}\cos\theta_1 = T_{23}\cos\theta_2 + T_{24} \\ T_{12}\sin\theta_1 + T_{23}\sin\theta_2 + P_{2y} = 0 \end{cases}$$

$$3 \text{ 点}: \begin{cases} T_{13} + T_{23}\cos\theta_2 = T_{34}\cos\theta_3 + T_{35} \\ T_{23}\sin\theta_2 + T_{34}\sin\theta_3 = P_{3y} \end{cases}$$

$$4 \text{ 点}: \begin{cases} T_{24} + T_{34}\cos\theta_3 = T_{45}\cos\theta_4 + P_{4x} \\ T_{34}\sin\theta_3 + T_{45}\sin\theta_4 = 0 \end{cases}$$

$$5 \text{ 点}: \begin{cases} T_{35} + T_{45}\cos\theta_4 = R_{5x} \\ T_{45}\sin\theta_4 = R_{5y} \end{cases}$$

节点法可以转化为一个线性代数方程组

$$\begin{bmatrix} \cos\theta_1 & 1 & 0 & 0 & 0 & 0 & 0 & 0 & 0 & 0 \\ \sin\theta_1 & 0 & 0 & 0 & 0 & 0 & 0 & -1 & 0 & 0 \\ -\cos\theta_1 & 0 & \cos\theta_2 & 1 & 0 & 0 & 0 & 0 & 0 & 0 \\ -\sin\theta_1 & 0 & -\sin\theta_2 & 0 & 0 & 0 & 0 & 0 & 0 & 0 \\ 0 & 1 & \cos\theta_2 & 0 & -\cos\theta_3 & -1 & 0 & 0 & 0 & 0 \\ 0 & 0 & \sin\theta_2 & 0 & \sin\theta_3 & 0 & 0 & 0 & 0 & 0 \\ 0 & 0 & 0 & 1 & \cos\theta_3 & 0 & -\cos\theta_4 & 0 & 0 & 0 \\ 0 & 0 & 0 & 0 & \sin\theta_3 & 0 & \sin\theta_4 & 0 & 0 & 0 \\ 0 & 0 & 0 & 0 & 0 & 1 & \cos\theta_4 & 0 & -1 & 0 \\ 0 & 0 & 0 & 0 & 0 & 0 & \sin\theta_4 & 0 & 0 & -1 \end{bmatrix} \begin{Bmatrix} T_{12} \\ T_{13} \\ T_{23} \\ T_{24} \\ T_{34} \\ T_{35} \\ T_{45} \\ R_{1y} \\ R_{5x} \\ R_{5y} \end{Bmatrix}$$

$$= \begin{Bmatrix} 0 \\ 0 \\ 0 \\ P_{2y} \\ 0 \\ P_{3y} \\ P_{4x} \\ 0 \\ 0 \\ 0 \end{Bmatrix}$$

通过矩阵形式的变换 $A_{ij}T_j = P_i$，可以更好地理解节点法的内涵，并可用于分析桁架结构的受力特性。

上面等式左边的列向量 T_j 对应所有的未知数，即杆中的内力和支反力。等式右边的列向量 P_i 对应于作用在所有节点上的沿着 x 及 y 方向的外力分量。

矩阵 A_{ij} 将上述输出 (未知量) 和输入 (外力) 联系起来，可以看出，其仅取决于桁架结构中杆的夹角，而不依赖于结构的实际尺寸大小。即如果把桁架结构等比例放大或缩小，并不影响所求解轴力的大小。

一旦杆件结构确定，矩阵 A_{ij} 就确定了，可以通过计算机快速求解桁架结构的受力。节点法的普适性强，易于编程实现，但是常需同时求解所有杆中的轴力。

(c) 截面法：若只关心杆 2-4 的轴力，也可以不用节点法，而用截面法来求解。具体的求解步骤如下：

首先根据桁架结构的外力，计算支反力的大小；然后假设沿着 2-4，3-4，3-5 杆将结构切开，杆中的轴力变成外力，对应的受力分析图如图 3.65 所示。如果只关心 2-4 杆的轴力，只需要对节点 3 列力矩平衡方程，即可得解。

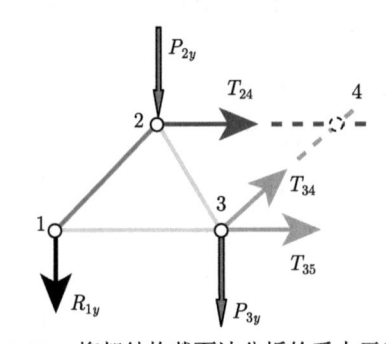

图 3.65　桁架结构截面法分析的受力示意图

可见，截面法更加灵活，但是在求解中常采用一些技巧，因此，较难发展成普适的计算机求解方法。

问题：如何分析静不定桁架结构的受力？

为提高结构的可靠性，在飞行器中大量使用静不定结构。此时结构存在冗余约束，并且有多条传力路线。因此，当某些传力路线被破坏时，结构仍能保持一定的承载能力。

由于静不定结构中所要求解的内力个数大于平衡方程的个数，因此不能单独通过平衡方程来求解。通常有力法和位移法两种分析方法。

(1) 力法：顾名思义，是以力为主要变量的求解方法。静不定结构的力法分析常需要采用单位载荷法。

3.7 飞行器结构的静强度、刚度及稳定性分析

单位载荷法来源于余虚功原理。对于体积为 V，表面为 S 的物体，在给定位移边界 S_u 上，给定的位移值为 $\bar{u}$，真实应变状态为 ε。如果 $\boldsymbol{P}$ 和 $\boldsymbol{\sigma}$ 分别表示静力可能状态的力和应力，则余虚功原理可表示为

$$\int_V \varepsilon_{ij}\delta\sigma_{ij}\,\mathrm{d}V - \int_{S_u}\bar{u}_i\delta P_i\,\mathrm{d}S = 0$$

其中，δ 表示变分，因为力边界上给定面力时的变分为零，域内体力满足平衡方程，变分也为零，所以式中没有相关项。

对于受到某一外载的结构，如果在其给定位移边界 S_u 上，则处处 $\bar{u} = \mathbf{0}$。此时，希望求某一点处沿着某方向的位移 Δ，可在该点沿着该方向施加虚力 δP，根据余虚功原理，有

$$\int_V \varepsilon_{ij}\delta\sigma_{ij}(\delta P)\,\mathrm{d}V - \Delta\delta P = 0$$

其中，$\delta\sigma_{ij}(\delta P)$ 表示结构只受到虚力 δP 时的应力状态；ε_{ij} 为结构在真实外载下的应变状态；Δ 为结构在真实外载下，在虚力处沿着虚力方向的位移。当 δP 取 1 时，称为单位载荷法。

力法的具体求解流程为：首先判断系统是几次静不定问题；然后用约束反力代替冗余约束，转化为静定结构问题；利用单位载荷法求解转化后的静定结构问题，得到用约束反力描述的位移；最后利用位移协调条件求解约束反力。

例题：利用力法求解图 3.66 所示的静不定桁架结构中各杆的内力。

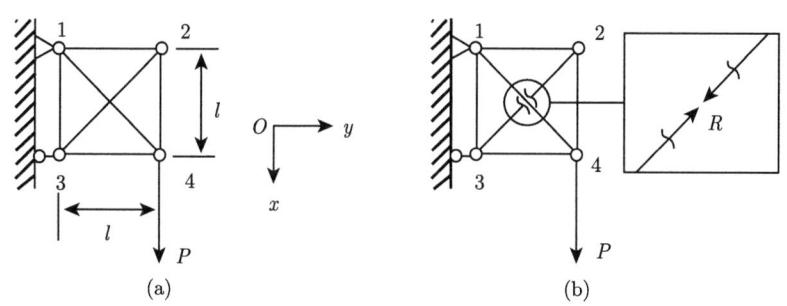

图 3.66 (a) 静不定桁架结构受到外载荷 P 的作用；(b) 力法分析示意图

首先，易得该桁架结构是一次静不定的。利用约束反力 R 代替冗余约束，得到如图 3.66(b) 所示的静定结构问题。利用单位载荷法，求解约束反力处的位移 Δ_P，

$$\int_V \varepsilon_{ij}\delta\sigma_{ij}\,\mathrm{d}V - \Delta_P = 0$$

$$\sum_e \frac{T_P^e}{EA}\frac{T_R^e}{A}Al^e = \sum_e \frac{T_P^e T_R^e}{EA}l^e = \Delta_P$$

其中，T_P^e 表示只有载荷 P 时各杆的轴力；T_R^e 表示在 2-3 杆假想的断裂处施加沿着 R 方向的单位载荷时各杆的轴力；上标 e 表示第 e 根杆；Δ_P 表示只有载荷 P 时 2-3 杆的相对位移；E 为弹性模量；A 为杆的横截面积；l 为杆长。

在没有载荷 P，只有约束反力 R 时，2-3 杆的相对位移为 Δ_R，再次利用单位载荷法，可得

$$R\sum_e \frac{T_R^e T_R^e}{EA}l^e = \Delta_R$$

因在载荷作用下 2-3 杆件切开的截面并未发生相对位移，所以相对位移 $\Delta_R + \Delta_P = 0$。据此，可以求解出 R 的大小，之后再根据静定结构的分析方法，可以求出各个杆件中的轴力。

具体计算过程如下：在载荷 P 作用下，各杆件轴力为

$$T_P^{14} = \sqrt{2}P, \quad T_P^{34} = -P, \quad T_P^{13} = T_P^{12} = T_P^{24} = 0$$

在沿着 R 方向的单位载荷作用下，各杆件轴力为

$$T_R^{13} = T_R^{34} = T_R^{12} = T_R^{24} = -\frac{\sqrt{2}}{2}, \quad T_R^{14} = T_R^{23} = 1$$

根据前述定义，T_P^{14} 表示只有载荷 P 时，1-4 杆中的轴力；T_R^{14} 表示只有沿着 R 方向的单位载荷时，1-4 杆中的轴力。其他依次类推，可得

$$\Delta_P = \sum_e \frac{T_P^e T_R^e}{EA}l^e = \frac{Pl}{EA}\left(2 + \frac{\sqrt{2}}{2}\right)$$

$$\Delta_R = R\sum_e \frac{T_R^e T_R^e}{EA}l^e = \frac{lR}{EA}(2 + 2\sqrt{2})$$

因此解得约束力 R 为

$$R = -\frac{\sqrt{2}+4}{4\left(\sqrt{2}+1\right)}P$$

叠加载荷 P 下内力，可得各杆件内力分别为

$$T^{12} = T^{13} = T^{24} = \frac{2\sqrt{2}+1}{4\left(\sqrt{2}+1\right)}P$$

3.7 飞行器结构的静强度、刚度及稳定性分析

$$T^{14} = \frac{3\sqrt{2}+4}{4\left(\sqrt{2}+1\right)}P$$

$$T^{23} = -\frac{\sqrt{2}+4}{4\left(\sqrt{2}+1\right)}P$$

$$T^{34} = -\frac{2\sqrt{2}+3}{4\left(\sqrt{2}+1\right)}P$$

(2) 位移法：以位移为主要变量的求解方法。

假设一个系统有 n 个相互独立的广义位移 $(\Delta_1, \Delta_2, \cdots, \Delta_n)$ 及与之对应的广义外力 P_i。该系统的应变能根据泰勒展开，可表示为[1]

$$U(\Delta_1, \Delta_2, \cdots, \Delta_n)$$
$$= U(0, 0, \cdots, 0) + \sum_{i=1}^{n} \frac{\partial U(0)}{\partial \Delta_i} \Delta_i + \frac{1}{2} \sum_{i=1}^{n} \sum_{j=1}^{n} \frac{\partial^2 U(0)}{\partial \Delta_i \partial \Delta_j} \Delta_i \Delta_j + \cdots$$

当不发生变形时，应变能为 0，所以 $U(0, 0, \cdots, 0) = 0$，此时广义内力也为 0，所以第二项也等于 0。因此，

$$U(\Delta_1, \Delta_2, \cdots, \Delta_n) \approx \frac{1}{2} \sum_{i=1}^{n} \sum_{j=1}^{n} \frac{\partial^2 U(0)}{\partial \Delta_i \partial \Delta_j} \Delta_i \Delta_j$$

类似地，根据泰勒展开，外力势可表示为

$$V(\Delta_1, \Delta_2, \cdots, \Delta_n)$$
$$= V(0, 0, \cdots 0) + \sum_{i=1}^{n} \frac{\partial V(0)}{\partial \Delta_i} \Delta_i + \frac{1}{2} \sum_{i=1}^{n} \sum_{j=1}^{n} \frac{\partial^2 V(0)}{\partial \Delta_i \partial \Delta_j} \Delta_i \Delta_j + \cdots$$

因为不发生变形时，外力功为 0，所以 $V(0, 0, \cdots, 0) = 0$。由于 $\dfrac{\partial V(0)}{\partial \Delta_i} = -P_i$，第三项及后面的项为高阶小量，可以忽略，故

$$V(\Delta_1, \Delta_2, \cdots, \Delta_n) \approx -\sum_{i=1}^{n} P_i \Delta_i$$

由此，得到系统的总势能

$$\Pi = U + V$$

---

[1] 哑指标不再默认求和。

根据最小势能原理，

$$\delta \Pi (\Delta_1, \Delta_2, \cdots, \Delta_n) = \sum_{i=1}^{n} \left(\sum_{j=1}^{n} \frac{\partial^2 U(0)}{\partial \Delta_i \partial \Delta_j} \Delta_j - P_i \right) \delta \Delta_i = \mathbf{0}$$

根据 $\delta \Delta_i$ 的任意性，可得

$$\sum_{j=1}^{n} \frac{\partial^2 U(0)}{\partial \Delta_i \partial \Delta_j} \Delta_j = P_i$$

通常定义刚度系数

$$k_{ij} = \frac{\partial^2 U(0)}{\partial \Delta_i \partial \Delta_j}$$

则

$$\sum_{j=1}^{n} k_{ij} \Delta_j = P_i$$

用位移法分析静不定桁架结构的步骤为：首先列出系统中所有的可能位移自由度，然后对每根杆件的应变能求和得到系统的总应变能，进而求解刚度系数。通过上述方程求解每根杆件的位移，再根据位移求杆件的应变及应力。

例题：利用位移法求解图 3.66(a) 所示的静不定桁架结构中各杆的内力。

图 3.66(a) 所示的静不定桁架结构共有 4 个节点，每个节点有两个位移自由度，因此

$$\Delta = (\Delta_{1x}, \Delta_{1y}, \Delta_{2x}, \Delta_{2y}, \Delta_{3x}, \Delta_{3y}, \Delta_{4x}, \Delta_{4y})$$

系统的总势能为

$$\begin{aligned}
\Pi &= U + V \\
&= \frac{EA}{2l} (\Delta_{2y} - \Delta_{1y})^2 + \frac{EA}{2l} (\Delta_{4y} - \Delta_{3y})^2 \\
&\quad + \frac{EA}{2l} (\Delta_{4x} - \Delta_{2x})^2 + \frac{EA}{2l} (\Delta_{3x} - \Delta_{1x})^2 \\
&\quad + \frac{EA}{2\sqrt{2}l} \left[\frac{\sqrt{2}}{2} (\Delta_{4x} + \Delta_{4y}) - \frac{\sqrt{2}}{2} (\Delta_{1x} + \Delta_{1y}) \right]^2 \\
&\quad + \frac{EA}{2\sqrt{2}l} \left[\frac{\sqrt{2}}{2} (\Delta_{2x} + \Delta_{2y}) - \frac{\sqrt{2}}{2} (\Delta_{3x} + \Delta_{3y}) \right]^2 - P \Delta_{4x}
\end{aligned}$$

3.7 飞行器结构的静强度、刚度及稳定性分析

由势能极值原理可得

$$\frac{EA}{l}\begin{bmatrix} \frac{4+\sqrt{2}}{4} & \frac{\sqrt{2}}{4} & 0 & 0 & -1 & 0 & -\frac{\sqrt{2}}{4} & -\frac{\sqrt{2}}{4} \\ & \frac{4+\sqrt{2}}{4} & 0 & -1 & 0 & 0 & -\frac{\sqrt{2}}{4} & -\frac{\sqrt{2}}{4} \\ & & \frac{4+\sqrt{2}}{4} & -\frac{\sqrt{2}}{4} & -\frac{\sqrt{2}}{4} & \frac{\sqrt{2}}{4} & -1 & 0 \\ & & & \frac{4+\sqrt{2}}{4} & \frac{\sqrt{2}}{4} & -\frac{\sqrt{2}}{4} & 0 & 0 \\ & & & & \frac{4+\sqrt{2}}{4} & -\frac{\sqrt{2}}{4} & 0 & 0 \\ & 对称 & & & & \frac{4+\sqrt{2}}{4} & 0 & -1 \\ & & & & & & \frac{4+\sqrt{2}}{4} & \frac{\sqrt{2}}{4} \\ & & & & & & & \frac{4+\sqrt{2}}{4} \end{bmatrix} \begin{Bmatrix} \Delta_{1x} \\ \Delta_{1y} \\ \Delta_{2x} \\ \Delta_{2y} \\ \Delta_{3x} \\ \Delta_{3y} \\ \Delta_{4x} \\ \Delta_{4y} \end{Bmatrix}$$

$$= \begin{Bmatrix} 0 \\ 0 \\ 0 \\ 0 \\ 0 \\ 0 \\ P \\ 0 \end{Bmatrix}$$

根据位移边界条件

$$\Delta_{1x} = \Delta_{1y} = \Delta_{3y} = 0$$

可以得到

$$\frac{EA}{l}\begin{bmatrix} \dfrac{4+\sqrt{2}}{4} & -\dfrac{\sqrt{2}}{4} & -\dfrac{\sqrt{2}}{4} & -1 & 0 \\ -\dfrac{\sqrt{2}}{4} & \dfrac{4+\sqrt{2}}{4} & \dfrac{\sqrt{2}}{4} & 0 & 0 \\ -\dfrac{\sqrt{2}}{4} & \dfrac{\sqrt{2}}{4} & \dfrac{4+\sqrt{2}}{4} & 0 & 0 \\ -1 & 0 & 0 & \dfrac{4+\sqrt{2}}{4} & \dfrac{\sqrt{2}}{4} \\ 0 & 0 & 0 & \dfrac{\sqrt{2}}{4} & \dfrac{4+\sqrt{2}}{4} \end{bmatrix}\begin{Bmatrix} \Delta_{2x} \\ \Delta_{2y} \\ \Delta_{3x} \\ \Delta_{4x} \\ \Delta_{4y} \end{Bmatrix} = \begin{Bmatrix} 0 \\ 0 \\ 0 \\ P \\ 0 \end{Bmatrix}$$

最终可以求解出全部的位移，

$$\Delta_{2x} = \frac{3\sqrt{2}+5}{2(1+\sqrt{2})}\frac{lP}{EA}$$

$$\Delta_{2y} = \Delta_{3x} = \frac{2\sqrt{2}+1}{4(1+\sqrt{2})}\frac{lP}{EA}$$

$$\Delta_{4x} = \frac{8\sqrt{2}+11}{4(1+\sqrt{2})}\frac{lP}{EA}$$

$$\Delta_{4y} = -\frac{2\sqrt{2}+3}{4(1+\sqrt{2})}\frac{lP}{EA}$$

进而计算出各杆的应变、应力及轴力：

$$\varepsilon^{12} = \frac{\Delta_{2y}}{l} = \frac{2\sqrt{2}+1}{4(1+\sqrt{2})}\frac{P}{EA}$$

$$\varepsilon^{13} = \frac{\Delta_{3x}}{l} = \frac{2\sqrt{2}+1}{4(1+\sqrt{2})}\frac{P}{EA}$$

$$\varepsilon^{14} = \frac{\dfrac{\sqrt{2}}{2}(\Delta_{4x}+\Delta_{4y})}{\sqrt{2}l} = \frac{3\sqrt{2}+4}{4(1+\sqrt{2})}\frac{P}{EA}$$

$$\varepsilon^{23} = \frac{\dfrac{\sqrt{2}}{2}(\Delta_{2x}+\Delta_{2y}) - \dfrac{\sqrt{2}}{2}(\Delta_{3x}+\Delta_{3y})}{\sqrt{2}l} = -\frac{\sqrt{2}+4}{4(1+\sqrt{2})}\frac{P}{EA}$$

$$\varepsilon^{24} = \frac{\Delta_{4x} - \Delta_{2x}}{l} = \frac{2\sqrt{2}+1}{4(1+\sqrt{2})}\frac{P}{EA}$$

$$\varepsilon^{34} = \frac{\Delta_{4y}}{l} = -\frac{2\sqrt{2}+3}{4(1+\sqrt{2})}\frac{P}{EA}$$

其中，ε^e 的上标 e 表示各杆的编号。

各杆的应力与轴力通过本构关系可得

$$\sigma^e = E\varepsilon^e, \quad T^e = \sigma^e A$$

3.7.3 杆板结构

飞行器里有大量含有加强筋的薄壁结构，有时可以通过杆板结构模型对其进行初步分析。

如图 3.67 所示，杆板结构分析的基本假设包括：①将杆看成薄壁结构的加强筋，认为杆之间是相互铰接的；②将板看成蒙皮结构，只在板与杆连接的位置受到剪应力，板的表面不受力。

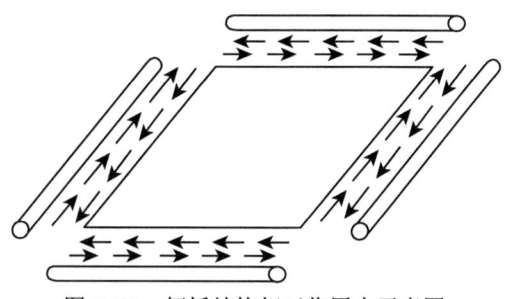

图 3.67 杆板结构相互作用力示意图

问题：如何分析杆板结构的受力？

典型的杆板结构中板的形状有三角形、矩形、平行四边形、梯形等。因为板只在与杆连接处存在剪应力，假设板很薄，可以认为剪应力沿着板厚均匀分布，因此可以用剪流来描述。由于板表面不受力，根据剪应力互等定理，剪流只能沿着板边界的切向。假设每条边上的剪流为常数，以图 3.68 为例，可以看出典型的杆板结构中板的受力情况。

根据板的平衡条件，可以很容易地计算出各种形状的板中剪流的相互关系。

如图 3.68(a) 所示的三角形板，根据 1 点的力矩平衡，可以得到剪流 $q_{2\text{-}3} = 0$。同理，根据其他点的力矩平衡，可得到剪流处处为零。因此，可以假定三角形板不受力，主要由杆承受载荷。如图 3.68(b) 所示的矩形板，根据水平方向的力平衡，

可以得到 $q_{1\text{-}2}l = q_{4\text{-}3}l$；根据竖直方向的力平衡，可以得到剪流 $q_{1\text{-}4}h = q_{2\text{-}3}h$；根据 1 点处的力矩平衡，可以得到 $q_{2\text{-}3}hl = q_{4\text{-}3}lh$。综上，可得 $q_{1\text{-}2} = q_{4\text{-}3} = q_{1\text{-}4} = q_{2\text{-}3}$，因此矩形板四边的剪流大小均相等。利用类似的方法，也可分析出平行四边形板四边的剪流大小均相等。

如图 3.68(c) 所示的梯形板，根据力和力矩平衡可得，$q_{1\text{-}2} = q_{3\text{-}4} = \bar{q}$，$q_{2\text{-}3} = \bar{q}\dfrac{h_1}{h_2}$，$q_{1\text{-}4} = \bar{q}\dfrac{h_2}{h_1}$。其中，$\bar{q}$ 称为几何平均剪流。

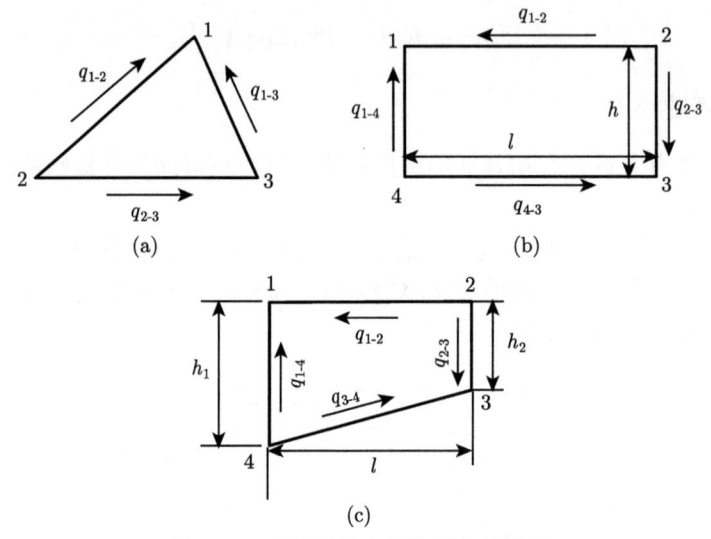

图 3.68 杆板结构中板的受力示意图

在分析杆板结构的几何不变性时，可以将四边形板看成一个斜杆 (提供一个约束)；三角形板不受力，因此不提供额外的约束。

杆板结构中杆所受到的轴力沿着杆长呈线性分布。如图 3.69 所示，如果板中的剪流为 q，杆受到其反作用力，根据杆的轴向力平衡，易得 $\dfrac{\mathrm{d}T}{\mathrm{d}x} = q$。

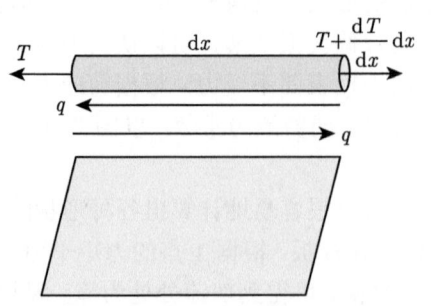

图 3.69 杆板结构中杆的受力示意图

3.7 飞行器结构的静强度、刚度及稳定性分析

类似于桁架结构，在求解杆板结构的受力时，同样可以采用节点法和截面法。

例题：图 3.70 中 $l=100\mathrm{cm}$，$a=50\mathrm{cm}$，$P=1000\mathrm{kgf}$[①]，计算薄壁翼梁的内力。

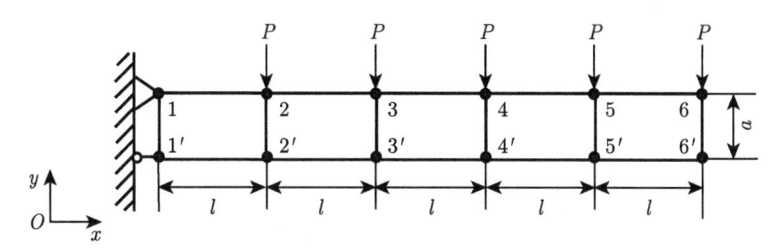

图 3.70 杆板结构分析

首先判断系统是一个静定结构。

(1) 节点法：先根据节点的平衡条件，求解杆节点处的轴力，然后根据杆的平衡条件求板内的剪流。

由总体力及力矩平衡条件，求出图 3.71(a) 所示的支座反力，

$$R_{1'x} = 15Pl/a = 30000\mathrm{kgf}$$

$$R_{1x} = -\frac{15Pl}{a} = -30000\mathrm{kgf}$$

$$R_{1y} = 5P = 5000\mathrm{kgf}$$

其中，支座反力与坐标轴方向同向为正，反向为负。

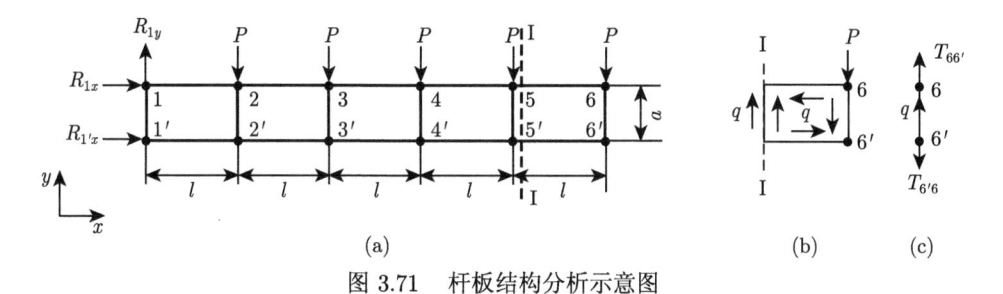

图 3.71 杆板结构分析示意图

根据节点 1 的力平衡，可得

$$T_{11'} = R_{1y} = 5000\mathrm{kgf}$$

$$T_{12} = -R_{1x} = 30000\mathrm{kgf}$$

其中在标记杆件的轴向力时，均用第一个下标表示力作用的节点号，第二个下标表示此力作用的方向。轴向力以拉力为正，压力为负。

---

① 1kgf=9.80665N。

根据节点 1′ 的力平衡，可得

$$T_{1'2} = -R_{1'x} = -30000\text{kgf}, \quad T_{1'1} = 0$$

假设沿着 2-2′ 将结构切开，根据节点 2 的力矩平衡，可得

$$T_{2'1'} = -P = -1000\text{kgf}$$

继而根据切开部分结构的力平衡，可得

$$T_{21} = -T_{2'1'} = P = 1000\text{kgf}$$

根据 2 点及 2′ 点竖直方向的力平衡，可得

$$T_{22'} = -10Pl/a = -20000\text{kgf}$$
$$T_{2'2} = 0$$

用类似的方式，可以得到所有节点的轴向力。

根据 T_{12} 和 T_{21} 可以得到 1-2 杆的剪流，继而可以求出板 1-2-2′-1′ 中的剪流。同理可以得到其他板的剪流。

综上，杆板结构的内力如图 3.72 所示，其中也相应标注了轴向力的符号。

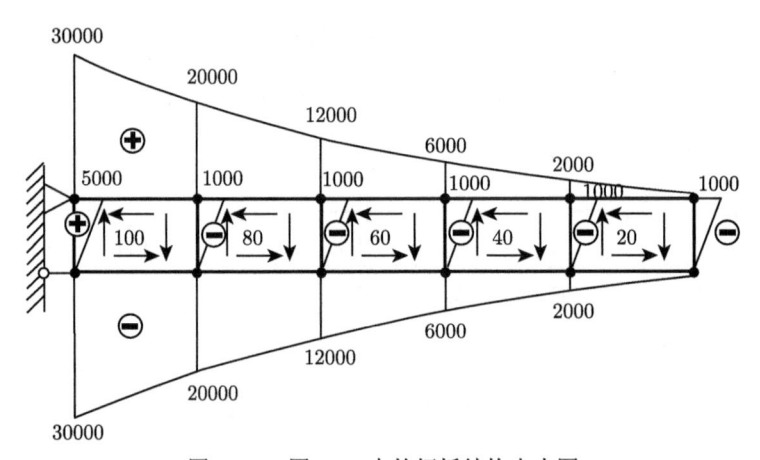

图 3.72 图 3.70 中的杆板结构内力图

(2) 截面法：首先求解板中的剪流，然后求解杆中的轴力。

如图 3.71(a) 所示，沿着 I-I 将结构切开，根据图 3.71(b) 所示右侧部分的平衡条件，可得板中的剪流 $q = P/a = 20\text{kgf/cm}$。

根据节点 6′ 在竖直方向的力平衡，可得

$$T_{6'6} = 0$$

根据如图 3.71(c) 所示杆 $6'$- 6 的力平衡条件可得

$$T_{66'} - T_{6'6} + qa = 0, \quad T_{66'} = -qa = -1000\text{kgf}$$

同理，可以求出各个板中的剪流及杆中的轴向力，见图 3.72。

3.7.4 稳定性分析

结构的稳定性用于描述结构在微小扰动状态下保持原有平衡状态的能力。稳定性是用来表征结构平衡状态的，图 3.73 展示了四种典型的平衡状态。

图 3.73　四种典型的稳定性示意图

稳定平衡：微小的扰动不会引起大的运动，结构可自动回到初始平衡位置；

不稳定平衡：微小的扰动会引起大的运动，结构无法回到初始平衡位置；

条件平衡：某些微小扰动不会引起大的运动，而其他某些微小扰动可引起大的运动；

随遇平衡 (也称为中性平衡)：微小的扰动会引起大的运动，但是结构可以在无外力功的条件下回到初始平衡位置。

结构从稳定平衡状态过渡到不稳定平衡状态的转变点称为临界点，对应的载荷称为临界载荷。

根据临界点的特点可将稳定性问题分为两大类。第一类稳定性问题是指"载荷–变形"路径具有分叉点的结构稳定性问题，比如欧拉压杆失稳问题，圆柱壳受轴压或侧压屈曲问题等，此时临界点即为分叉点。第二类稳定性问题是指"载荷–位移"曲线具有极值点的结构失稳问题，也称为极值稳定性问题，比如薄金属片在压力作用下的突跳失稳问题等，此时临界点对应着极值点。

问题：如何分析结构的稳定性？

结构的弹性静力稳定性分析往往在偏离初始平衡状态的一个微小扰动下进行，所以需首先假设结构扰动后的变形状态。分析方法主要有静力学准则、能量准则和动力学准则。

(1) 静力学准则：基于平衡方程，求解结构失稳的临界条件。

(2) 能量准则：基于系统的势能方程，检验平衡状态的稳定性。

(3) 动力学准则：对于保守系统，动力学准则与静力学准则及能量准则等价，但是对于非保守系统，需要采用动力学准则。

系统的总势能 Π 等于应变能 U 加上外力势能 V，即

$$\Pi = U + V$$

在平衡状态时，系统势能的一次变分为零，即

$$\delta\Pi = \delta U + \delta V = \int_V \delta W \mathrm{d}V - \int_{S^t} \bar{t}_i \delta u_i \mathrm{d}S - \int_V f_i \delta u_i \mathrm{d}V = 0$$

其中，W 表示应变能密度函数；$\bar{t}$ 表示给定面力边界 S^t 上的给定面力；f 表示体力；δu 表示位移的变分；V 表示系统的体积。

如果系统受到一个微小的扰动 δu，考虑平衡条件有 $\dfrac{\partial \Pi(u)}{\partial u} = 0$，因此系统的势能变化为

$$\Delta\Pi = \Pi(u+\delta u) - \Pi(u) = \frac{1}{2}\frac{\partial^2 \Pi(u)}{\partial u^2}(\delta u)^2 + \frac{1}{3!}\frac{\partial^3 \Pi(u)}{\partial u^3}(\delta u)^3 + \cdots$$

如果所有方向 $\dfrac{\partial^2 \Pi(u)}{\partial u^2} > 0$，则系统处于稳定平衡状态；

如果所有方向 $\dfrac{\partial^2 \Pi(u)}{\partial u^2} < 0$，则系统处于不稳定平衡状态；

如果某些方向 $\dfrac{\partial^2 \Pi(u)}{\partial u^2} > 0$，某些方向 $\dfrac{\partial^2 \Pi(u)}{\partial u^2} < 0$，则系统处于条件平衡状态；

如果某些方向 $\dfrac{\partial^2 \Pi(u)}{\partial u^2} = 0$，不存在 $\dfrac{\partial^2 \Pi(u)}{\partial u^2} < 0$，则系统处于随遇平衡状态；

如果所有方向 $\dfrac{\partial^2 \Pi(u)}{\partial u^2} = 0$，则需要根据高阶项进行判断。

原则上，弹性屈曲等稳定性问题常涉及几何非线性，即应变和位移之间存在非线性关系。有些情况下，用线性几何方程可得到较好的结果，例如杆和板的一些屈曲问题；有些情况下，用线性几何方程预测的临界载荷远大于实验结果，例如圆柱壳在轴压下的屈曲等，因此工程上需要采用较大的安全系数。对于复杂问题，可以采用非线性有限元等数值方法评估临界载荷和屈曲模态。下面的例题仅介绍基于线性理论可以分析的屈曲问题。

例题：请分别用静力学准则和能量准则两种方法分析图 3.74 中杆件的稳定性。图中 k 是弹簧的刚度系数，进行应变能计算时可忽略杆中存储的应变能。

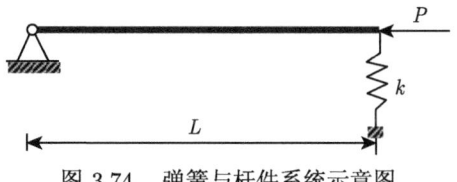

3.7 飞行器结构的静强度、刚度及稳定性分析

图 3.74 弹簧与杆件系统示意图

(a) 静力学准则分析：假设失稳之后杆件的转角为 θ，逆时针为正，则失稳后的平衡方程为

$$PL\sin\theta = kL\sin\theta L\cos\theta$$

$$P = kL\cos\theta$$

在小变形假设下：$\cos\theta \approx 1$，则有

$$P_{\text{cr}} = kL$$

(b) 能量准则分析：忽略杆件变形，系统势能为

$$\Pi = -PL(1-\cos\theta) + \frac{1}{2}k(L\sin\theta)^2$$

则平衡条件为

$$\frac{\partial \Pi}{\partial \theta} = -PL\sin\theta + kL^2\sin\theta\cos\theta = 0$$

$$P = kL\cos\theta$$

进一步可得

$$\frac{\partial^2 \Pi}{\partial \theta^2} = -PL\cos\theta + kL^2\cos 2\theta$$

在小变形假设下，有

$$P_{\text{cr}} = kL$$

在有限变形情况下，将 $P = kL\cos\theta$ 代入可得

$$\frac{\partial^2 \Pi}{\partial \theta^2} = \frac{1}{2}kL^2(\cos 2\theta - 1)$$

因此，对任意 $\theta \neq 0$，势能二阶导数始终小于 0，系统不稳定。

当 $\theta = 0$ 时，$\dfrac{\partial^2 \Pi}{\partial \theta^2} = 0$，计算势能高阶导数：

$$\frac{\partial^3 \Pi}{\partial \theta^3} = 0$$

$$\frac{\partial^4 \Pi}{\partial \theta^4} < 0$$

因此，系统在 $P = P_{\mathrm{cr}}$, $\theta = 0$ 的情况下也不稳定。

例题：如果上述题目中的杆件存在初始偏斜 θ_0，如图 3.75 所示，分析此时杆件的稳定性。

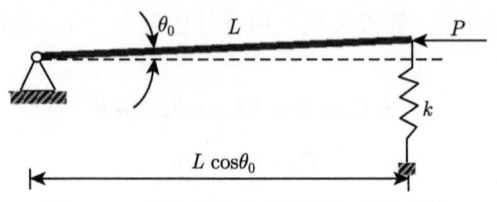

图 3.75 带初始转角的杆件与弹簧系统

设杆件转动角度为 θ，逆时针方向为正。

系统势能为

$$\Pi = -PL(\cos\theta_0 - \cos\theta) + \frac{1}{2}kL^2(\sin\theta_0 - \sin\theta)^2$$

平衡条件为

$$\frac{\partial \Pi}{\partial \theta} = -PL\sin\theta + kL^2(\sin\theta - \sin\theta_0)\cos\theta = 0$$

$$P_{\mathrm{cr}} = kL\cos\theta\left(1 - \frac{\sin\theta_0}{\sin\theta}\right)$$

判断稳定性条件为

$$\frac{\partial^2 \Pi}{\partial \theta^2} = -PL\cos\theta + kL^2(\cos 2\theta + \sin\theta\sin\theta_0)$$

将平衡条件代入得到

$$\frac{\partial^2 \Pi}{\partial \theta^2} = kL^2\left(-\sin^2\theta + \frac{\sin\theta_0}{\sin\theta}\right)$$

当 $\theta = \theta' = \arcsin\sqrt[3]{\sin\theta_0}$ 时，$\frac{\partial^2 \Pi}{\partial \theta^2} = 0$；当 $\theta_0 < \theta < \theta'$ 时，$\frac{\partial^2 \Pi}{\partial \theta^2} > 0$，系统稳定；当 $\theta > \theta'$ 时，$\frac{\partial^2 \Pi}{\partial \theta^2} < 0$，系统不稳定。可见初始偏斜会影响系统的稳定性。

对于薄壁结构而言，初始缺陷可能对失稳临界载荷产生很大的影响。对于薄壁杆件、薄板、薄壳三种结构，薄壳的失稳临界载荷对初始缺陷最敏感。工程中常根据实验数据修正理论公式，得到一些半经验公式，并总结为手册供设计人员使用。

材料力学中讨论了细长杆件的 Euler 压杆失稳问题，其临界载荷 P_{cr}^n 可表示为

$$P_{\text{cr}}^n = \frac{k(n\pi)^2 EI}{l^2}$$

其中，EI 为杆件的弯曲刚度；E 为弹性模量；I 为杆件截面的惯性矩；l 为杆件的长度；n 为屈曲模态的阶数，工程上通常关心最低临界载荷对应的屈曲模态，即 $n=1$；k 是边界条件决定的无量纲常数，可见边界条件对稳定性分析的临界载荷也有重要的影响。

薄壁杆件除了材料力学中讨论的 Euler 压杆失稳之外，如果是开口的薄壁杆件，由于其抗扭刚度很低，往往首先发生扭转屈曲，或者发生弯扭耦合屈曲。此时，需要同时计算扭转失稳临界载荷、弯曲失稳临界载荷，通过判断两者的大小来判断哪种失稳模式优先发生。

例如，工字梁在轴向压力作用下发生扭转屈曲的第 n 阶临界压应力为

$$P_{\text{cr}}^n = \frac{D_{\text{p}} + \left(n\dfrac{\pi}{l}\right)^2 EI_{\text{w}}}{J}$$

其中，D_{p} 是自由扭转刚度；I_{w} 是约束扭转的主扇性惯性矩；J 是截面极惯性矩；l 是杆长；E 是弹性模量。

如图 3.76 所示，薄壁梁在横向载荷作用下，当受压边的压应力达到临界值时，因为侧向弯曲刚度小，容易发生侧向屈曲。由于受拉边和受压边变形程度不同，截面同时发生扭转，产生弯扭耦合屈曲。此时，可以通过引入侧向肋板 (支柱) 防止梁侧向失稳。比如在机翼设计中，常在翼梁腹板上增加肋板，同时翼肋也可通过腹板对翼梁起到侧向支撑作用。

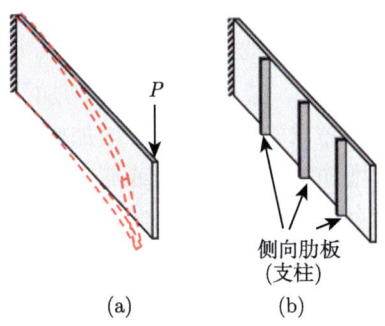

图 3.76 (a) 薄壁杆件在横向载荷下的侧向屈曲；(b) 增加侧向肋板提高稳定性

薄板受压时也会发生弹性屈曲。例如，图 3.77 所示的四边简支矩形薄板在两边受压时，屈曲临界载荷可表示为

$$q_{\mathrm{cr}}^n = \frac{\pi^2 D}{b^2}\left(\frac{mb}{a} + \frac{n^2 a}{mb}\right)^2$$

其中，D 为板的弯曲刚度，$D = \dfrac{Eh^3}{12(1-\nu^2)}$，$E$ 为弹性模量，h 为板厚，ν 为泊松比；a、b 分别为板的长度和宽度。在屈曲模态中，沿着压力方向的波数取决于板的长宽比 a/b。当 $n=1$ 时，面内垂直于压力方向只有一个半波长，并且对应着最小的临界压力。此时，对应的临界压应力为

$$p_{\mathrm{cr}} = \frac{q_{\mathrm{cr}}^n}{h} = \frac{kE\pi^2}{12(1-\nu^2)}\left(\frac{h}{b}\right)^2$$

其中，k 为屈曲系数或稳定性系数。

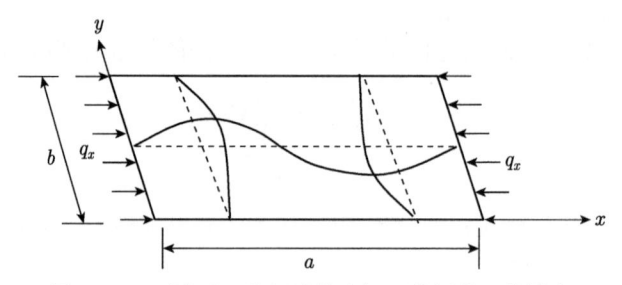

图 3.77 两边受压的四边简支矩形薄板的屈曲模态

当载荷不同，或边界条件不同时，也可按照上述公式求解临界应力，只是屈曲系数 k 的取值不同。例如，对于上述两边均匀受压且四边简支的矩形薄板，当 $a < b$ 时，$k = \left(\dfrac{b}{a} + \dfrac{a}{b}\right)^2$，当 $a \geqslant b$ 时，$k=4$；如果将边界条件改为四边固支，当 $a=b$ 时，$k=9.5$，当 $a=3b$ 时，$k=7.5$。在一些结构稳定性设计手册中，会根据实验数据，结合材料性质进一步修正屈曲系数 k。

通过上式可知，增大板厚 h，减小板宽 b，或增加屈曲系数 k，均可提高薄板的稳定性。在轻量化设计的需求下，通常不会增加板厚，但是可以通过引入加强筋来减小板宽或长宽比，增加板的边界约束或屈曲系数，同时通过加强筋辅助承载。因此加筋薄板结构具有更加优异的稳定性。

采用线性理论，如图 3.78(a) 所示的圆柱薄壳轴压失稳的临界压应力与薄板结果类似，

$$p_{\mathrm{cr}} = \frac{kE\pi^2}{12(1-\nu^2)}\left(\frac{h}{l}\right)^2$$

其中，l 为圆柱壳的高度；h 为圆柱壳的厚度。屈曲系数与圆柱壳的几何尺寸相关。设 r 为圆柱的半径，对于短圆柱壳 ($l^2 < rh$)，$k = 1$；对于中长圆柱壳 ($rh < l^2 < 100rh$)，$k = \dfrac{4\sqrt{3}}{\pi^2}\dfrac{l^2\sqrt{1-\nu^2}}{rh}$；对于长圆柱壳 ($l^2 > 100rh$)，$k = 6(1-\nu^2)\left(\dfrac{r}{h}\right)^2$。

上述理论公式预测值与实验常存在很大的差异，即实验测出的临界载荷仅约为预测值的 1/5 到 1/2。这一方面是因为真实实验中的初始缺陷对临界载荷有很大的影响，另一方面，圆柱壳轴压屈曲的非线性效应十分显著，经典的线性理论会带来明显差异。因此，如果利用上述公式进行初步估计，需要采用很大的安全系数。

如图 3.78(b) 所示的圆柱薄壳受到均匀分布的侧向外压时，其屈曲临界载荷可以用线性理论较好描述，同时它对初始缺陷的敏感性相比轴压情况也弱很多。对于很长的圆柱壳，临界压力为

$$p_{\text{cr}} = \frac{E}{4(1-\nu^2)}\left(\frac{h}{r}\right)^3$$

对于较短的圆柱壳，边界条件的影响很重要，则有

$$p_{\text{cr}} = \frac{kE\pi^2}{12(1-\nu^2)}\left(\frac{h}{l}\right)^2$$

屈曲系数依赖于 $\sqrt{1-\nu^2}l^2/(rh)$，可以通过查阅文献得到。

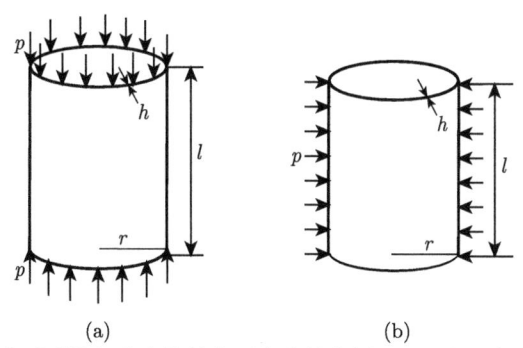

图 3.78 简支圆柱薄壳受到均匀分布的轴向压应力的作用 (a)，以及受到均匀分布的侧向外压的作用 (b)

图 3.79(a) 所示的薄球壳受到均匀分布的外压的作用，根据线性理论得到其失稳临界压力为

$$p_{\text{cr}} = \frac{2E}{\sqrt{3(1-\nu^2)}}\left(\frac{h}{r}\right)^2$$

其中，r 为球壳中面的半径；h 为厚度。与轴压圆柱壳类似，该理论解与实验测量数值偏差很大，同时临界载荷对初始缺陷很敏感。

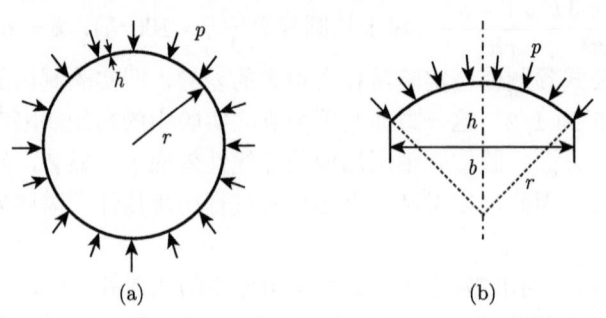

图 3.79 (a) 薄球壳受到外压作用；(b) 薄球缺受到外压作用

图 3.79(b) 所示薄球缺受到均匀分布的外压作用，在工程上常采用如下半经验公式：

$$p_{\mathrm{cr}} = \frac{kE\pi^2}{6(1-\nu^2)} \frac{h^3}{rb^2}$$

其中，b 为球缺底面的直径；屈曲系数 k 可查阅手册得到。

飞行器中常常通过引入加强筋来增加薄壳的稳定性。比如图 3.80 为空客 A380 的双层客舱结构，从图中可以看到机身的蒙皮结构上采用了纵向布置的横条和环向布置的环框，来提高其稳定性、强度和刚度。同时，通过双层客舱设计，在结构中引入了横向分割结构，也是一种广泛采用的提高稳定性的方法。类似的设计思路在卫星的典型结构中也可看出，如图 3.81 所示，因设备舱侧壁板尺寸大，为保证设备舱侧壁板的稳定性，在侧壁板和中央承力筒之间安装了立板；太阳翼与定向驱动装置安装结构由隔板与中央承力筒连接；服务舱侧壁板与中央承力筒之间由双立板构成的支撑板连接。通过这样的结构构型，形成的结构具有质量轻、刚度大和稳定性高的特点。

图 3.80 空客 A380 的双层客舱结构

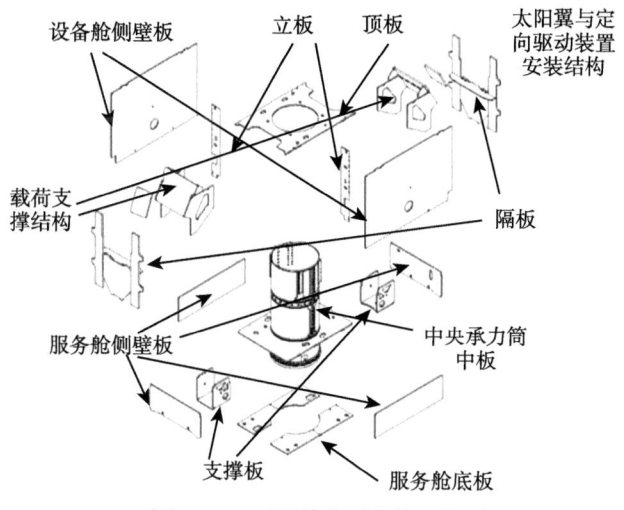

3.7 飞行器结构的静强度、刚度及稳定性分析

图 3.81 卫星的典型结构示意图

第 4 章 动 态 设 计

第 3 章中介绍了结构静态设计。随着对飞行器 (包括航天器) 结构重量的限制越来越严,结构的动载荷问题越来越突出,已经成为结构设计和结构分析的主要问题。为满足越来越高的各种要求,必然会从结构静态设计过渡到动态设计。但是这会带来许多分析计算、学科交叉等问题,主要问题是载荷和结构的静动力学特性耦合。动态设计的理论和方法基础是结构振动,即结构动力学。动态设计还涉及气动弹性理论,气动弹性问题可以理解为结构振动和空气动力学的耦合问题。如果表征一个系统运动的物理量的幅值随时间变化,反复增大或减小,就称该系统处于振动状态。如果变化的物理量是一些结构量与力学量,如物体的位移、速度、加速度及应变等,这种振动称为结构振动。在飞行器设计中,振动导致的应力/应变放大是设计中所必须考虑的问题,振动导致的结构运动状态改变是影响飞行与控制系统稳定性的重要因素。

为避免结构动态特性对飞行控制系统的影响,飞行器的整体或者某一组成部分的动态特性 (通常是固有频率) 应该满足特定的要求,例如大于某一个数值,或者一些特定的固有频率之间的间隔大于某一个数值。对于由运载火箭发射的空间飞行器,要求进行由运载火箭和飞行器组成的组合体结构的整体频率设计,因为运载火箭的固有频率通常是不能改变的,这就要求飞行器的固有频率满足设计要求,通常要求一阶弯曲固有频率大于运载火箭的一阶弯曲固有频率。

静态设计是在刚体假设基础上进行的,首先计算飞行器过载系数和外载荷,将过载系数转化为惯性力,和外载荷一起形成作用在结构上的力,然后计算结构的应力,根据应力幅值和分布情况,进行结构的迭代设计。或者说,静态设计是进行结构的应力设计。与静态设计相反,结构的动态设计采用弹性体假设,可以理解为结构的应变设计,这是因为随时间变化的外载荷导致结构的形变随时间变化。如果与采用基于牛顿第二定律建立的结构运动微分方程进行对比,在运动量中,除刚体运动量外,弹性体运动多出了结构的局部变形量。因此,由运动微分方程还可求解出结构的局部弹性变形量,即动态应变 (简称动应变)。根据胡克定律,由应变获得应力,进而获得结构的强度状况。由于是由结构动态变形推导出的应力,所以也将其称为动应力。典型的随时间变化的载荷包括运动载荷 (惯性载荷)、振动载荷 (包括因气动弹性产生的载荷和声音激励) 和冲击载荷。

如果按照载荷和应力的关系,由动应力可以直接计算出结构的等效动载荷,但这个载荷的幅值和结构实际受到的外载荷幅值不同，此外，虽然包含相同的频率成分，但存在相位的差异。等效动载荷可以用下面的数学表达式进行描述

$$F_\text{e} = E \int_A \varepsilon_\text{d}(t)\,\text{d}A$$

其中，E、A 和 $\varepsilon_\text{d}(t)$ 分别是结构材料的弹性模量、横截面积和横截面上一点的结构变形量 (即应变)。

等效动载荷是结构动态特性与激振力频谱特性耦合而产生的。在前面的章节中，特别是在讨论空间飞行器的设计问题时，已经多次强调结构的部分载荷是由振动引起的。动态设计就是通过设计使结构具有特定的动态特性，从而最大限度地降低等效动载荷。也就是说，等效动载荷是设计出来的！通过主动采取措施，使结构的等效动载荷尽可能低也是主要技术措施之一。由此，可以得出动态设计的设计目标：

(1) 降低结构的等效动载荷；
(2) 使结构的质量对刚度和强度的贡献最大；
(3) 刚度有一个最佳分布。

既然等效动载荷是设计出来，基于以上结构设计的目标，可以归纳出动态设计的基本原则：

(1) 降低结构等效动载荷和保证结构强度并重；
(2) 以降低等效动载荷为先；
(3) 以满足动态特性为条件；
(4) 以最小代价实现强度与刚度为目的。

这四项基本准则之间存在着紧密的内在耦合关系。首先等效动载荷是和结构强度密切相关的，结构不仅会受到动态载荷的作用，而且还会受到静态或者准静态载荷的作用，例如运载火箭的准静态加速度产生的惯性力，因此降低等效动载荷和保证结构强度需要并重。由于结构强度和结构的固有频率是密切相关的，所以需要对固有频率和强度进行综合设计，特别是主要振动的形式。对于运载火箭的情况，准静态惯性力主要施加在轴线方向，而外界动态载荷通常施加在横向，因此需要进行分别设计。由于等效动载荷通过结构的动应力换算得到，因此降低等效动载荷即降低结构的动应力。然而，这依赖于结构的动态特性必须满足一定的条件，例如避免和动载荷的频率相重合，结构特定的一些固有频率之间需要存在一定的距离等 (避免颤振的条件)。当然，飞行器结构设计追求的目标是最轻，但必须以保证强度和刚度为前提条件，而刚度和质量定义了结构的固有频率，即等效动载荷，从而定义了结构的动应力。

由上面关于设计准则的讨论，可以得出结构动态设计的设计要点：

(1) 尽可能远离共振频率，以降低结构动应变水平；
(2) 用最小质量获得最大刚度，过载导致的惯性力和质量及转动惯量成正比；

(3) 重视结构振动能量耗散与导出，以降低结构振动水平和避免颤振问题；

(4) 关注结构固有频率之间关系，这是飞行器颤振设计需要考虑的关键点之一；

(5) 注意机构工作频率与结构固有频率的耦合关系，避免共振和避免频率耦合效应都需要注意这一点。

考虑到结构的材料的物理参数会随温度而改变，特别是当温度很高 (如高超声速飞行) 时，这种改变对结构的动态特性的影响是不可忽略的，在进行高超声速飞行器结构的动态设计时，除变化对结构强度的影响外，还需要关注温度对结构动态特性的影响。

第 3 章重点讨论了过载系数，本章介绍动荷系数的概念，它建立了静态设计和动态设计之间的桥梁。

4.1 静动载荷作用下结构总内力的一般解法

飞行器动载荷是在一定时间内由某种扰动因素所引起的。在动载荷作用下，飞行器将发生弹性振动。激起纵向振动的载荷包括发动机增长或下降的推力、级间分离载荷、发动机燃烧压力脉动等轴向速变载荷。在飞行中弯曲振动是由大气扰动、级间分离碰撞、控制系统自振[①]、侧向瞬态或者周期性载荷及其他因素引起的。在分析动载荷时，设某一瞬间 $t = t_0$，在飞行器上作用着扰动力，这时在动载荷出现瞬间时刻的静载荷将作为动态计算的初始条件。在强度计算时，一般研究飞行器的纵向振动和横向振动。纵向振动和后面介绍的所谓 POGO 振动相关，这里首先讨论横向振动。

4.1.1 解的形式与模态概念

计算总内力时，首先计算响应。如果进行初步计算，可以将导弹简化成梁，将飞机简化成十字梁。对于图 4.1 所示的飞行器结构，将其简化为梁。设梁各截面的中心惯性轴在同一平面 xOy 内，外载荷作用在该平面内，梁在该平面作横向微幅振动，这时梁的主要变形是弯曲变形，可利用平面假设，忽略剪切变形和横截面绕中性轴的转动，即用伯努利-欧拉梁 (Bernoulli-Euler beam)。取梁的一个微段，由力的平衡方程，可以得到剪力 $Q(x)$ 和弯矩 $M(x)$ 的表达式 (图 4.2)。这里将梁的横向弯曲变形函数记为 $w(x,t)$。由平面假设，令结构的弹性模量为 E 和横截面对中性轴的截面惯性矩为 $J(x)$(单位横截面积与其对中性轴的距离的平方的积分)，可以直接得到弯矩与结构弯曲变形的关系[②]。

[①] 胡寿松. 自动控制原理. 7 版. 北京: 科学出版社, 2019.

[②] Beer F P, Russell Johnston E, Jr, Dewolf J T. Mechanics of Materials. 3rd Ed. New York: McGraw-Hill Companies, Inc., 2002: 214—217.

4.1　静动载荷作用下结构总内力的一般解法

$$M = EJ(x)\frac{\partial^2 w}{\partial x^2}$$

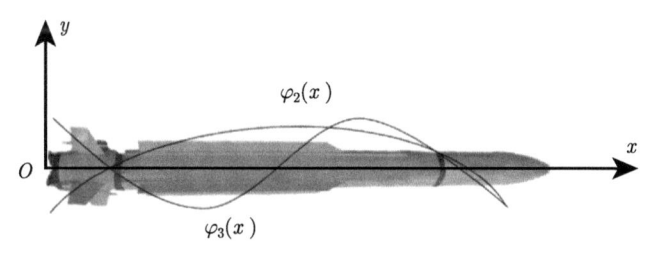

图 4.1　飞行器坐标和前两阶非零频率振型

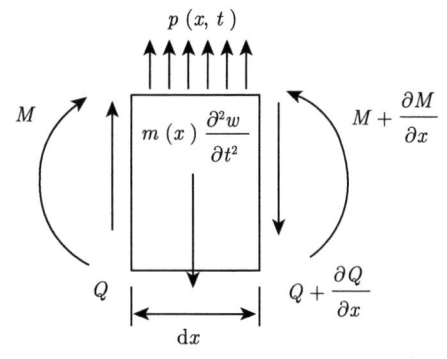

图 4.2　梁的微段受力情况

参照微段的受力关系，并令每个微段的质量为 $m(x)$，可以建立力和弯矩的平衡方程

$$m(x)\frac{\partial^2 w}{\partial t^2} + \frac{\partial Q}{\partial x} = p(x,t)$$

$$\frac{\partial M}{\partial x}\mathrm{d}x - Q\mathrm{d}x = 0$$

由弯矩平衡方程得到关系

$$Q = \frac{\partial M}{\partial x}$$

代入剪力的平衡方程中，得到

$$m(x)\frac{\partial^2 w}{\partial t^2} + \frac{\partial^2 M}{\partial x^2} = p(x,t)$$

再将弯矩和结构弯曲变形的关系代入上面的方程，最终得到飞行器结构横向振动方程

$$\frac{\partial^2}{\partial x^2}\left[EJ(x)\frac{\partial^2 w}{\partial x^2}\right]+m(x)\frac{\partial^2 w}{\partial t^2}=p(x,t)$$

这是一个标准的梁振动方程。

取自由–自由边界条件 ($x=0$, $x=L$ 是梁的长度)，边界条件是梁自由端弯矩和剪力为零，因此有

$$\frac{\partial^2 w}{\partial x^2}=0$$

$$\frac{\partial}{\partial x}\left[EJ(x)\frac{\partial^2 w}{\partial x^2}\right]=0$$

及初始条件

$$w(x,0)=\varphi(x)$$

$$w'(x,0)=v_0(x)$$

求解方程时，认为表面载荷 $p(x,t)$ 与结构弹性变形无关，所以 p 可以看成由表面静载荷 $p_1(x,t)$ 和动态过程中作用在弹体上的表面载荷 $p_2(x,t)$ 组成。基于此，研究飞行器做刚体运动时，可以找到包含 p_1 和 p_2 的表面载荷。但需要注意的是，这在一些情况下会产生较大的误差。

问题的解 $w(x,t)$ 可表示为特解 (强迫振动) 和通解 (自由振动) 的和。当得到梁的振动解后，由下面的方程可以计算各截面上的内力 (也称为位移法)。

$$M(x,t)=EJ(x)\frac{\partial^2 w(x,t)}{\partial x^2}$$

$$Q(x,t)=\frac{\partial M(x,t)}{\partial x}$$

由此可知，结构内力的动态部分最终由结构的振动情况决定。在详细设计阶段，需要进行基于有限元模型的弹性体运动和气动载荷耦合计算，并考虑姿态控制对载荷的影响。

在计算通解时，设外载荷为 0，结构处于自由振动状态，设解的形式为

$$w(x,t)=\varphi(x)Y(t)$$

即采用分离变量法求解偏微分方程[①]。将其代入振动方程中，可以得到

$$\frac{\mathrm{d}^2}{\mathrm{d}x^2}\left[EJ(x)\frac{\mathrm{d}^2\varphi(x)}{\mathrm{d}x^2}\right]Y(t)+m(x)\varphi(x)\frac{\mathrm{d}^2 Y(t)}{\mathrm{d}t^2}=0$$

---

① 邵惠民. 数学物理方法. 北京: 科学出版社, 2005.

4.1 静动载荷作用下结构总内力的一般解法

如果设解随时间按照周期变化,即

$$Y(t) = \sin(\omega t + \varnothing)$$

其中,ω 是结构的固有频率。同时设结构的质量、惯性矩和弹性模量沿着梁不变,并将时间变化表达式代入变量分离后的运动方程中,得

$$\frac{\partial^4 \varphi(x)}{\partial x^4} = \frac{\omega^2}{\alpha^2}$$

其中,$\alpha^2 = EJ/m$。应用自由边界条件,可以得到位移函数的表达式

$$\varphi_i(x) = C_1(\cos\beta_i x + \cosh\beta_i x) + C_3(\sin\beta_i x + \sinh\beta_i x), \quad i = 1, 2, \cdots$$

根据自由边界条件,当 $x = l$ 时,$\mathrm{d}^2\varphi_i(x)/\mathrm{d}x^2 = 0$ 和 $\mathrm{d}^4\varphi_i(x)/\mathrm{d}x^4 = 0$,为保证上式的系数不为零,得

$$\cos\beta l \cosh\beta l = 1$$

由此,可以得到梁的固有频率

$$\omega_i = \beta_i^2 \alpha, \quad i = 1, 2, \cdots$$

前 4 阶频率为

$$\omega_1 = 0, \quad \omega_2 = 4.730\alpha l^{-2}, \quad \omega_3 = 7.853\alpha l^{-2}, \quad \omega_4 = 10.996\alpha l^{-2}$$

显然,梁越长,频率越低。

$\omega_1 = 0$ 的情况,即 0 频率,对应于结构的刚体位移。因此,飞行器的位移是刚体位移和弹性变形的合成。

还是将时间变化表达式代入变量分离后的运动方程中,但不假设梁的参数沿梁的变化是常数,得到第 i 阶频率对应的方程

$$\frac{\mathrm{d}^2}{\mathrm{d}x^2}\left[EJ(x)\frac{\mathrm{d}^2\varphi_i(x)}{\mathrm{d}x^2}\right] = \omega_i^2 m(x) \varphi_i(x)$$

在该方程两端同乘以 $\varphi_j(x)$,并沿梁的长度积分,利用分部积分,并注意到在梁的边界上总有挠度或剪力中的一个与转角或弯矩中的一个同时为零,可以得到位置函数 $\varphi_i(x)$ 之间是正交的结论。

$$\int_0^l EJ(x) \frac{\mathrm{d}^2\varphi_i(x)}{\mathrm{d}x^2} \frac{\mathrm{d}^2\varphi_j(x)}{\mathrm{d}x^2} \mathrm{d}x = \omega_i^2 \int_0^l m(x) \varphi_i(x) \varphi_j(x) \mathrm{d}x$$

同样，对于第 j 阶频率，也可以得到关系式

$$\int_0^l EJ(x)\frac{\mathrm{d}^2\varphi_i(x)}{\mathrm{d}x^2}\frac{\mathrm{d}^2\varphi_j(x)}{\mathrm{d}x^2}\mathrm{d}x = \omega_j^2\int_0^l m(x)\varphi_i(x)\varphi_j(x)\mathrm{d}x$$

将上面两式相减，可以得到

$$(\omega_i^2 - \omega_j^2)\int_0^l m(x)\varphi_i(x)\varphi_j(x)\mathrm{d}x = 0$$

因为 $\omega_i \neq \omega_j$，所以有

$$\int_0^l m(x)\varphi_i(x)\varphi_j(x)\mathrm{d}x = 0$$

即对应于不同频率的形状函数是关于质量分布正交的。显然，当质量分布是常数时，形状函数之间存在正交性。由上面的推演过程可知，振型函数的二阶导数关于刚度也是正交的。

形状函数 $\varphi_i(x)$ 通常称为振型函数 (modal function)。振型和对应的结构频率 ω_i 统称为结构的模态 (mode)，或者是模态参数 (modal parameter)。在一般情况下，模态还包括结构的阻尼比。这里，因为频率与外界无关，也称为结构的固有频率 (natural frequency)。

获得飞行器的主要振型的一个重要目的是选择飞行姿态敏感的安装装置。因为飞行器飞行中既有对质心的角振动，又有横向的弹性振动，特别是横向振动的衰减系数比较小，而飞行器弯曲振动频率又与控制系统的频率重合时，这个问题更突出。从导体弹性振动与系统稳定性之间有相互作用的角度，需要根据保证稳定的需要决定角度敏感装置的安装位置。一般选择前几阶振型的斜率为零的位置，即关于振型函数对沿纵向主轴的空间坐标的导数为 0 处。

由振型的正交性，可以对振动方程进行解耦，使之按照结构的固有频率分解为一组独立的常微分方程组。将振动分解为振型与时间函数 (也称为谱展开形式)，即

$$w(x,t) = \sum_{i=1}^N \varphi_i(x)q_i(t)$$

将其代入运动方程，两边同乘 $\varphi_j(x)$，并沿着梁的长度积分，可以得到解耦后的一组动力学常微分方程组

$$m_i\ddot{q}_i(t) + k_iq_i(t) = F_i(t), \quad i = 1, 2, \cdots, N$$

4.1 静动载荷作用下结构总内力的一般解法

其中,

$$m_i = \int_0^l m(x)\varphi_i(x)\varphi_i(x)\,\mathrm{d}x$$

$$k_i = \int_0^l EJ(x)\frac{\mathrm{d}^2\varphi_i(x)}{\mathrm{d}x^2}\frac{\mathrm{d}^2\varphi_i(x)}{\mathrm{d}x^2}\mathrm{d}x$$

$$F_i(t) = \int_0^l p(x,t)\varphi_i(x)\,\mathrm{d}x$$

分别称为模态质量、模态刚度和模态载荷。

在上面的运动微分方程中,两端同除以 m_i,可得到固有频率为参数的运动微分方程

$$\ddot{q}_i(t) + \omega_i^2 q_i(t) = \frac{F_i(t)}{m_i}, \quad i = 1, 2, \cdots, N$$

其中,$\omega_i = \sqrt{\dfrac{k_i}{m_i}}$ 是梁的固有频率。

在上面的谱展开式中,N 是用来逼近振动位移的模态数量。其含义是将结构分成 N 个离散点,建立对应的以常微分方程形式出现的 N 个独立的运动方程。

如果将位移理解为应变,或者是与应变进行对应,根据胡克定律 (Hooke's law) 可以获得应力的谱展开表达式。从位移的谱展开形式可以看到,在动载荷 (或者瞬态激励) 的作用下,结构的应力和应变随时间变化,且振型决定了它们在结构中的空间分布形式。如果还需要考虑应力集中的问题,则振型函数关于空间坐标的一阶微分反映了动态应力集中的状况[1]。

因为振型与固有频率对应,q_i 也称为模态坐标。根据上面的讨论,在模态坐标下,方程之间是独立的。从得到这个结论的数学推演过程来看,没有考虑结构中阻尼的存在;从运动方程的形式上来看,没有引入速度项对运动的影响。后面将结合离散化后的方程组讨论阻尼项对运动的影响问题。

由谱展开式可知,因为振型函数只与空间坐标有关,决定了模态坐标下的各个随时间变化的运动分量的空间分布形式,或者说对应一个固有频率的结构在空间中的变形情况。

由模态刚度的数学表达式可知,刚度与结构使用材料的弹性模量成正比,与横截面对中心轴的截面惯性矩成正比。位于横坐标 x 的截面上的截面惯性矩可以表示为

$$J(x) = \int_A r^2 \mathrm{d}A(x)$$

---

[1] 郑钢铁. 结构动力学续篇——在飞行器设计中的应用. 北京: 科学出版社, 2016.

其中，r 是单位面积 dA 相对于中性轴的距离。由此可知，离开中性轴越远的结构面积对刚度的贡献越大，而越近对刚度的贡献越小，所以采用中空结构可以保证结构具有足够的刚度。包括运载火箭和飞机在内的飞行器都采用中空结构，一方面为设备和人员提供搭载空间，另一方面也是降低结构重量的重要措施。

4.1.2 总内力

将振动响应的谱展开式代入弯矩和剪力的数学表达式中，得

$$M(x,t) = EJ(x) \sum_{i=1}^{N} \frac{d^2 \varphi_i(x)}{dx^2} q_i(t)$$

$$Q(x,t) = \frac{\partial}{\partial x} \left[EJ(x) \sum_{i=1}^{N} \frac{d^2 \varphi_i(x)}{dx^2} q_i(t) \right]$$

上面关于内力的方程中同时包含了刚体运动模态，但仅与位移相关。如在静态设计部分所介绍，在飞行中，刚体结构所受到的力是惯性力，即与速度、加速度及角速度和角加速度相关，所以，虽然包含了刚体运动，但上面的表达式并不能包含刚体运动惯性力的贡献。

为了获得总的内力，将计算分成两部分，即分别对刚体运动惯性力和结构振动进行计算，然后再通过总剪力、总弯矩和总扭矩的形式进行合成，或者是取振动位移的最大幅值并将其转化为等效动载荷与惯性力一起作为结构受到的载荷。

为进行合成内力计算，需要首先去掉振动计算中的刚体位移影响。直接的方法是在谱展开式中去掉刚体模态，用弹性体位移合成出振动响应 $w(x,t)$。这样，在上面的数学表达式中，结构的内力的动态部分最终由结构的振动情况决定。

如果仍然按照静态设计的方法，则在计算出结构的响应幅值后，经由位移转化为等效的动态力。因为振动量仅取幅值，所以等效的动态力是常值力，具有空间分布的特征。这样，连同其他载荷一起，用于结构的强度计算。

第二种计算振动引起的载荷的方法是，由获得的振动位移计算加速度，然后转化为过载系数，获得因振动产生的惯性力。在第 3 章的表 3.1 给出的卫星载荷系数中，动态载荷系数部分正是通过这种方法计算产生的。

根据强度计算结果，对结构设计进行修改，然后重新计算结构的模态参数和等效动态力，进入下一轮设计循环。

这里需要注意的是，进行动态特性分析和振动形变计算时，一个基本假设是其他载荷产生的结构变形对结构动态特性的影响可以忽略不计。否则，需要进行耦合分析。

思考题

(1) 梁的振动和自身的哪些参数有关？
(2) 讨论模态的概念和振型的含义。
(3) 论述动态设计基本原则建立的原理和意图，谈谈其如何在设计中应用。
(4) 讨论对动态设计要点的认识。
(5) 讨论动态设计和静态设计的区别和它们之间的关系，为何说动态设计是应变设计，而静态设计是应力设计？

4.2 结构固有特性分析与设计

结构动态固有特性是指它的固有频率及其主振型等结构固有的物理特性，通常指模态参数。在线性假设下，结构动态固有特性与动载荷无关。固有频率、振型等模态参数是进行结构动态响应分析、结构动稳定性分析、结构与飞行器的其他系统的干扰耦合分析等的依据。固有特性分析的主要内容是合理地建立飞行器结构动态分析模型，进行结构固有频率及主振型的设计与计算。结构固有特性设计不好，即飞行器的质量、刚度与阻尼的大小分布不合理，在外激励下就可能产生过大的动态响应，其上的设备也得不到合适的工作环境。在进行飞行器的部位安排、重心定位和初步结构设计之后，就应该开展结构动态固有特性分析与设计工作，以得到质量和刚度的合理布局。

在很多情况下，动载荷决定了飞行器结构元件的承载能力，这就必须进行动态载荷作用下的动态分析。地面使用、发射准备、发动机启动与关闭、风载作用、控制自振、级间分离 (特别是对捆绑式火箭)、声载荷、控制载荷突变或者飞行器改变飞行状态等都可能使结构发生振动。当发动机启动时，必须考虑纵向振动使飞行器主体结构压缩载荷增大；当发动机关闭时，动载荷超不过静压缩载荷，这对处于压缩状态的结构元件不会有很大危险，但动拉伸载荷可能会导致舱段连接螺栓出现问题，所以必须进行计算。需要特别注意，结构在弯曲和拉伸状态下的应力分布不同。通常需要综合考虑拉伸和弯曲状态的结构强度问题，特别是连接结构的应力状态。

从动态设计的角度，分析过程是一个获得结构的最佳动态特性的过程。结构的固有特性分析与设计可以理解为一个振动问题的分析与参数选择过程。在结构设计中，必须注意动载荷特性与共振问题，即结构的某一个或者一些固有频率和外载荷的频率相等，应使结构固有频率远离激振力的频率，以防止共振发生，还应进行必要的动强度计算，以免发生动响应而使结构发生破坏。若想获得好的动态特性，需要进行多次反复设计和对多种因素进行综合考虑。

从系统理论的角度看，振动问题可以理解为一个系统在外界输入情况下的输入/输出问题，即外部激振力 (输入) 导致的结构振动 (输出)，包括三类问题。

(1) 分析问题 (设计校核问题)：已知激励和系统，求响应；

(2) 设计问题 (系统识别问题)：已知外部激励和响应幅值控制目标，求系统，即获得结构构型和结构参数；

(3) 反演问题 (载荷预测问题)：已知系统和响应，求激励 (一个典型的任务是从遥测数据中推算飞行器受到的实际激励载荷)。

进行结构动态设计检验的试验包括振动响应试验和模态试验。前者检验结构是否能够承受所受到的外界激励，模态试验则主要用于检查结构的模态参数是否满足要求。此外，模态参数试验的结果通常还会用来对计算模型进行修正，以改进计算分析模型，提高对结构振动的预测精度，以及提高对外载荷的预测精度。但对于动力学问题，如果载荷是从结构的运动数据获得的，就意味着载荷数据是和结构设计密切相关的，使用数据时必须注意使用条件和边界条件，例如运载火箭及其机械接口是否和获得载荷时的情况一致。

在进行计算分析时，需要注意系统是线性还是非线性的。当描述系统运动的方程为线性微分方程时，相应的系统称为线性系统。线性系统的一个重要特性是线性叠加原理成立。描述其运动的方程为非线性微分方程，称为非线性系统。对于非线性振动，线性叠加原理不成立。飞行器结构以线性特性为主，但连接结构和大型挠性附加结构在一定条件下会带来非线性因素，影响结构的动力学特性，如产生更多的结构振动频率等。因空行程、接触摩擦等非线性因素，飞行器上的驱动机构和可动连接结构 (如展开结构) 都有可能成为结构的非线性环节，导致结构整体出现非线性特性。

在进行结构振动分析时，会遇到下面的振动形式。

(1) 固有振动：无激励时系统所有可能的运动集合 (不是现实的振动，仅反映系统关于振动的固有属性)。

(2) 自由振动：激励消失后系统的振动 (现实的振动)。

(3) 强迫振动：系统在外部激励作用下的振动。

(4) 随机振动：系统在非确定性的随机激励下的振动。

(5) 自激振动：系统受其自身运动诱发出来的激励作用而产生和维持的振动，这里主要是机翼的颤振。

(6) 热致振动：因环境温度变化导致的结构形变随时间的变化。

(7) 参数振动：激励以系统本身的参数随时间变化的形式出现的振动。

4.2.1 振动特性分析

动荷系数是动载荷作用下的内力比仅计入其幅值的载荷 (静载荷) 作用下的内力所大的倍数，有时也称为放大倍数。如果用等效动载荷的概念，则动荷系数是结构受到的等效动态载荷幅值和实际作用在结构上的载荷幅值之比。当外载荷

4.2 结构固有特性分析与设计

幅值已知时,动载荷可以由动荷系数简单地估算。结构的振动特性是复杂的,这种估算的误差通常很大。传动的静态设计方法在安全系数上考虑动载荷的影响,在一些特殊情况下可以得到足够简单的计算公式。

为计算动荷系数,需要首先计算结构对随时间变化的外载荷的响应,即进行振动计算。在上文中,利用振型的正交性,将一个没有考虑结构自身对振动能量消耗的连续体运动方程进行了解耦,形成了模态坐标下一组独立的常微分形式的运动方程。但在实际工程中,总存在着各种各样导致结构振动能量消耗的因素,有结构本身的,也有人为加入的,在动力学方程中以力的形式出现,称之为阻尼力。振动中将这些因素统称为阻尼 (摩擦阻尼、电磁阻尼、介质阻尼、结构阻尼等)。尽管已经提出了许多数学上描述阻尼的方法,但实际系统中的阻尼的物理本质仍然很难确定。最常用的一种阻尼力学模型是黏性阻尼力,即假设结构运动受到的阻尼力 f_d 和其运动速度 v 成正比,即

$$f_d = cv$$

这里 c 称为黏性阻尼系数,简称为阻尼系数,单位是 N·s·m^{-1}。

除黏性阻尼外,在结构设计中广泛使用的是结构阻尼。因材料是非完全弹性的,所以在变形过程中材料的内摩擦所引起的阻尼的称为结构阻尼。为计算方便,根据在一个加载和卸载周期的总消耗能量,将结构阻尼等效为黏性阻尼。此外,还有其他类型的阻尼,如因连接结构出现滑移产生的库仑阻尼等,在计算中,都会由能量等效的原则将其等效为黏性阻尼。

将阻尼力代入模态坐标下的运动微分方程中,可得

$$\ddot{q}_i(t) + 2\xi_i\omega_i\dot{q}_i(t) + \omega_i^2 q_i(t) = Q_i(t)$$

其中

$$\xi_i = \frac{c}{2\sqrt{k_i m_i}}$$

k_i、m_i 和 ξ_i 分别是对应于模态坐标 i 的模态刚度、模态质量和模态阻尼比。

当外界载荷为 0 时,通过设

$$q_i(t) = e^{\lambda t}$$

可以得到特征方程

$$\lambda^2 + 2\xi_i\omega_i\lambda + \omega_i^2 = 0$$

由此,得到特征根的表达式

$$\lambda_{1,2} = -\xi_i\omega_i \pm j\omega_i\sqrt{1-\xi_i^2}$$

其中，j 代表复算。根据特征根表达式中根号内的数值情况，可以将阻尼系数分成欠阻尼 $\xi_i<1$、过阻尼 $\xi_i>1$ 和临界阻尼 $\xi_i=1$ 三种情况。由特征根的表达式知：欠阻尼是一种振幅逐渐衰减的振动；过阻尼是一种按指数规律衰减的非周期运动，没有振动发生；临界阻尼也是按指数规律衰减的非周期运动，但比过阻尼衰减得快一些。阻尼比取不同值时的结构响应情况见图 4.3。

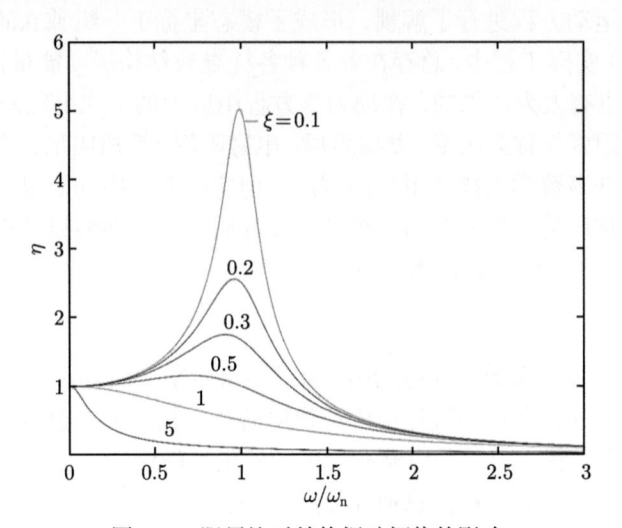

图 4.3　阻尼比对结构振动幅值的影响

在欠阻尼情况下，自由振动可以写成

$$q_i(t) = \mathrm{e}^{-\xi_i\omega_i t}(c_1\cos\omega_{id}t + c_2\sin\omega_{id}t)$$

其中，c_1 和 c_2 由初始条件确定，

$$\omega_{id} = \omega_i\sqrt{1-\xi_i^2}$$

称为阻尼固有频率。阻尼振动的振动周期为

$$T_{di} = \frac{2\pi}{\omega_{id}}$$

如果初始条件是模态位移和模态速度，则有

$$q_i(t) = \mathrm{e}^{-\xi_i\omega_i t}\left[q_i(0)\cos\omega_{id}t + \frac{\dot{q}_i(0)+\xi_i\omega_i q_i(0)}{\omega_{id}}\sin\omega_{id}t\right]$$

当对应于第 i 阶模态的激振力 $F_i(t)$ 不为 0 时，产生受迫振动 (forced vibration)。设激振力可以表示成

$$F_i(t) = F_{i0}\mathrm{e}^{\mathrm{j}\omega t}$$

4.2 结构固有特性分析与设计

则可以获得结构对激振力的响应

$$q_i(t) = \frac{F_{i0}}{k_i} \frac{1}{\sqrt{(1-s_i^2)^2 + (\xi_i s_i)^2}} e^{j(\omega t - \theta_i)}$$

其中，j 表示复数的虚部；F_{i0}/k_i 是与模态坐标对应的结构静态变形；$s_i = \omega/\omega_i$，是频率比；

$$\theta_i = \arctan \frac{2s_i \xi_i}{1 - s_i^2}$$

是相位角，而

$$B_i = \frac{1}{\sqrt{(1-s_i^2)^2 + (\xi_i s_i)^2}}$$

则是响应的放大系数，对应于动荷系数。

对应于动荷系数的 B_i 的大小主要取决于结构的振动情况，显然，当固有频率和激振频率相等时，结构的振动最大，即产生共振。由对响应的放大系数的数学表达式可知，阻尼可以降低结构的共振响应幅值，所以，在结构设计中，如何增加结构的阻尼是一项重要工作。

由以上获得的结构自由振动和对周期激励的受迫振动的数学表达式可知，线性系统对简谐激励的稳态响应是频率等同于激振频率而相位滞后激振力的简谐振动；稳态响应的振幅及相位只取决于系统本身的物理性质 (如质量 m、刚度 k 和阻尼系数 c) 与激振力的频率和幅值，而与系统进入运动的方式 (即初始条件) 无关。

结构在物理坐标下的响应值需要由所有关心的模态坐标下的振动叠加而成，即在上文中给出的谱展开形式。剪力和弯矩由上文中给出的其与振动位移的关系式计算出。因此，当结构的任何一个固有频率和激振力的频率相同时，都会产生共振现象。考虑到结构的设计过程中会不断改变结构的固有频率，动荷系数可以作为衡量结构设计质量的一个参数值。

在前面讨论的强迫振动中，均假设系统受到的激励为简谐激励，但实际工程问题中大多是周期激励，很少是简谐激励。周期激励的定义为 $F(t) = F(t+T)$，其中 T 是激振力变化的周期。对于周期激励的情况，当假设结构是线性的时，可以首先将激振力用傅里叶级数展开为一组简谐激励的和，然后分别求解，最后应用叠加原理合成为结构响应。虽然结构响应计算普遍采用有限元计算方法，由上面的结构响应数学表达式的推导过程可知，可以进行直接求解，避免采用数值积分方法。这种将周期激励表示为傅里叶级数后计算响应的分析方法称为谐波分析法。

激振力的傅里叶级数表达式为

$$F(t) = \frac{a_0}{2} \sum_{i=1} [a_i \cos(i\omega_1 t) + b_i \sin(i\omega_1 t)]$$

其中，ω_1 是基频，即结构的第一阶固有频率；

$$a_0 = \frac{2}{T} \int_\tau^{\tau+T} F(t) \, \mathrm{d}t$$

$$a_i = \frac{2}{T} \int_\tau^{\tau+T} F(t) \cos(i\omega_1 t) \mathrm{d}t$$

$$b_i = \frac{2}{T} \int_\tau^{\tau+T} F(t) \sin(i\omega_1 t) \mathrm{d}t$$

是级数的系数。

对应任意激振力的情况，当激振力的函数给定时，如果需要求解解析解，可以采用脉冲响应函数进行卷积积分获得，数学表达式也称为杜阿梅尔 (Duhamel) 积分。对任意激励的响应求解的卷积公式为

$$y(t) = \int_0^t F(\tau) h(t-\tau) \, \mathrm{d}\tau$$

脉冲响应函数的表达式为[1]

$$h(t) = \frac{1}{m\omega_\mathrm{d}} \mathrm{e}^{-\xi\omega t_0} \sin \omega_\mathrm{d} t$$

获得的方式是假设激振为脉冲函数，脉冲函数的一般形式为

$$\delta(t-\tau) = 0, \quad t \neq \tau$$

$$\int_{-\infty}^{\infty} \delta(t-\tau) \, \mathrm{d}t = 1$$

通过傅里叶变换，可以将时间域的卷积变成频率域的激振力的傅里叶变换与脉冲响应函数的傅里叶变换的乘积，后者也称为频响函数，用质量 m、刚度 k 和阻尼系数 c 作为参数，其表达式为

$$H(\omega) = \frac{1}{k - m\omega^2 + \mathrm{j}c\omega}$$

---

[1] Oppenheim A V, Willsky A S, Hamid Nawab S. Signal and Systems. 2nd Ed. Upper Saddle River, NJ: Pearson Education, Inc., 1997.

这里 ω 是结构的固有频率。

工程中常用机械阻抗和导纳来分析结构的动力学特性，机器人控制中也在使用这个概念。机械导纳定义为简谐激振时复数形式的输出与输入之比，其形式就是上面的频响函数，而阻抗则是其倒数。

4.2.2 模型的建立

建立一个好的模型和为模型选择准确合理的参数是分析结果正确与否的关键。由于结构的动态分析比静力分析复杂得多，并且计算工作量大，在建模时应在保证足够的计算精度下，使模型尽量简单，以方便计算。作为被控制的对象，很多时候还需要建立结构的控制模型，为给控制系统设计提供方便，控制模型应该在反映结构真实动态特性的前提下，尽可能简单。结构的控制模型通常是由考虑刚体运动的计算模型经过模型缩减而来的[①]。在计算模型中，一个具体结构的动态特性主要取决于质量、刚度的大小与分布情况，以及结构的边界条件和阻尼特性。为了减小由于模型简化带来的误差，应保证全飞行器甚至各舱段的重量重心不变，保证各构造单元的刚度特性基本不变，并尽可能反映原始结构工作状态所对应的边界条件。对于如飞行器这样的复杂系统，应将所有对结构的刚度和质量有贡献的元器件、仪器设备计入分析模型。

由于火箭、导弹和飞机等多数都具有较长的主体结构，所以最简单的模型是等效梁模型，主要用于初步设计阶段，对固有频率进行估算。这在 4.1 节中已经进行了讨论。但在设计阶段，利用这种简化成梁、板和圆柱壳的计算分析方法难以给出精确的结果，需要采用有限元模型[②]。

有限元素法建模的基本思想是人为地将结构划分为若干单元，将复杂结构看成是由有限个单元通过节点结合起来的组合体，从而使连续体的力学问题转化成有限自由度的力学问题。单元是弹性体，其内部点的位移采用节点位移来描述，将外力简化成节点的等效载荷。在动态分析中，一般选用节点位移作为基本未知量和广义坐标，并且一般近似地直接采用有限元静力分析的形函数。单元间的连续条件是通过引入形函数近似满足的，平衡条件则用最后导出的运动基本方程来实现。

在初步设计阶段，在建立有限元模型时，通常将结构元件、内部设备和集中装载物按集中质量处理，这些质点应如实反映它们的重量和重心位置，在振动计算过程中，对于基本上只提供惯性力的元件忽略其刚度。内部电缆、管路的质量可以分配到与线路相近的若干节点上去。但在后面的详细设计分析阶段，必须注意内部设备、装载物资和电缆等的刚度对结构刚度的贡献，特别是当它们和结构之间采用固定连接时。

---

① 郑钢铁. 结构动力学续篇——在飞行器设计中的应用. 北京: 科学出版社, 2016.
② Meirovitch L. Principles and Techniques of Vibration. Upper Saddle River, NJ: Prentice Hall, 1997.

多功能结构设计是降低结构重量而不降低结构强度和刚度的一种设计,其基本思路是将设备自身的结构(如电子设备的机箱)也作为结构的一部分使用,即提供结构的强度和刚度。在空间环境下,为实现结构功能,会将电子设备的机箱加厚,这样可同时起到加强电子设备抗空间辐照和粒子冲击影响的作用。

用有限元素法计算固有特性的基本步骤如下:

(1) 根据结构、受载特点,选择单元类型,将结构划分为有限个单元,最后拟定出离散化的分析模型;

(2) 分析单元的变形特点,选择节点位移和单元的形函数;

(3) 确定特殊的单元,如螺栓连接单元、接触界面单元等;

(4) 进行单元分析,建立单元的质量矩阵、刚度矩阵,导出单元基本方程;

(5) 将各单元的刚度矩阵与质量矩阵集合成全结构的刚度矩阵与质量矩阵,导出全结构的运动基本方程;

(6) 引入边界条件,导出系统的特征方程,求出系统的固有频率与主振型。

对于结构设计,需要建立计算文档(有限元分析计算报告),包括的内容有:目的,假设,有限元模型对应的图纸编号,模型的构造(如几何尺寸、单元特性、界面节点、边界条件等,通常采用数据文件),关键部位与特殊部位的建模方法和参数确定方法,依据和参数适用的条件(如铰接点),加载情况和获取方式,输入文件(如载荷条件和分析),模型检验情况,分析结果和结论(包括灵敏度分析等工作的结果)。

对于一些特殊的应用场合,有时候还会反其道而行之,即将复杂的有限元模型转化为简单的多自由度模型。

例如,为了方便星-箭对接振动频率和振型的耦合分析,以及确定经由运载火箭施加在卫星底部星箭对接面上的载荷,会将运载火箭的动力学模型简化为质量-弹簧-阻尼串模型,并通过吊塔模态试验,进行自由-自由状态下的模型修正,以获得精确的模型参数。与之相对应,卫星又可简化为同样的模型。

图 4.4 是一个典型的离散质量-弹簧-阻尼串模型,其动力学方程可以表示为

$$M\ddot{Y} + C\dot{Y} + KY = F$$

其中,质量矩阵 M、阻尼矩阵 C 和刚度矩阵 K 分别是

$$M = \begin{bmatrix} m_1 & & & \\ & m_2 & & \\ & & m_3 & \\ & & & m_4 \end{bmatrix}$$

4.2 结构固有特性分析与设计

$$C = \begin{bmatrix} c_1 & -c_1 & & \\ -c_1 & c_2+c_1 & -c_2 & \\ & -c_2 & c_2+c_3 & -c_3 \\ & & -c_3 & c_3 \end{bmatrix}$$

$$K = \begin{bmatrix} k_1 & -k_1 & & \\ -k & k_2+k_1 & -k_2 & \\ & -k_2 & k_2+k_3 & -k_3 \\ & & -k_3 & k_3 \end{bmatrix}$$

位移向量 Y 和力向量 F 分别是

$$Y = \begin{Bmatrix} y_1 \\ y_2 \\ y_3 \\ y_4 \end{Bmatrix}, \quad F = \begin{Bmatrix} f_1 \\ f_2 \\ f_3 \\ f_4 \end{Bmatrix}$$

参照图 4.4，可以看出，矩阵中的参数都具有明确的物理意义，并且这些矩阵均为对称矩阵。矩阵中非零的非对角元素称为耦合项，质量矩阵中出现的耦合项称为惯性耦合，刚度矩阵中出现的耦合项称为弹性耦合。

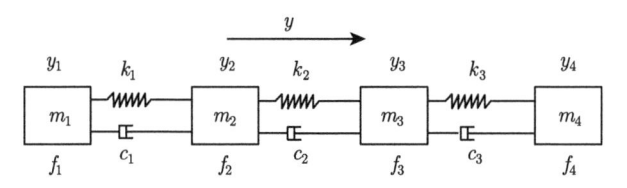

图 4.4　离散质量-弹簧-阻尼串模型

根据对称矩阵的特征，可以在上面方程的两边同时左乘以 $\dot{Y}^T$(上标 T 表示向量与矩阵的转置)，可以将矩阵方程转化为标量方程

$$\dot{Y}^T M \ddot{Y} + \dot{Y}^T C \dot{Y} + \dot{Y}^T K Y = \dot{Y}^T F$$

设初始位移和加速度为 0，并在时间域内进行积分，利用矩阵的对称性质，得到

$$\frac{1}{2}\dot{Y}^T M \dot{Y} + \int_0^t \dot{Y}^T C \dot{Y} \mathrm{d}t + \frac{1}{2} Y^T K Y = \int_0^t \dot{Y}^T F \mathrm{d}t$$

按照各种能量的定义，得到动能、弹性势能、耗散能和输入能量的表达式分别为

$$T = \frac{1}{2}\dot{Y}^T M \dot{Y}, \quad U = \frac{1}{2} Y^T K Y, \quad Q = \int_0^t \dot{Y}^T C \dot{Y} \mathrm{d}t, \quad W = \int_0^t \dot{Y}^T F \mathrm{d}t$$

如果存在速度不为零的自由度，则动能 $T > 0$，即质量矩阵是正定的。当各个位移 y_i 不全为零时，势能 $U > 0$；对于飞行器，存在刚体位移，对于不全为零的位移，$U = 0$；因此，$U \geqslant 0$，所以刚度矩阵是半正定的。因为离开地面后，飞行器处于自由–自由状态，所以飞行器结构系统均为半正定系统，即存在刚体模态。

在工程实际情况中，耗散能不仅包括因为阻尼力而导致的结构运动能量 (机械能) 转化为其他形式的能量 (通常是热能)，还包括以其他形式离开结构的运动能量，例如因结构振动而传递给结构周围介质的运动能量，这时，结构的动能可以表示为

$$T = \frac{1}{2}\dot{Y}^\mathrm{T} M \dot{Y} + \frac{1}{2}\dot{\tilde{Y}}^\mathrm{T} \Delta M \dot{\tilde{Y}}$$

其中，ΔM 是因结构运动所带动的周围环境中产生运动的介质的质量；$\dot{\tilde{Y}}$ 则是这部分介质的运动速度。一个典型的情况是水下振动的结构会带动周围的液体进行运动，被带动的液体的质量称为附连水质量。

4.2.3 模态分析

仿照 4.1 节中对于连续体的分析方法，首先将离散形式的微分方程中的阻尼项去掉，得到无阻尼自由振动方程

$$M\ddot{Y} + KY = F$$

如果仍然用谱展开的形式表示结构的振动响应，则有

$$Y(t) = \sum_{n=1}^{N} \varphi_n q_n(t) = \Phi Q(t)$$

其中，N 是方程的个数 (模型的自由度数)；φ_n 是 N 维振型向量；q_n 是模态坐标；

$$\Phi = [\varphi_1, \varphi_2, \cdots, \varphi_N],$$

$$Q(t) = \{q_1, q_2, \cdots, q_N\}^\mathrm{T}$$

Φ 和 $Q(t)$ 分别为振型矩阵和模态坐标向量。

将谱展开式代入上面的运动微分方程，得到

$$M\Phi \ddot{Q}(t) + K\Phi Q(t) = F$$

在上式中左右同乘模态向量 φ_n 的转置，得

$$\varphi_n^\mathrm{T} M\Phi \ddot{Q}(t) + \varphi_n^\mathrm{T} K\Phi Q(t) = \varphi_n^\mathrm{T} F$$

4.2 结构固有特性分析与设计

由质量和刚度矩阵的对称性,可以再次证明振型向量的正交性,即关于质量矩阵和刚度矩阵都是正交的,由此得到

$$m_n \ddot{q}_n(t) + k_n q_n(t) = f_n$$

从而得到固有频率 $\omega_n = \sqrt{k_n/m_n}$。其中

$$m_n = \varphi_n^{\mathrm{T}} M \varphi_n, \quad k_n = \varphi_n^{\mathrm{T}} K \varphi_n$$

在作自由振动时,由上式可以得到模态坐标下的响应表达式

$$\varphi_n q_n(t) = \varphi_n a_n \sin(\omega_n t + \theta_n)$$

其中,a_n 和 θ_n 分别是模态坐标的振动幅值和相位角。如果设振动仅有这个模态下的响应分量,将其代入多自由度自由振动方程,有

$$M \varphi_n \ddot{q}_n(t) + K \varphi_n q_n(t) = (K - \omega_n^2 M) \varphi_n a_n = 0$$

这样就获得了矩阵特征值和特征向量的表达式

$$(K - \omega_n^2 M) \varphi_n = 0$$

由

$$|K - \omega_n^2 M| = 0$$

求得特征值,即固有频率的平方 ω_n^2。然后,再由上面的矩阵方程求得特征向量 φ_n。因此,可以直接由数学模型的质量和刚度矩阵,采用标准的特征值特征向量计算方法,获得结构的固有频率和振型。可以在特征向量中规定某个元素的值并以此确定其他各元素的值,即进行归一化处理,然后将归一化参数合并到模态坐标响应函数的幅值中。

在计算结构的振动响应时,可以采用谱展开的方法,即模态叠加法,先将多自由度方程解耦为单自由度方程,计算模态坐标下的结构受迫振动,然后合成为结构在物理坐标下的响应值。

显然,在上面的讨论中,再次忽略了阻尼的作用。阻尼矩阵通常是不能用由前面的过程获得的振型矩阵进行解耦的。如果不采用数值方法求解结构的振动响应,而是坚持用模态叠加法求解,在工程实际中会经常假设阻尼是比例阻尼 (proportional damping),即和质量与刚度矩阵存在下面的关系式

$$C = \alpha M + \beta K$$

通常将刚度前面的系数称为阻尼系数,也称为结构阻尼系数,而不考虑与质量矩阵的关系,即取

$$C = \beta K$$

实践经验表明，对于卫星，地面振动试验中阻尼系数通常取 5% ~ 8%，而在空间环境中，取 0.3% ~ 1%。主要原因是阻尼通常和结构受到的激振力的幅值有关，幅值越大，阻尼越大，即阻尼呈现非线性形态，而且地面大气环境会产生一定的阻尼力，这在实践中需要特别注意。与阻尼同时改变的还有结构的刚度，因为过大的激振力幅值可能会导致结构的整体性 (structural integrity) 降低，进而降低结构的刚度。此外，大幅值激振导致的结构连接面出现相对运动，进而产生额外阻尼，也是地面振动实验中结构阻尼高的原因之一。

进行地面试验时，如果不考虑大气环境的影响，有时会产生灾难性后果。一个典型的例证是一颗地球同步轨道通信卫星出现的问题。在地面进行太阳翼展开试验过程中的冲击载荷，即太阳翼展开到位后和固定锁紧装置之间的冲击，并没有产生任何问题。卫星发射后，采用二次展开的方式，即太阳翼先展开一部分，待到进入地球同步轨道后再展开其余部分，以在为卫星提供能源的同时，降低进入同步轨道过程中卫星的转动惯量变化量。然而，在真空环境下，太阳翼失去了空气产生的阻力，导致冲击响应过大，致使连接二次展开用的爆炸螺栓的电缆接触断开，进而无法实施二次展开。为了降低太阳翼展开产生的冲击载荷，现在大型太阳翼普遍安装有展开阻尼器。此外，运载火箭整流罩也遇到因空气阻力地面实验中不能正常分离的问题。

引入比例阻尼矩阵后，用由无阻尼状态下获得的振型矩阵对运动方程组进行解耦，获得单个模态坐标下的运动微分方程，然后采用本部分给出的计算方法进行响应计算，最终通过谱展开表达式进行合成，得到物理坐标下的结构振动计算结果。同样，可以获得频响函数。

如前所述，结构也是一个动力学系统 (dynamical system)，运动方程也可以写成状态方程的形式，并通过状态方程的形式进行解耦[1]。

4.2.4 固有特性设计

结构的固有特性包括固有频率、阻尼比和振型。通常，动态设计的一个重要工作是以最小的质量代价获得最大的固有频率改变或最大的振型改变。对固有特性的基本要求包括：

(1) 在各种设计情况下，飞行器的基本固有频率 (一般是前三阶) 应远离动载荷的频率，同样，内部装备也必须如此；

(2) 固有频率必须满足结构稳定性的要求；

(3) 飞行器固有频率应避免发生结构与控制系统、结构与发动机动力系统等严重耦合问题；

---

[1] 郑钢铁. 结构动力学续篇——在飞行器设计中的应用. 北京: 科学出版社, 2016.

(4) 飞行器的主要振型应满足敏感装置对安装位置的要求。振型峰值区域应避开激振力产生或者外加施加的区域。

如果从系统识别的角度，则对结构的固有特性设计是，首先定义结构应该具有的主要模态参数，然后利用模态参数和结构的矩阵形式方程之间的关系，求解矩阵中的参数。但因飞行器结构的复杂性，结构会有非常多的振动模态，自由度也会非常多，仅取其中一部分模态来求解模型的结构 (通常是自由度数目，也称为模型阶次确定) 和模型中的参数，会遇到未知数远大于方程数的问题。所以，在实际设计中，通常是首先建立结构的基础有限元模型，计算模态参数，然后对模态参数进行调整，使之满足要求，然后将经过调整后的模态参数作为已知值，求解模型的参数，实现模型参数的修改，进而使得结构具有期望的动态特性。这个过程也称为模型修改 (model updating)[①]，是一个构建以结构模型参数为未知数的代数方程组的过程，起点是矩阵特征值和特征向量的矩阵方程。为降低未知数的数量，需要采用比例阻尼的假设，当然，在初步计算中，也可以由无阻尼情况开始。

上面的纯数学方法的缺点是，还需要和结构的具体形式和构件进行对应，或者说计算是在没有实际物理意义的情况下进行的。事实上，前面的分析讨论已经提供了飞行器结构形式与构件的刚度和质量对模态的贡献情况[②]。就整体结构的固有频率而言，由梁的振动解析解可以知道，对刚度的最大贡献来自结构的最外层，因此，修改结构的整体振动，只需要修改结构的最外层即可，而实际上结构最外层属于薄壁结构或者骨架蒙皮结构，所以通过改变其厚度、材料分布，即可以改变结构的固有频率。

例如，对于加厚蒙皮桁条和隔框蒙皮结构，只需要调整桁条或者隔框的厚度，并相应地调整间隔尺寸，就能够显著提高结构的固有频率，但不显著地改变结构的重量。

在实际工程中，一些调整飞行器固有特性的设计措施如下。

(1) 改变刚度大小与分布状况。当系统刚度增加时，全结构的刚度矩阵 K 中元素值改变，模态刚度值随之改变，系统固有频率和振型都会随之改变。因此，可以通过修改飞行器结构设计，改变飞行器刚度大小与分布状况，以调整飞行器固有特性。

(2) 改变飞行器的质量与质量分布状况。例如，减小系统质量，可以提高固有频率 (改变材料和结构尺寸，选择高比刚度材料)；改变质量分布，可以改变固有频率 (变换有效载荷位置) 和振型。但需要注意的是，高比刚度材料的冲击韧性和

[①] Friswell M I, Motiershead J E. Finite Element Model Updating in Structural Dynamics. Berlin: Springer-Science+Business Media, B.V.1995.

[②] 胡海岩. 振动力学——研究性教程. 北京: 科学出版社, 2020.

断裂韧性可能较低,会降低结构的抗冲击性能。

(3) 在结构构型设计中,尽量减少连接结构是提高结构刚度的重要措施之一。一般在结构连接面及其附近,刚度会有突变且明显削弱的情况发生,刚度损失可达 30%～40%,另外接头还会引起主振型驻点位置的变化。

如图 4.5 所示,F35 战斗机采用了翼身融合结构设计,将机身的环向结构延伸到机翼的中部,成为机翼的翼梁,使机翼的根部结构和机身结构成为一体。在机翼中部开始,通过翼肋(沿机翼展向布置的横梁)和机翼后部结构连接,将原来为安装设备而布置稀疏但横截面积大的翼梁与分布相对密集但横截面积小的翼梁连接,实现载荷到机翼根部(即机身结构)的有效传递。因为机翼和机身的结合处,即机翼根部,受到的弯曲载荷和扭转载荷最大,连接刚度对弯曲刚度和扭转刚度的贡献最大,与机翼和机身通过连接结构在机翼根部连接相比,这不仅提高了机翼与机身的连接弯曲与扭转刚度,而且避免了强度损失,同时也因取消了根部连接结构和零部件,降低了结构重量。当然,由于从机身结构到机翼结构实现了平滑过渡,所以避免了结构突变而导致的应力集中问题。

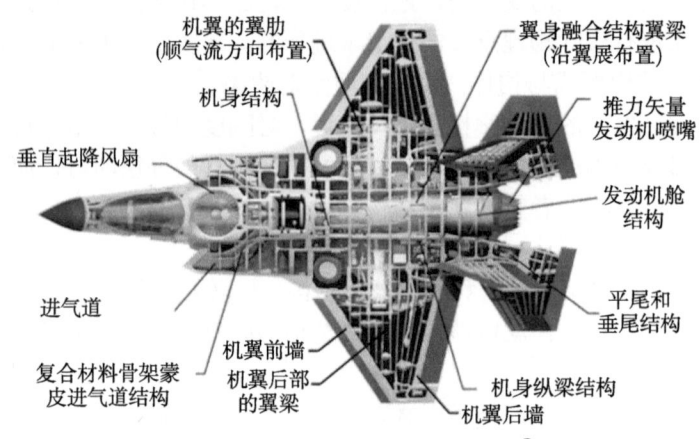

图 4.5　F35 战斗机翼身融合结构[1]

(4) 改变结构形式,调整振型。在实际设计中,调整结构振型的一个简单有效的方法是:首先进行模态分析,获得振型图像,然后根据振型特征,进行局部结构形式改变。

例如,发现多阶模态的振型峰值出现在敏感仪器设备安装处,并且振动幅值过大,导致设备输出存在严重噪声污染。为解决问题,在安装板后面加装了肋板,移开了这些模态振型的峰值位置,使得振动幅值降低到原来的 1/7 以下,从而解决了设备输出的噪声污染问题。

---

[1] Wiegand C, Bullick B A, Catt J A, et al. F-35 air vehicle technology overview. 2018 AIAA Aviation Technology, Integration, and Operations Conference, June 25—29, 2018, Atlanta, Georgia, 10.2514/6.2018-3368.

思考题

(1) 影响有限元模型精度的主要因素包括哪些？

(2) 有限元模型计算的结构一阶固有频率和真实结构相比，是高还是低？原因是什么？

(3) 为何计算模型要由粗略到详细乃至精细？

(4) 写出多自由度数学模型的频响函数的表达式，比较直接对运动微分方程进行傅里叶变换求解得到的形式和由模态变换得到的形式。

(5) 有限元模型计算结果会带来哪些负面效果？

(6) 还有其他改变飞行器结构动态特性的方法吗？

(7) 连接结构还会产生哪些问题？讨论原因。既然连接结构会导致一些问题，为何还用连接结构？

(8) 在何种情况下需要调整某些固有频率对应的振型？

(9) 如何调整振型？

(10) 为何有些情况下需要降低结构固有频率？

4.3 结构动态响应抑制措施

在实际工程应用中，结构设计的任务不仅是合理设计固有频率和振型分布，避免共振和降低振动幅值，如果结构的动态响应超过标准，还应采取减振措施，设法降低振动幅值。此外，为了提高柔性结构的运动控制稳定性，通常需要提高结构的阻尼水平。除改变结构的固有频率及调整振型，即改变系统的设计外，减小振动响应的主要措施有：采用高性能的阻尼材料，安装阻尼器，进行阻尼处理与阻尼结构设计；在响应大的元件或设备上设置减振器，如设置动力吸振器；对振动进行隔离等。下面将对其进行介绍和讨论。

4.3.1 阻尼技术

如前面在讨论振动响应与结构模态参数的关系时所述，阻尼可以有效降低结构的振动响应幅值和抑制共振峰值。阻尼的来源通常有结构自身的和外加的。

为了提高结构自身的阻尼水平，在一些应用场合会采用高阻尼材料作为结构材料。高阻尼材料的特点是结构阻尼比高，除高分子材料和复合材料外，还有高阻尼合金材料。高阻尼合金的阻尼性能可以在很大的温度和频率范围内保持基本稳定，应用较多的是铜-锌-铝系、铁-铬-钼系和锰-铜系合金。在使用时需要注意材料的其他机械和物理性能，例如，铁基材料存在韧性低的问题，锰铜合金容易受到环境影响产生腐蚀。此外，合金材料的比重通常较大，故不适合大规模使用。

一类广泛使用的外加阻尼方法是在结构上安装阻尼器。因液体阻尼器 (也称液体黏滞阻尼器 (fluid viscous damper)) 的工作原理是基于流体流过孔口会耗散能量，存在的问题是阻尼器的性能和液体黏度密切相关，而液体黏度和使用温度有关，通常温度越高，黏度越低，反之亦然。如前面提到的能量平衡方程，由此产生的耗散能会转化成热能，如果不能及时散热，阻尼器的性能就会下降。此外，液体阻尼器存在非线性问题，当振动幅值比较小时，因运动行程小，阻尼较低，但同时会产生附加刚度。在空间失重环境下，液体阻尼不仅存在密封问题，而且还因液体的表面张力占优，液体黏度会大幅度增加，可能会导致推动液体运动的部件卡死的问题。

早年，美国航天飞机在执行地面干涉成像任务时，为抑制伸展臂的振动，采用了液体阻尼器，但因为是在空间失重状态下，液体的黏度会大幅度提高，在空间应用中出现了阻尼器卡死的问题。因为液体阻尼器这种天–地性能不一致的问题，某型号卫星最终放弃了液体阻尼器的方案。

为了做到天–地一致性，航天器通常选择其他类型的阻尼产生方式，例如磁阻尼和颗粒阻尼等。

有些应用场景需要对阻尼器提供的阻尼和附加刚度进行控制，实现控制的方法和技术包括采用磁流变液体阻尼器和可变孔口式阻尼器等。其中，如果推动液体运动的活塞和与之配合的活塞缸表面之间的配合精度足够高，可变孔口式阻尼器不仅可以实现阻尼值的大范围调节，而且可以有效控制阻尼器提供的附加刚度，乃至提供将运动副锁定的功能。

为了降低振动和噪声，大气层内飞行器多在机舱内部安装高分子材料或者高阻尼非金属材料，在舱内部的硬质表面结构和机体结构之间用软性材料或者多孔材料进行填充，起到抑制结构振动和降低噪声传递的作用。目前广泛采用的软性材料是黏弹性阻尼材料，这种材料在很宽的频率范围内具有较大的阻尼，能在宽频率随机振动与噪声环境中同时抑制许多共振峰。

阻尼结构处理的基本形式主要有自由层状阻尼处理 (图 4.6)、约束剪切型层状阻尼处理 (图 4.7) 等。自由层状阻尼处理的阻尼作用主要是通过粘贴在振动表面上的黏弹性阻尼材料在振动中发生拉伸变形，将振动的机械能转变成热能耗散出去。约束剪切型层状阻尼处理是在粘贴于振动结构的黏弹材料的外面再粘贴一层约束层 (constrained layer)，约束层通常为刚度大于黏弹性材料的金属或复合材料。通过简单的重复覆盖可制出多层约束层，但这种做法对提供阻尼水平的贡献不大。这种形式的阻尼作用是，通过约束层迫使相对较软的黏弹材料发生剪切变形，产生机械损耗。通常这种处理方式比自由型效率高。

黏弹性材料的优点是，使用方便，附加刚度低，可以在现有的结构上布置，在航天结构中通常用来救急。例如，在最后的整星试验中发现结构某处振动超标，或

4.3 结构动态响应抑制措施

者是临时更换运载火箭,而新的运载火箭提供的振动环境要劣于之前作为设计输入的运载火箭所提供的。

图 4.6　附加在结构表面的自由阻尼层

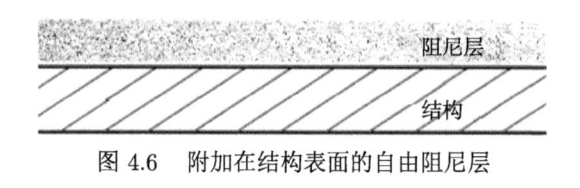

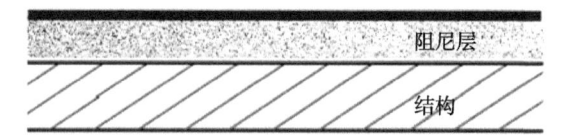

图 4.7　附加在结构表面的约束阻尼层

一个工程实际应用的例子是一个自旋气象卫星因更换运载火箭而出现周向发动机支架振动过大的问题,过大的振动会影响周向发动机的喷口控制装置的可靠开关。为此,在支架表面安装了约束阻尼层,从而有效降低了振动幅值。

黏弹性材料有很多缺点,例如,特性和温度密切相关,空间存在放气 (outgassing) 问题,效果和振动幅值有关,仅在有表面高应变发生的结构中才有明显效果。此外,还需要注意在微小振动幅值下,约束阻尼层会提供附加刚度,而对阻尼的贡献则非常低。

某遥感卫星采用了约束阻尼杆对空间光学相机进行支撑,共三组,每组三根,以提供足够高的阻尼来降低发射过程带给相机的振动载荷。当进入空间后,影响相机成像质量的主要原因是星上控制力矩陀螺产生的振动,导致的结构振动幅值很小,在 mg 水平,因相机的分辨率高于 0.5m,这样的振动水平对成像质量的影响并不显著。遇到的问题是,因约束阻尼层的非线性特性,约束阻尼层在这样的振动水平下不再提供阻尼,而是提供附加刚度。因支撑结构的复杂性,原来就有支撑频率(支撑杆组刚度和相机质量形成的频率)靠近激振力频率,存在一定程度的振动放大问题。因附加刚度较大但同时阻尼值非常小,其中一个支撑频率和激振力的主频基本上重合,出现了共振问题,从而导致图像严重模糊。最后,不得不降低控制力矩陀螺的转速,即降低了一阶激振频率,用牺牲卫星的机动性能换取了图像质量。

如果从耗能的角度,将结构的动能和势能传递出去,即增大耗散能来降低结构内部的总能量,也可以等效为阻尼的作用。

早年在研制潜射导弹时,尾舵在导弹出水过程中被气体空泡溃灭产生的水射流所毁坏。与飞行器出水运动合成,结构上一点受到的水射流力呈现半正弦形式。采取的技术措施是降低舵的刚度而不是提高刚度。这样,在受到射流冲击力时,舵结构出现变形,推动周围水运动,从而将因此产生的结构动能和势能传递给周围水一部分,这样就得到了阻尼耗散能的效果,最终解决了结构损坏问题。

4.3.2 单层隔振

飞行器结构的重要作用是为搭载仪器设备提供支撑和动力学环境。仪器设备与飞行器的连接非常重要,不仅决定仪器设备的动响应幅值,而且决定其安装频率。为了降低仪器设备的动响应,许多仪器设备都采取减振措施,即在飞行器与仪器设备间加隔振装置,包括隔振垫或者更复杂的隔振器。对隔振装置的要求包括宽频带、不大幅度改变安装频率和质量轻等。将作为振源的设备与基础隔离,以减少对环境的影响,称为基础隔振;反之,降低基础传递给设备的扰振,也称为设备隔振。在飞行器设计中,两者都有

$$隔振系数 = \frac{隔振后传到设备的力幅值}{隔振前传到设备的力幅值}$$

图 4.8 是对设备进行隔振的示意图,由该模型可以建立运动微分方程:

$$m(\ddot{x} + \ddot{s}) + c\dot{x} + kx = 0$$

$$\ddot{x} + 2\xi\omega_0\dot{x} + \omega_0^2 x = -\ddot{s}$$

其中 s 代表飞行器的振动;x 是设备相对于飞行器主体结构的位移。飞行器的加速度作为载荷输入。由上式可知,在上面的方程中,质量 m、刚度 k 和阻尼 c 共同定义了隔振装置的性能。

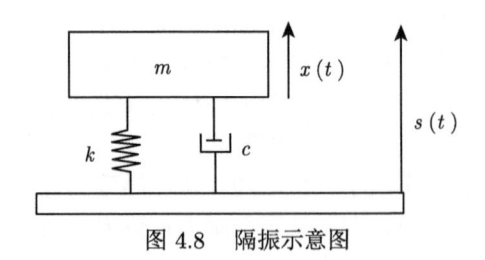

图 4.8 隔振示意图

设隔振前飞行器传到设备的力为 $F = -\ddot{s} = F_0 e^{j\omega t}$,这里 ω 是激振频率。采用直接求解的方法,即设 $x(t) = X e^{j(\omega t + \theta)}$($\theta$ 是相位角),则隔振后设备上的响应

4.3 结构动态响应抑制措施

幅值 X 为

$$X = \frac{F_0}{-\omega^2 + 2\mathrm{j}\xi\omega_0 + \omega_0^2} = \frac{F_0}{\omega_0^2(1 - s^2 + 2\mathrm{j}\xi s)}$$

如图 4.9 所示，隔振后通过 k 和 c 传到设备上的力为

$$F_1 = c\dot{x} + kx$$

其幅值的表达式为

$$A = F_0 \frac{2\mathrm{j}\xi s + 1}{1 - s^2 + 2\mathrm{j}\xi s}$$

由此得到幅值的模为

$$|A| = F_0 \sqrt{\frac{1 + (2\xi s)^2}{(1 - s^2)^2 + (2\xi s)^2}}$$

从而可以定义隔振系数

$$\eta = \left| \frac{A}{F_0} \right| = \sqrt{\frac{1 + (2\xi s)^2}{(1 - s^2)^2 + (2\xi s)^2}}$$

其中，

$$\frac{c\omega}{\omega_0^2 m} = \frac{c}{m} \cdot \frac{s}{\omega_0} = 2\xi\omega_0 \frac{s}{\omega_0} = 2\xi s$$

$s = \omega/\omega_0$ 是频率比。

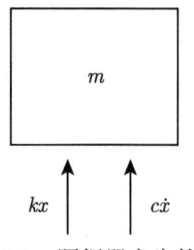

图 4.9 隔振器产生的力

如果忽略阻尼，则有

$$\eta = \left| \frac{1}{1 - s^2} \right|$$

图 4.10 给出了不同阻尼比情况下隔振系数随频率比的变换情况。由图可知，阻尼比越小，隔振系数下降越快，越远离激振频率，隔振系数越小。但考虑到振动衰减率等因素，隔振器通常都会有阻尼器存在。

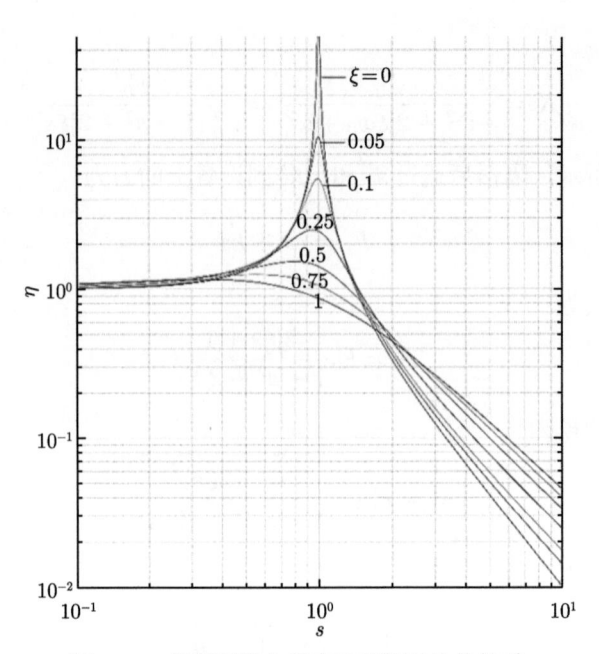

图 4.10　隔振系数与频率比和阻尼比的关系

钢丝绳隔振器和橡胶隔振器是常用的集弹性和阻尼一体的隔振器，但存在的问题是都具有非线性特征，即隔振器的刚度和阻尼会随激振力的幅值和频率改变，从而导致与被隔振结构一起构成的振动系统的固有频率发生改变，通常是激振力幅值越低，固有频率越高。这一点需要特别注意。

某航天工业部门为了降低卫星运输时的振动幅值，将原来的采用钢板弹性悬架的运输车更换为采用高阻尼油气弹簧悬架的新型运输车，但在首次运输一个新型号大型卫星时，卫星受到了损坏。经过研究和实际测量发现，原因是油气弹簧悬架降低了路面振动传递到卫星包装箱的幅值，而在小幅值振动下，钢丝绳隔振器的隔振频率大幅度提高，但阻尼水平同时显著下降，由此形成的卫星安装频率和激振力的频率重合，进而致使卫星的振动被大幅度放大。

在航天领域，考虑到地面振动试验和实际处于空间时所受到的激振力幅值会有不可忽略的差异，即存在天地不一致的问题，通常采用线性隔振器，避免因非线性导致的振动放大或者隔振器性能低于预期的问题。在微振动隔离方面，这一点需要特别注意。

4.3.3　双层隔振

在一些实际应用中，通常产生激振力的振源也会被隔振，这样就产生了如图 4.11 所示的双层隔振情况。图中，f_0 是激振力，m_1 和 m_2 分别是飞行器主结构质量和被隔振结构质量，m_0 则是振源结构的质量，用 k_1 和 c_1 分别表示飞行

4.3 结构动态响应抑制措施

器主结构的弹性和阻尼参数。如果设 $x_0(t)$ 和 $x_2(t)$ 分别是振源结构和被隔振结构相对于主结构的位移，可以得到运动微分方程

$$m_2\ddot{x}_2 + c_2\dot{x}_2 + k_2 x_2 = -m_2\ddot{S}(t)$$

$$m_0\ddot{x}_0 + c_0\dot{x}_0 + k_0 x_0 = -m_0\ddot{S}(t) + f_0(t)$$

$$m_1\ddot{S}(t) + c_1\dot{S}(t) + k_1 S(t) + c_2\dot{x}_2 + k_2 x_2 + c_0\dot{x}_0 + k_0 x_0 = 0$$

仍然用单层隔振时采用的处理方法，设 $f_0(t) = Ae^{j\omega t}$，可以在频率域中直接进行推导。

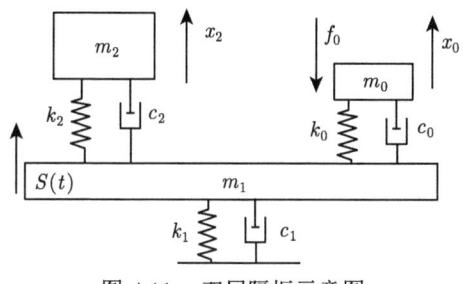

图 4.11 双层隔振示意图

记

$$-\omega^2 m_1 + j\omega c_1 + k_1 = m_1\omega_1^2\left(1 - s_1^2 + 2j\xi_1 s_1\right) = m_1\omega_1^2 W_1$$

$$-\omega^2 m_2 + j\omega c_2 + k_2 = m_2\omega_2^2\left(1 - s_2^2 + 2j\xi_2 s_2\right) = m_2\omega_2^2 W_2$$

$$-\omega^2 m_0 + j\omega c_0 + k_0 = m_0\omega_0^2\left(1 - s_0^2 + 2j\xi_0 s_0\right) = m_0\omega_0^2 W_0$$

$$j\omega c_2 + k_2 = m_2\omega_2^2\left(2j\xi_2 s_2 + 1\right)$$

$$j\omega c_0 + k_0 = m_0\omega_0^2\left(2j\xi_0 s_0 + 1\right)$$

其中，$s_n = \omega/\omega_n (n = 0, 1, 2)$，是频率比。由此可以得到对应运动的幅值之间的关系

$$X_2 = \frac{\omega^2 m_2 \bar{S}}{-\omega^2 m_2 + j\omega c_2 + k_2} = \frac{s_2^2}{W_2}\bar{S}$$

$$X_0 = \frac{\omega^2 m_0 \bar{S} + A}{-\omega^2 m_0 + j\omega c_0 + k_0} = \frac{s_0^2}{W_0}\bar{S} + \frac{A}{m_0\omega_0^2 W_0}$$

其中，$\bar{S}$、X_0 和 X_2 分别是对应运动的幅值。

进而可以得到

$$\left[-\omega^2 m_1 + \mathrm{j}\omega c_1 + k_1 + \frac{\omega^2 m_2(\mathrm{j}\omega c_2 + k_2)}{-\omega^2 m_2 + \mathrm{j}\omega c_2 + k_2} + \frac{\omega^2 m_0 (\mathrm{j}\omega c_0 + k_0)}{-\omega^2 m_0 + \mathrm{j}\omega c_0 + k_0}\right] \bar{S}$$

$$= -\frac{\mathrm{j}\omega c_0 + k_0}{-\omega^2 m_0 + \mathrm{j}\omega c_0 + k_0} A$$

参照前面单层隔振的推导过程和图 4.8，可知

$$F_0 = -\frac{2\mathrm{j}\xi_0 s_0 + 1}{W_0} A$$

是振源结构施加给主结构的激振力。当振源隔振器处于共振状态时，施加给主结构的力会被大幅度放大。

将上面的方程整理，并定义质量比为 $\mu_2 = \dfrac{m_2}{m_1}$ 和 $\mu_0 = \dfrac{m_0}{m_1}$，得到

$$\bar{S} = -\frac{(2\mathrm{j}\xi_0 s_0 + 1) W_2}{m_1 \omega_1^2 \left[W_1 W_2 W_0 + s_1^2 \mu_2 (2\mathrm{j}\xi_2 s_2 + 1) W_0 + s_1^2 \mu_0 (2\mathrm{j}\xi_0 s_0 + 1) W_2\right]} A$$

如果激振力频率存在关系 $s_2 = 1$，当忽略隔振器的阻尼时，即 $W_2 = 0$，有

$$\bar{S} = 0$$

则主结构的振动幅值为 0，而被隔振结构连同其隔振器形成的系统处于共振状态。从被隔振结构的角度，这种线性称为动力吸振器现象；而从主结构角度，这种现象称为反共振。

当振源隔振器处于共振状态时，忽略其阻尼，即 $W_0 = 0$，有

$$\bar{S} = -\frac{1}{m_0 \omega^2} A$$

是有限值。其原因是主结构和振源及其隔振器结构耦合而成为一个两自由度的新结构，这改变了结构的固有频率，即固有频率不再是隔振器刚度与振源结构质量所生成的固有频率。如果忽略所有阻尼，则有

$$\bar{S} = -\frac{1 - s_2^2}{\left[(1-s_1^2)(1-s_2^2)(1-s_0^2) + s_1^2 \mu_2 (1-s_0^2) + s_1^2 \mu_0 (1-s_2^2)\right] m_1 \omega_1^2} A$$

当

$$(1-s_1^2)(1-s_2^2)(1-s_0^2) + s_1^2 \mu_2 (1-s_0^2) + s_1^2 \mu_0 (1-s_2^2) = 0$$

时，可以得到振源隔振器导致主结构共振的频率比为

$$s_0 = \sqrt{\frac{(1-s_2^2)\left[1 - s_1^2 (1+\mu_0)\right] + s_1^2 \mu_2}{(1-s_1^2)(1-s_2^2) + s_1^2 \mu_2}}$$

4.3 结构动态响应抑制措施

如果取 $\mu_2 = 0.5$，$\mu_0 = 0.1$，$s_2 = 3$ 和 $s_1 = 2$，有 $s_0 = 1.045 > 1$，即和振源隔振单独存在时的共振频率不同。

在上面的讨论中，可以认为振源产生的激振力是施加给由主结构和被隔振结构共同组成的整体结构，当振源隔振器的频率和激振力频率接近时，仍然会产生共振现象，即主结构出现较强的振动。在一个大型空间飞行器的地面试验阶段就出现过振源的结构支撑频率和激振力频率接近，导致主结构振动严重超标的问题。当发现问题后，通过加入隔振器，改变了振源到主结构之间的结构的振动频率，使之远离激振频率，从而显著降低了主结构的振动幅值，满足了设计要求。

由上面的数学表达式，可以得到 X_2 的数学表达式

$$X_2 = -\frac{s_2^2(2j\xi_0 s_0 + 1)}{m_1\omega_1^2[W_1 W_2 W_0 + s_1^2\mu_2(2j\xi_2 s_2 + 1)W_0 + s_1^2\mu_0(2j\xi_0 s_0 + 1)W_2]}A$$

根据图 4.7，得到传递到被隔振结构上的力与激振力的幅值比值为

$$\frac{F_2}{A} = -\frac{s_1^2\mu_2(2j\xi_0 s_0 + 1)(2j\xi_2 s_2 + 1)}{W_1 W_2 W_0 + s_1^2\mu_2(2j\xi_2 s_2 + 1)W_0 + s_1^2\mu_0(2j\xi_0 s_0 + 1)W_2}$$

当忽略所有阻尼时，有

$$\eta = \left|\frac{F_2}{A}\right| = \left|\frac{s_1^2\mu_2}{(1-s_2^2)[\mu_0 s_1^2 + (1-s_1^2)(1-s_0^2)] + s_1^2\mu_2(1-s_0^2)}\right|$$

如果 $s_0 = 1$，即振源隔振器处于共振状态，有

$$\eta = \left|\frac{1}{\mu_{02}(1-s_2^2)}\right|$$

其中，$\mu_{02} = m_0/m_2$。如果 $\mu_{02} < 1$，则意味着被隔振对象的振动被放大。

为了获得定量的结果，在下面计算例子中，取 $s_0 = 3$，$s_1 = 2$，$s_2 = 3$ 和 $\mu_0 = 0.1$，有

$$\eta = \left|\frac{4\mu_2}{195.2 + 32\mu_2}\right|$$

当 $\mu_2 = 1$ 时，$\eta = 0.0176$；当 $\mu_2 = 0.5$ 时，$\eta = 0.0095$；当 $\mu_2 = 0.3$ 时，$\eta = 0.0059$。而对应于单层隔振，当 $s_2 = 3$ 时，$\eta = 0.125$。

由此可知，双层隔振显著提高了隔振效果，并且质量比越高，隔振效果越好。换句话说，是以中间结构质量为代价换取隔振效果的提高。在实际工程应用中，隔振器的刚度不能过低，以避免诸如结构稳定性，以及因位移过大导致的和被隔振

对象连接的结构的破坏等问题，在这种情况下，双层隔振是一个选项。对于大型空间遥感卫星，卫星平台与空间相机的质量比会在 0.5 到 1 之间。

但需要再次提起注意的是动力吸振器的现象。世界上首颗光学图像分辨率达到 0.35m 的民用遥感卫星 WorldView-3 采用了双层隔振设计，即在产生振源的控制力矩陀螺组与星体之间和光学空间相机与星体之间都安装了隔振器，成功实现了高质量成像。

4.3.4 动力吸振器（质量调谐阻尼器）

在讨论双层隔振问题时，已经看到了动力吸振器的效果。动力吸振器能预先加工成各种几何形状，在设备装配过程中安置在一些特殊部位，以达到阻尼减振的效果[①]。动力吸振器应用的基本条件是：必须位于产生高振幅响应的点；响应频谱必须具有单一共振频率或者是若干宽距间隔的共振频率。当激振力的频率存在较大变化时，固定工作频率的动力吸振器会失效，或者会产生相反效果。这时，如果仍然采用动力吸振器，就要求对工作频率进行实时调整，即进行主动动力吸振。

图 4.12 是动力吸振器的示意图，图中，m_1 和 k_1 分别是主结构的质量和弹簧刚度，m_1 上作用有简谐激振力；阻尼动力吸振器包括质量 m_2、弹簧 k_2 和阻尼 c，系统的强迫振动方程可以写成矩阵方程的形式，即

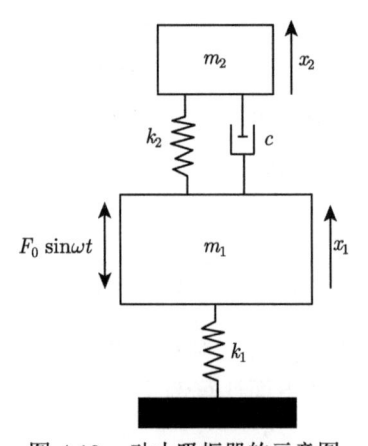

图 4.12　动力吸振器的示意图

$$\begin{bmatrix} m_1 & 0 \\ 0 & m_2 \end{bmatrix} \begin{bmatrix} \ddot{x}_1 \\ \ddot{x}_2 \end{bmatrix} + \begin{bmatrix} c & -c \\ -c & c \end{bmatrix} \begin{bmatrix} \dot{x}_1 \\ \dot{x}_2 \end{bmatrix} + \begin{bmatrix} k_1+k_2 & -k_2 \\ -k_2 & k_2 \end{bmatrix} \begin{bmatrix} x_1 \\ x_2 \end{bmatrix} = \begin{bmatrix} F_0 \mathrm{e}^{\mathrm{j}\omega t} \\ 0 \end{bmatrix}$$

先考虑无阻尼动力吸振器，利用直接法，$x(t) = X\mathrm{e}^{\mathrm{j}(\omega t+\theta)}$，$X = [X_1, X_2]^\mathrm{T}$，得到稳态响应振幅

---

① Rivin E I. Passive Vibration Isolation. New York, NY: ASME Press, 2003.

4.3 结构动态响应抑制措施

$$\begin{bmatrix} X_1 \\ X_2 \end{bmatrix} = \begin{bmatrix} k_1 + k_2 - m_1\omega^2 & -k_2 \\ -k_2 & k_2 - m_2\omega^2 \end{bmatrix}^{-1} \begin{bmatrix} F_0 \\ 0 \end{bmatrix} = \frac{F_0}{\Delta(\omega)} \begin{bmatrix} k_2 - m_2\omega^2 \\ k_2 \end{bmatrix}$$

其中，$\Delta(\omega)$ 是系统的特征多项式，

$$\begin{aligned} \Delta(\omega) &= (k_1 + k_2 - m_1\omega^2)(k_2 - m_2\omega^2) - k_2^2 \\ &= m_1 m_2 \omega^4 - (k_1 m_2 + k_2 m_1 + k_2 m_2)\omega^2 + k_1 k_2 \end{aligned}$$

当 $\omega = \sqrt{k_2/m_2}$ 时，$X_1 = 0$，主结构不再振动（反共振）。此时 $\Delta(\omega) = -k_2^2$，吸振器振幅 $X_2 = -F_0/k_2$。主结构受到的激振力恰好被来自吸振器的弹性恢复力平衡。

吸振器参数 k_2 和 m_2 一般选为 $k_2/k_1 = m_2/m_1 = \mu$，使吸振器的固有频率和主结构的固有频率相等。记

$$\omega_0 = \sqrt{\frac{k_1}{m_1}} = \sqrt{\frac{k_2}{m_2}}, \quad s = \omega/\omega_0$$

$\Delta(\omega)$ 可以改写为

$$\Delta(\omega) = k_1 k_2 \left[s^4 - (2 + \mu)s^2 + 1 \right]$$

设 ω_1, ω_2 是由吸振器和主结构组成的两自由度系统的固有频率，并记 $s_1 = \omega_1/\omega_0$，$s_2 = \omega_2/\omega_0$。由 $\Delta(\omega) = 0$，得

$$s_{1,2} = 1 + \frac{\mu}{2} \pm \sqrt{\mu + \frac{\mu^2}{4}}$$

将 $\Delta(\omega)$ 代入前面的矩阵方程，并设 $X_0 = F_0/k_1$，有

$$\frac{X_1}{X_0} = \frac{1 - s^2}{s^4 - (2+\mu)s^2 + 1}, \quad \frac{X_2}{X_0} = \frac{1}{s^4 - (2+\mu)s^2 + 1}$$

虽然 $\omega = \sqrt{k_1/m_1} = \sqrt{k_2/m_2}$ 时出现反共振，但是在反共振的两旁存在两个共振点。所以，为了允许激励频率在 $s=1$ 附近有一定范围的变化，s_1、s_2 应当相距远一些。如图 4.13 所示[①]，当取质量比 $\mu = 0.3$ 时，可以得到反共振点 $s=1$。因为加入动力吸振器后，图 4.13 有两个自由度，所以还会得到两个共振点，分别低于和高于原来单自由度模型的固有频率。在这个例子中，$s_1 = 0.762$ 和 $s_2 = 1.311$。图中，实线对应 X_1/X_0，虚线对应 X_2/X_0。

[①] 倪振华. 振动力学. 西安: 西安交通大学出版社, 1989.

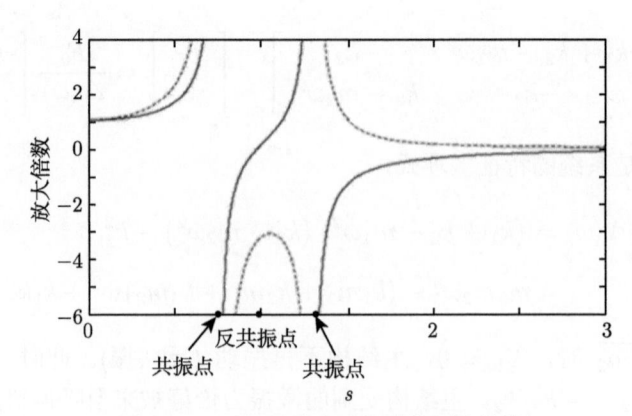

图 4.13 无阻尼动力吸振器的频响特性

动力吸振器加入阻尼元件时，仍然采用直接解法，由运动微分方程，可以直接得到稳态响应振幅

$$\begin{bmatrix} X_1 \\ X_2 \end{bmatrix} = \begin{bmatrix} k_1 + k_2 - m_1\omega^2 + \mathrm{i}c\omega & -(k_2 + \mathrm{i}c\omega) \\ -(k_2 + \mathrm{i}c\omega) & k_2 - m_2\omega^2 + \mathrm{i}c\omega \end{bmatrix}^{-1} \begin{bmatrix} F_0 \\ 0 \end{bmatrix}$$

$$= \frac{F_0}{\Delta(\omega)} \begin{bmatrix} k_2 - m_2\omega^2 + \mathrm{i}c\omega \\ k_2 + \mathrm{i}c\omega \end{bmatrix}$$

$$\Delta(\omega) = (k_1 + k_2 - m_1\omega^2 + \mathrm{i}c\omega)(k_2 - m_2\omega^2 + \mathrm{i}c\omega) - (k_2 + \mathrm{i}c\omega)^2$$

$$= (k_1 - m_1\omega^2)(k_2 - m_2\omega^2) - k_2 m_2\omega^2 + \mathrm{i}c\omega(k_1 - m_1\omega^2 - m_2\omega^2)$$

得到主结构的振幅

$$X_1 = \frac{F_0(k_2 - m_2\omega^2 + \mathrm{i}c\omega)}{(k_1 - m_1\omega^2)(k_2 - m_2\omega^2) - k_2 m_2\omega^2 + \mathrm{i}c\omega(k_1 - m_1\omega^2 - m_2\omega^2)}$$

取模，得

$$|X_1| = \frac{F_0\sqrt{(k_2 - m_2\omega^2)^2 + (c\omega)^2}}{\sqrt{[(k_1 - m_1\omega^2)(k_2 - m_2\omega^2) - k_2 m_2\omega^2]^2 + [c\omega(k_1 - m_1\omega^2 - m_2\omega^2)]^2}}$$

记

$$\delta_{\mathrm{st}} = \frac{F_0}{k_1}, \quad \omega_0 = \sqrt{\frac{k_1}{m_1}} \quad \omega_{\mathrm{a}} = \sqrt{\frac{k_2}{m_2}}, \quad \mu = \frac{m_2}{m_1}$$

$$\alpha = \frac{\omega_{\mathrm{a}}}{\omega_0}, \quad s = \frac{\omega}{\omega_0}, \quad \xi = \frac{c}{2m_2\omega_0}$$

4.3 结构动态响应抑制措施

得到振幅的降低比

$$\frac{|X_1|}{\delta_{\text{st}}} = \frac{\sqrt{\left(s^2-\alpha^2\right)^2+(2\xi s)^2}}{\sqrt{\left[\mu s^2\alpha^2-\left(s^2-1\right)\left(s^2-\alpha^2\right)\right]^2+(2\xi s)^2\left(s^2-1+\mu s^2\right)^2}}$$

取 $\mu = 0.05, \alpha = 1$，改变阻尼值，可以得到图 4.14。由图 4.14 可知，当 $\xi = 0$ 时，系统中无阻尼，存在两个共振频率点 $s = 0.895$ 和 1.12；当 $s = 1$ 时，反共振，主结构振幅为零。当 $\xi = 0.1$ 和 $\xi = 0.3$ 时，可见当 $s = 1$ 时，主结构的振动幅值并不为零，但和无阻尼时的状态相比较，有明显下降。无论阻尼取多大，所有曲线都会在共振频率两侧的两个点相交。实际设计有阻尼动力吸振器时，一般选取适当的 m_2 与 k_2，使曲线在这两个点有相同的幅值，并且适当选取阻尼，使曲线在这两点具有最大值。

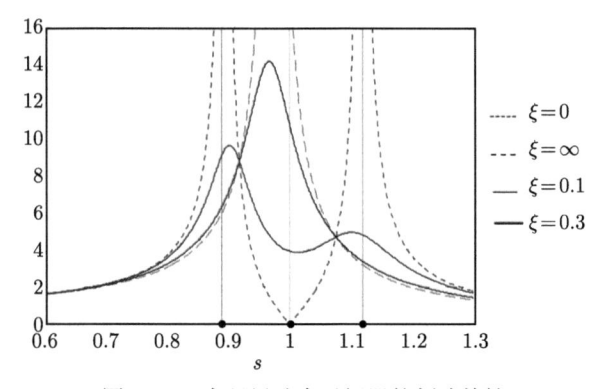

图 4.14 有阻尼动力吸振器的频响特性

在工程实际应用中，结构的固有频率很难预先准确知道，并且固有频率受到多种因素的影响，在实际使用中会出现显著变化，因此，有阻尼吸振器更具有实用性。有很多种构造动力吸振器的方法。图 4.15 是在质量块和结构之间用剪切阻尼层形成高阻尼吸振器的示意图。

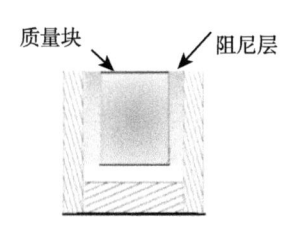

图 4.15 用质量块和阻尼层构造高阻尼吸振器

如前面提到的，动力吸振器不仅是一种振动抑制的技术措施，而且是一种物理现象，这种物理现象会影响结构动态设计的多个方面。对于前面讲的隔振器设计而言，加入隔振装置后，可能将设备变成主结构的动力吸振器，因为由隔振器构成的被隔振结构到安装结构之间的刚度与被隔振对象的质量会生成一个结构固有频率，如果该频率与安装结构上的激振频率相同，则安装结构上的振动能量会被吸引到被隔振结构上。

当两个结构进行组合时，例如运载火箭发射航天器而形成的航天器–火箭组合体，当航天器结构的固有频率和运载火箭的某一阶固有频率相等或者很靠近时，有可能使得航天器成为运载火箭的动力吸振器。为此，运载火箭方会对航天器的结构固有频率提出要求，即不能和运载火箭的固有频率相重合。

另外，需要注意的问题是飞行器的振动台激振试验，如果采用振动台的加速度幅值或者输入能量作为输入指标和控制量，就要求在飞行器结构的固有频率处设置加速度或者能量下凹，即在这些点上加速度或者振动能量幅值要大幅度低于其他频率处的幅值，以避免因在这些固有频率处飞行器结构成为振动台面的动力吸振器，从而导致必须加大振动能量输入才能达到设定的台面加速度值，进而使得结构因吸收超出实际能量输入的值而被振坏。为此，在进行振动台激振试验时，通常会先用小量级快速扫频获得结构在振动台安装状态下的固有频率值，以此作为振动激励时的幅值下凹频率点。

思考题

(1) 卫星上的仪器设备为什么有时要采取减振或隔振措施？

(2) 减振和隔振在技术上有何差别？

(3) 知道了动力吸振器的原理，在设计隔振器时需要注意哪些问题？在进行振动台激振试验时需要注意哪些问题？

(4) 降低结构动载荷的技术途径都有哪些，能否讨论它们各自的特点，特别是利与弊。特别地，为何说通过改变结构构型设计来改变振型也是一条技术途径？

(5) 根据前面学习的内容，讨论其他学科／专业的技术进步和发展对飞行器结构设计的影响。

(6) 使用质量调谐阻尼器和黏弹性材料进行振动抑制时，请列出对使用条件的限制，并说明原因。

(7) 为何要注意非线性问题？

(8) 为何在地面试验时要尽可能做到天地一致性？

4.4 结构与控制系统的耦合问题

飞行器结构通常采用弹性设计[①]。此外，为了降低主结构振动对敏感设备的影响，会采用之前讨论的隔振器来降低振动的传递，这也产生了结构的局部弹性。由于结构的弹性也常称为结构的挠性，因此将具有挠性的结构称为挠性结构 (也称为柔性结构，flexible structure)。结构的挠性会影响控制系统的稳定性，而控制系统形成的形式上的弹性环节也反过来影响结构的动力学特性。为了分析航天器结构柔性对控制系统稳定性的影响，采用图 4.16 所示的简化模型进行研究。该模型中，将卫星姿态的转动等效为质点的平动，相应地将惯量、力矩分别等效为质量、力。

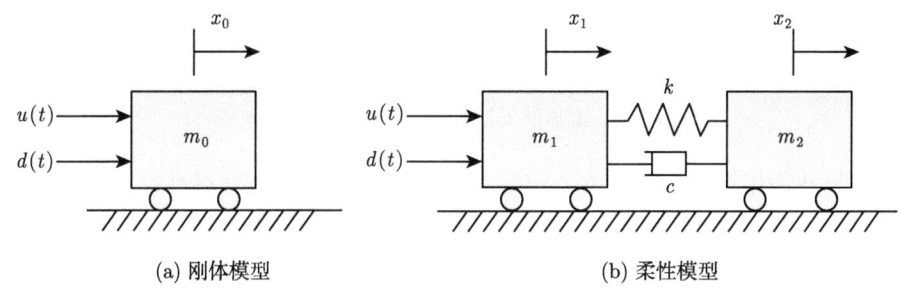

图 4.16 挠性飞行器简化模型
(a) 刚体模型 (b) 柔性模型

在图 4.16(a) 所示刚体航天器模型中，m_0 代表整星质量，x_0 为整星位移，u 为控制力，d 为扰动力。在图 4.16(b) 所示柔性航天器模型中，卫星本体与有效载荷或附件之间增加了刚度系数为 k、阻尼系数为 c 的柔性环节。其中刚度系数、阻尼系数满足关系

$$k > 0, \quad c > 0$$

m_1、m_2 分别代表卫星本体及有效载荷的质量，也可以是柔性附件 (如太阳翼或者大型展开天线等) 的质量，它们满足关系

$$m_0 = m_1 + m_2$$

x_1、x_2 分别为卫星本体、有效载荷的位移。控制力 u、扰动力 d 均作用在卫星本体上。

设采用位置–速率反馈控制律，控制力 $u(t)$ 的表达式为

$$u(t) = -K_\mathrm{p} x_0 - K_\mathrm{r} \dot{x}_0$$

当结构为如图 4.16(a) 所示的刚体时，运动方程可以写成

---
① 该部分主要内容由中国空间技术研究院关新研究员提供。

$$m_0\ddot{x}_0 + K_r\dot{x}_0 + K_p x_0 = d(t)$$

其中，$d(t)$ 是扰动力。因质量 m_0 大于 0，根据劳斯 (Routh) 判据可知，系统渐近稳定的充要条件是

$$K_p > 0 \quad \text{和} \quad K_r > 0$$

采用位置–速率反馈控制律的控制系统相当于在质量 m_0 上增加了一个刚度系数为 K_p 的弹簧与一个阻尼系数为 K_r 的阻尼器，其等效模型如图 4.17 所示。

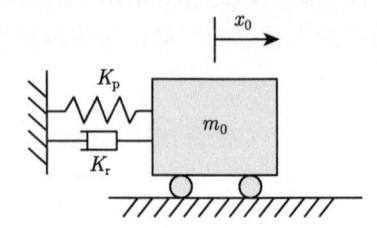

图 4.17 刚体航天器闭环控制系统的等效模型

按照结构振动参数的定义，可知位置和速度反馈系数分别对应于结构的刚度和阻尼参数。由此，可以得到控制系统的控制频率和阻尼系数分别为

$$\omega_c = \sqrt{\frac{K_p}{m_0}}$$

$$\xi_c = \frac{K_r}{2\omega_c}$$

其中，下标"c"代表和控制系统有关的参数。

用前面的直接方法，可以得到用传递函数表示的位移和扰动力的关系

$$X_0 = \frac{1}{\omega^2 + 2j\omega\xi_c\omega_c + \omega_c^2} \times \frac{D}{m_0}$$

由此可以得到半功率带宽，即幅值下降到原来的 $\sqrt{2}/2$ 倍 (下降 3dB[1]) 时的频率值与传递函数为最大值时频率之间的频率差值[2]。当幅值最大时，频率是

$$\omega_{\max} = \omega_c\sqrt{1 - 2\xi_c^2}$$

当阻尼比较小时，可以近似地得到控制带宽 (半功率带宽) 的值为

$$2\xi_c\omega_c = K_r$$

---

[1] dB 中文称"分贝" (decibel)，其定义为 20lg A (A 是幅值)。如果 $A=10$，则是 20dB。

[2] Dorf R C, Bishop R H. Modern Control System. 10th Ed. Upper Saddle River, NJ: Pearson Prentice Hall, 2005.

即半功率带宽由速度反馈系数决定。从振动的角度看，当扰动力的频率落入控制带宽中时，会将位移幅值放大，如果频率等于 $\omega_{\max}$，则达到最大幅值，即系统出现失稳的问题。这显然是不希望看到的。

为了分析飞行器结构挠性对控制系统稳定性的影响，采用图 4.16(b) 所示的简化模型进行研究。控制力 u 和扰动力 d 均作用在 m_1 代表的结构部分 (对于卫星，可以认为是卫星本体)。

4.4.1 同位控制

对于图 4.16(b) 所示挠性飞行器模型，采用同位控制 (collocated control) 方式时，即执行机构与敏感器均位于 m_1 代表的结构部分上。将反馈控制力

$$u(t) = -K_p x_1 - K_r \dot{x}_1$$

代入动力学方程

$$\begin{bmatrix} m_1 & \\ & m_2 \end{bmatrix} \begin{bmatrix} \ddot{x}_1 \\ \ddot{x}_2 \end{bmatrix} + \begin{bmatrix} c & -c \\ -c & c \end{bmatrix} \begin{bmatrix} \dot{x}_1 \\ \dot{x}_2 \end{bmatrix} + \begin{bmatrix} k & -k \\ -k & k \end{bmatrix} \begin{bmatrix} x_1 \\ x_2 \end{bmatrix} = \begin{bmatrix} u+d \\ 0 \end{bmatrix}$$

经整理得到闭环系统方程

$$\begin{bmatrix} m_1 & \\ & m_2 \end{bmatrix} \begin{bmatrix} \ddot{x}_1 \\ \ddot{x}_2 \end{bmatrix} + \begin{bmatrix} c+K_r & -c \\ -c & c \end{bmatrix} \begin{bmatrix} \dot{x}_1 \\ \dot{x}_2 \end{bmatrix} + \begin{bmatrix} k+K_p & -k \\ -k & k \end{bmatrix} \begin{bmatrix} x_1 \\ x_2 \end{bmatrix} = \begin{bmatrix} d \\ 0 \end{bmatrix}$$

如果不考虑存在扰动力的情况，当满足 $K_r > 0$，$K_p > 0$ 时，方程的刚度矩阵、阻尼矩阵的一阶、二阶顺序主子式分别满足

$$k + K_p > 0, \quad \begin{vmatrix} k+K_p & -k \\ -k & k \end{vmatrix} = kK_p > 0$$

$$c + K_r > 0, \quad \begin{vmatrix} c+K_r & -c \\ -c & c \end{vmatrix} = cK_r > 0$$

即刚度矩阵、阻尼矩阵均为正定矩阵。根据开尔文--泰特--切塔耶夫定理[①]，系统渐近稳定。

闭环系统的运动方程所描述的系统可以等效为图 4.18 所示的模型。位置--速率反馈控制系统可以等效为在 m_1 上连接的弹簧阻尼器，其等效刚度系数、阻尼系数分别为 K_p、K_r。同样，当不考虑扰动力时，由该等效模型也可以直

---
① 王照林. 运动稳定性及其应用. 北京: 高等教育出版社, 1992: 53--54.

观地得知，只要 $K_r > 0$，$K_p > 0$，系统是渐近稳定的。控制系统能够等效为被动的弹簧阻尼元件的根本原因在于，控制力作用点与测量点位于同一个元件上，而这也恰好是被动元件的固有特性。对于后文叙述的异位控制问题，控制力作用点与测量点分别位于 m_1、m_2 上，二者之间由柔性结构隔开，这是被动元件无法实现的。于是，异位控制系统无法等效为被动的弹簧、阻尼元件，也因此呈现出其特点。

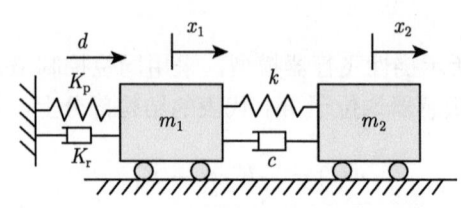

图 4.18　挠性结构闭环系统的等效模型

对照前面讨论的动力吸振器问题，m_2 所代表的结构在一定条件下会成为其余结构的动力吸振器。根据前面有关振动问题的讨论，当由此形成的等效结构振动系统的固有频率接近扰动力的频率时，会出现幅值放大的问题。如果忽略结构自身的阻尼，则当速度反馈系数为零时，会出现共振，即失稳现象。

为了分析结构柔性对控制系统稳定性的影响，首先推导没有控制时结构的固有频率和振型。仍然用图 4.18 所示简化模型进行研究。将方程中的阻尼项、外载荷向量略去，求解广义特征值问题，得到分别表征模型刚体模态与弹性振动模态的特征值与特征向量

$$\lambda_1 = 0, \quad \varphi_1 = \begin{bmatrix} \dfrac{1}{\sqrt{m_0}} & \dfrac{1}{\sqrt{m_0}} \end{bmatrix}^{\mathrm{T}}$$

$$\lambda_2 = \dfrac{km_0}{m_1 m_2}, \quad \varphi_2 = \begin{bmatrix} \sqrt{\dfrac{m_2}{m_0 m_1}} & -\sqrt{\dfrac{m_1}{m_0 m_2}} \end{bmatrix}^{\mathrm{T}}$$

其中，上标 T 表示矩阵/向量的转置。

定义振型矩阵

$$\boldsymbol{\Phi} = \begin{bmatrix} \varphi_1 & \varphi_2 \end{bmatrix}$$

并利用其定义物理坐标与模态坐标之间的坐标变换

$$\begin{bmatrix} x_1 \\ x_2 \end{bmatrix} = \boldsymbol{\Phi} \begin{bmatrix} q_1 \\ q_2 \end{bmatrix}$$

4.4 结构与控制系统的耦合问题

其中，q_1、q_2 分别为刚体模态、弹性振动模态的模态坐标。将方程变换至模态坐标下，有

$$\begin{bmatrix} \ddot{q}_1 \\ \ddot{q}_2 \end{bmatrix} + \begin{bmatrix} 0 & 0 \\ 0 & 2\xi_s\omega_s \end{bmatrix} \begin{bmatrix} \dot{q}_1 \\ \dot{q}_2 \end{bmatrix} + \begin{bmatrix} 0 & 0 \\ 0 & \omega_s^2 \end{bmatrix} \begin{bmatrix} q_1 \\ q_2 \end{bmatrix} = \boldsymbol{\Phi}^{\mathrm{T}} \begin{bmatrix} u+d \\ 0 \end{bmatrix}$$

这里，弹性体结构的固有频率 ω_s 及阻尼比 ξ_s 分别定义为

$$\omega_s = \sqrt{\frac{km_0}{m_1 m_2}}$$

$$\xi_s = \frac{c}{2}\sqrt{\frac{m_0}{km_1 m_2}}$$

其中，下标 "s" 代表结构 (structure)。

对于航天器，该定义的含义是采用中心刚体柔性附件模型，即结构的挠性由附件产生。现在多数航天器都采用这样的模型，以计入附件弹性对结构姿态运动和控制的影响。

仿照前面振动部分的推导，采用直接方法，根据上面结构固有频率和阻尼比以及控制频率和控制系统阻尼比的定义，记

$$m_0 \left(-\frac{m_1}{m_0}\omega^2 + \mathrm{j}\omega \frac{K_r}{m_0} + \frac{K_p}{m_0} \right) = m_0 \omega_c^2 \left(1 - \frac{m_1}{m_0}s_c^2 + 2\mathrm{j}\xi_c s_c \right)$$

$$\frac{m_1 m_2}{m_0} \left(-\omega^2 \frac{m_0}{m_1} + \mathrm{j}\omega c \frac{m_0}{m_1 m_2} + k\frac{m_0}{m_1 m_2} \right) = \frac{m_1}{m_0} m_2 \omega_s^2 \left(1 - \frac{m_0}{m_1}s_s^2 + 2j\xi_s s_s \right)$$

$$\mathrm{j}\omega c + k = \frac{m_1}{m_0} m_2 \omega_s^2 (2\mathrm{j}\xi_s s_s + 1)$$

得到结构 m_1 的振动幅值

$$X_1 = \frac{1 - (1+\gamma)s_s^2 + 2\mathrm{j}\xi_s s_s}{\left(1 - \dfrac{s_c^2}{1+\gamma} + 2\mathrm{j}\xi_c s_c\right)\left[1 - (1+\gamma)s_s^2 + 2\mathrm{j}\xi_s s_s\right] - \dfrac{\gamma s_c^2}{1+\gamma}(2\mathrm{j}\xi_s s_s + 1)} \times \frac{D}{K_p}$$

其中，s_s 和 s_c 分别是扰动力频率与结构频率之比及与控制频率之比；$\gamma = \dfrac{m_2}{m_1}$ 是两部分结构的质量比；D 是扰动力的幅值。

当忽略结构的阻尼时，即 $c=0$，有

$$X_1 = \frac{1-(1+\gamma)s_s^2}{\left(1 - \dfrac{s_c^2}{1+\gamma} + 2j\xi_c s_c\right)[1-(1+\gamma)s_s^2 + 2j\xi_s s_s] - \dfrac{\gamma s_c^2}{1+\gamma}} \times \frac{D}{K_p}$$

取振幅的模，得响应的幅值

$$|X_1| = \frac{1}{\sqrt{(1-\mu s_c^2)^2 + 4\xi_c^2 s_c^2}} \times \frac{|D|}{K_p}$$

其中，

$$\mu = \frac{s_s^2 - 1}{s_s^2(1+\gamma) - 1}$$

当响应幅值最大，即有可能处于失稳状态时，扰动力频率与控制系统频率的比为

$$s_c = \frac{1}{\mu}\sqrt{\mu - 2\xi_c^2}$$

当 $s_2 > 1$ 时，因为 μ 的最大值小于 1，所以为了使 s_c 是实数，需要满足 $\xi_c < 0.707$ 的条件。在这种情况下，控制系统有可能处于失稳状态，因此，为保证系统的稳定性，应该有[①]

$$\xi_c \geqslant 0.707$$

在结构设计中，增加结构的阻尼，有助于降低对控制系统阻尼比的要求。

由 μ 的表达式知，当 $s_s = 1$ 时，$\mu = 0$，导致 s_c 的解不存在。如果图 4.16(b) 所示模型对应于中心刚体挠性附件卫星，通常质量比较低，如 $\gamma = 0.1$，在这种情况下讨论结构的固有频率比和控制系统频率比。当 $s_s = 4$，且 $\xi_c = 0.5$ 时，$s_c = 0.70$，即在结构处于共振状态时控制频率会显著高于结构固有频率。当 $\xi_c = 0.707$ 时，关于控制系统的频率比不存在，即控制系统的频率不会产生共振问题。但如果 $s_s < 1$，即结构固有频率高于扰动频率，例如取 0.70，仍然设 $\xi_c = 0.5$，得到 $s_c = 0.70$，即控制频率和结构固有频率相同；但如果 $\xi_c = 0.707$，$s_c = 0.29$，共振状态下的控制频率存在，且高于结构固有频率。这些数值结果说明，因 μ 是结构的两部分质量比的函数，所以，控制系统失稳不仅由控制参数决定，而且由挠性体结构动力学参数及扰动力频率决定，或者说是由三者的耦合关系决定。

当忽略结构阻尼时，m_1 所代表结构的最大响应幅值为

$$|X_1|_{\max} = \frac{\mu}{2\xi_c\sqrt{(\mu - \xi_c^2)}} \times \frac{|D|}{K_p}$$

[①] Wie B. Space Vehicle Dynamics and Control. 2nd Ed. Reston, VA: AIAA, 2008.

4.4 结构与控制系统的耦合问题

即如果控制系统阻尼比为 0，m_1 所代表的结构处于共振状态。

由 X_1 可以得到 m_2 所代表结构的振动幅值

$$X_2 = \frac{1 + 2\mathrm{j}\xi_\mathrm{s} s_\mathrm{s}}{\left(1 - \dfrac{s_\mathrm{c}^2}{1+\gamma} + 2\mathrm{j}\xi_\mathrm{c} s_\mathrm{c}\right)\left[1 - (1+\gamma) s_\mathrm{s}^2 + 2\mathrm{j}\xi_\mathrm{s} s_\mathrm{s}\right] - \dfrac{\gamma s_\mathrm{c}^2}{1+\gamma}(2\mathrm{j}\xi_\mathrm{s} s_\mathrm{s} + 1)} \times \frac{D}{K_\mathrm{p}}$$

当忽略结构阻尼时，有

$$|X_2| = \frac{1}{|1 - (1+\gamma) s_\mathrm{s}^2|\sqrt{(1 - \mu s_\mathrm{c}^2)^2 + 4\xi_\mathrm{c}^2 s_\mathrm{c}^2}} \times \frac{|D|}{K_\mathrm{p}}$$

同样，当扰动力频率与控制频率比等于共振值时，由前面关于 X_1 最大幅值的推导，可以得到

$$|X_2|_{\max} = \frac{\mu}{2\xi_\mathrm{c} |1 - (1+\gamma) s_\mathrm{s}^2|\sqrt{\mu - \xi_\mathrm{c}^2}} \times \frac{|D|}{K_\mathrm{p}}$$

由上面的分析讨论可知，在同位控制中，如果不考虑结构的弹性，就控制系统设计而言，重点是避免扰动力的频率落入控制带宽内。计入结构的弹性影响后，控制系统和结构组成一个耦合的弹性系统，重点是避免包含控制系统参数影响的系统频率和扰动力频率相接近，即避免共振导致的响应放大问题。为保证控制稳定性，当结构固有频率低于扰动力的一阶频率时，控制系统阻尼比应不小于 0.707。

和前面隔振部分处理其他结构传递给被隔振结构的振动方式相同，可以用力来表示主结构和其他部分结构之间的结构振动耦合。如果设主结构为刚体，则控制和结构的关系可以用图 4.16(a) 来描述，即用扰动力的形式表示结构其他部分的振动对主结构的影响，这就将该问题转化为控制频率和扰动力频率的关系问题。

导致结构振动的扰动力不仅以力的形式出现，有时还会以运动的形式出现，例如卫星的太阳翼 (图 4.19)，当卫星完成姿态机动后，太阳翼受到卫星姿态机动产生的影响而出现自由振动，而这种振动产生的扰动力反过来会带动卫星本体的姿态运动。对称布置的太阳翼，即双太阳翼结构，会因太阳翼的振动使得卫星本体出现上下运动 (太阳翼对称运动所致) 和左右晃动 (太阳翼反对称运动所致) 等形式。通常太阳翼的固有频率较低[1]，并且在真空环境下阻尼比较小，这样，太阳翼振动持续的时间会比较长。此外，因太阳翼通常由多块太阳能板通过铰链连接而形成，会存在非线性运动特征，即更多的结构振动频率出现在低频段，这对于卫星主体结构而言，就意味着更多的激振力频率，因此会增加结构控制失稳的可能

---

[1] 李东旭. 高等结构动力学. 2 版. 北京: 科学出版社, 2010.

性，即出现共振问题。一个典型的例子是东方红三号通信卫星首颗星出现的卫星姿态失稳问题，问题产生的原因是因卫星姿态控制频率和扰动力频率接近，但这个频率在结构线性建模的有限元分析中并没有发现，由此得出的结论是因太阳翼非线性所致。

(a) 双太阳翼卫星外观

(b) 太阳翼一阶外弯曲振型

图 4.19 双太阳翼卫星和太阳翼一阶外弯曲振型

4.4.2 异位控制

当控制力作用在 m_1 代表的结构部分上，而观测值取自于 m_2 代表的结构时，因为弹性环节的存在，出现了所谓的"异位控制"(non-collocated control) 问题。为保证控制系统的稳定性，不仅要求 $\xi_c \geqslant 0.707$，而且结构的阻尼比需要具有一定的值。为保证控制系统的稳定性，需要用结构的有限元模型进行分析，确定控制系统频率和阻尼比及结构本身的模态参数。下面通过图 4.18 所示的飞行器简化模型简要介绍异位控制问题和要求。

对于图 4.18 所示挠性飞行器模型，控制力 u 仍作用在 m_1 的代表卫星本体上，而敏感器位于由 m_2 代表的有效载荷上，控制律仍然采用位置-速率反馈。控制力的表达式为

$$u(t) = -K_\mathrm{p} x_2 - K_\mathrm{r} \dot{x}_2$$

其中 $K_\mathrm{p} > 0$，$K_\mathrm{r} > 0$。将上式代入运动方程并整理得到异位控制系统的闭环方程

$$\begin{bmatrix} m_1 & \\ & m_2 \end{bmatrix}\begin{bmatrix} \ddot{x}_1 \\ \ddot{x}_2 \end{bmatrix} + \begin{bmatrix} c & -c+K_\mathrm{r} \\ -c & c \end{bmatrix}\begin{bmatrix} \dot{x}_1 \\ \dot{x}_2 \end{bmatrix} + \begin{bmatrix} k & -k+K_\mathrm{p} \\ -k & k \end{bmatrix}\begin{bmatrix} x_1 \\ x_2 \end{bmatrix} = \begin{bmatrix} 0 \\ 0 \end{bmatrix}$$

利用前面定义的振型矩阵，该方程可以变换至模态坐标下，

$$\ddot{\boldsymbol{q}} + (\boldsymbol{B} + \boldsymbol{G})\dot{\boldsymbol{q}} + (\boldsymbol{\Lambda} + \boldsymbol{F})\boldsymbol{q} = 0$$

4.4 结构与控制系统的耦合问题

其中，模态位移向量 q 及各矩阵的表达式为

$$q = \begin{bmatrix} q_1 \\ q_2 \end{bmatrix}$$

$$\boldsymbol{B} = \begin{bmatrix} 2\xi_c\omega_c & \\ & 2\xi_s\omega_s - 2\xi_c\omega_c \end{bmatrix}, \quad \boldsymbol{G} = 2\xi_c\omega_c \begin{bmatrix} & -\dfrac{1}{\sqrt{\gamma}} \\ \sqrt{\gamma} & \end{bmatrix}$$

$$\boldsymbol{\Lambda} = \begin{bmatrix} \omega_c^2 & \\ & \omega_s^2 - \omega_c^2 \end{bmatrix}, \quad \boldsymbol{F} = \omega_c^2 \begin{bmatrix} & -\dfrac{1}{\sqrt{\gamma}} \\ \sqrt{\gamma} & \end{bmatrix}$$

定义归一化参数

$$\alpha = \frac{\xi_s\omega_s}{\xi_c\omega_c}, \quad \beta = \frac{\omega_s}{\omega_c}$$

方程的特征多项式可以写成

$$\rho(s) = s^4 + 2\xi_c\omega_c\alpha s^3 + \left[\alpha\left(2\xi_c\omega_c\right)^2 + \beta^2\omega_c^2\right]s^2 + (\alpha + \beta^2)2\xi_c\omega_c^3 s + \beta^2\omega_c^4$$

注意到特征多项式中不显含质量比参数 γ，故异位控制闭环系统的稳定性与 m_2、m_1 的质量比无直接关系。因此，研究运动方程的稳定性时，不妨令 $\gamma = 1$，则矩阵 $\boldsymbol{G}$、$\boldsymbol{F}$ 成为反对称矩阵，可以分别将其视为陀螺矩阵、非保守力矩阵 (或称为约束阻尼矩阵)。当刚度矩阵 $\boldsymbol{\Lambda}$、阻尼矩阵 $\boldsymbol{B}$、陀螺矩阵 $\boldsymbol{G}$、非保守力矩阵 $\boldsymbol{F}$ 同时存在时，系统的稳定性较难得出一般性的结论。为此，针对这一问题，采用劳斯判据直接对特征多项式进行研究。特征多项式的劳斯表见表 4.1。

表 4.1 异位控制系统特征多项式劳斯表

第 1 行	1	$\alpha(2\xi_c\omega_c)^2 + \beta^2\omega_c^2 \quad \beta^2\omega_c^4$
第 2 行	$2\xi_c\omega_c\alpha$	$(\alpha + \beta^2)2\xi_c\omega_c^3$
第 3 行	$\left[4\xi_c^2\alpha^2 + (\beta^2 - 1)\alpha - \beta^2\right] \cdot 2\xi_c\omega_c^3$	$2\xi_c\omega_c^5\alpha\beta^2$
第 4 行	$\left[4\xi_c^2\alpha^3 + (4\xi_c^2\beta^2 - 1)\alpha^2 + \beta^2(\beta^2 - 2)\alpha - \beta^4\right] \cdot 4\xi_c^2\omega_c^6$	
第 5 行	$\left[4\xi_c^2\alpha^3 + (4\xi_c^2\beta^2 - 1)\alpha^2 + \beta^2(\beta^2 - 2)\alpha - \beta^4\right] \cdot 8\xi_c^3\omega_c^{11}\alpha\beta^2$	

注：为简便起见，后三行没有除以相应的系数。

根据前文叙述，参数 ξ_c、ω_c、α、β 均大于零。根据劳斯判据，影响系统稳定性的是以下两式的符号

$$r_1 = 4\xi_c^2\alpha^2 + (\beta^2 - 1)\alpha - \beta^2$$

$$r_2 = 4\xi_c^2\alpha^3 + (4\xi_c^2\beta^2 - 1)\alpha^2 + \beta^2(\beta^2 - 2)\alpha - \beta^4$$

这里给出异位控制系统稳定性的两个判据及证明。

判据 1 当控制系统阻尼比满足 $\xi_c \geqslant \dfrac{\sqrt{2}}{2}$ 时，若柔性环节与控制系统的阻尼常数比满足

$$\alpha \geqslant 1$$

则系统稳定。

证明 首先在 r_1 和 r_2 的表达式中令 $\xi_c = \dfrac{\sqrt{2}}{2}$，得

$$r_1 = \alpha^2 + (\beta^2 - 1)\alpha - \beta^2$$

$$r_2 = \alpha^3 + (\beta^2 - 1)\alpha^2 + \beta^2(\beta^2 - 2)\alpha - \beta^4$$

将 r_1、r_2 在 $\alpha = 1$ 处展开成泰勒 (Taylor) 级数，有

$$r_1 = 1 + (\beta^2 + 3)(\alpha - 1) + 2(\alpha - 1)^2$$

$$r_2 = 1 + \left[(\beta^2 + 1)^2 + 3\right](\alpha - 1) + (2\beta^2 + 5)(\alpha - 1)^2 + 2(\alpha - 1)^3$$

由于 r_1、r_2 中各 $(\alpha - 1)^k$ 项系数均为正，故当 $\alpha \geqslant 1$ 时，有 $r_1 \geqslant 1 > 0, r_2 \geqslant 1 > 0$。

另外，将 r_1 和 r_2 的数学表达式对 ξ_c 求偏导，有

$$\frac{\partial r_1}{\partial \xi_c} = 8\alpha^2 \xi_c > 0$$

$$\frac{\partial r_2}{\partial \xi_c} = 8\alpha^2(\alpha + \beta^2)\xi_c > 0$$

因此 r_1、r_2 总随 ξ_c 增大而增大。于是，当满足上面的式子时，r_1、r_2 严格大于 0，系统渐近稳定。

判据 2 当控制系统阻尼比满足 $\xi_c \leqslant 0.5$ 时，若柔性环节与控制系统的阻尼常数比满足

$$0 \leqslant \alpha \leqslant 1$$

则系统不稳定。

证明 首先在 r_1 和 r_2 的表达式中令 $\xi_c = 0.5$，得

$$r_1 = \alpha^2 + (\beta^2 - 1)\alpha - \beta^2$$

$$r_2 = \alpha^3 + (\beta^2 - 1)\alpha^2 + \beta^2(\beta^2 - 2)\alpha - \beta^4$$

4.4 结构与控制系统的耦合问题

要证明系统不稳定，r_1 与 r_2 中只要有一个小于 0 即可。注意到 r_1 为 α 的首项系数为正的二次函数，且

$$r_1|_{\alpha=0} = -\beta^2 < 0, \quad r_1|_{\alpha=1} = 0$$

$$r_2|_{\alpha=1} = -\beta^4 < 0$$

因此当 $0 \leqslant \alpha < 1$ 时，有 $r_1 < 0$，系统不稳定；而当 $\alpha = 1$ 时，有 $r_2 < 0$，系统不稳定。也就是说，当控制系统阻尼比 $\xi_c = \dfrac{1}{2}$，且 $0 \leqslant \alpha \leqslant 1$ 时系统均不稳定。另外，根据上面的公式，r_1 总随 ξ_c 的减小而减小，因此对于 $\xi_c < \dfrac{1}{2}$，$0 \leqslant \alpha \leqslant 1$，均有 $r_1 < 0$，系统不稳定。综上，当满足上面的条件时，系统不稳定。

由前面的推导过程可知，α 是柔性环节与控制系统的组合参数 $\xi_s\omega_s$、$\xi_c\omega_c$ 之比。对于一个二阶系统，阻尼比与固有频率之积可以称为阻尼常数 (damping constant)，它决定了该系统的阶跃响应时间 (step response time)[38]。根据二阶系统理论，柔性环节、控制系统的响应时间可以分别写成

$$T_s = \frac{4}{\xi_s\omega_s}$$

$$T_c = \frac{4}{\xi_c\omega_c}$$

于是，判据 1 给出的稳定条件式中的 $\alpha \geqslant 1$ 有了较为直观的物理解释，即为了保证异位控制系统的稳定性，柔性环节的响应时间应当小于控制系统的响应时间，即

$$T_s \leqslant T_c$$

或写成

$$\omega_s\xi_s \geqslant \xi_c\omega_c$$

因结构的阻尼比 ξ_s 通常远小于控制系统阻尼比 ξ_c，故结构的固有频率 ω_s 需远高于控制系统的固有频率 ω_c 才能保证异位控制系统稳定。作为一种典型情况，当控制系统阻尼比 ξ_c 取 0.707，结构阻尼比 ξ_s 取 5% 时，应满足频率比 $\beta \geqslant 14.14$ 才能保证系统稳定。而为了具有一定的稳定裕度，β 需取更大的数值。考虑极端情况，如果结构无阻尼，则不论频率比 β 多大，采用位置-速率反馈均无法使异位控制系统稳定。这就对异位控制情况下的挠性环节的频率与阻尼比的下限提出了要求。

异位控制广泛用于高分辨率遥感卫星的姿态控制方面。如前所述，为了保证成像质量，需要在空间相机和卫星平台之间加装隔振器；为了保证相机的指向精

度,将姿态敏感器安装在相机结构上,而姿态控制作动器则会安装在卫星平台上的。这就形成了异位控制问题。为了提高卫星的敏捷性,拓宽控制带宽是必要的,这就要求提高隔振器的阻尼值,同时提高相机的隔振频率。但提高隔振器的阻尼值和频率的副作用是降低了隔振效果。所以,需要对振源进行隔振,并且对多种影响因素进行综合考虑,选择最优的控制参数和隔振器参数。太阳翼的挠性是降低整个卫星固有频率的重要因素,如前所述,为提高控制频率和拓宽控制带宽,需要大幅度提高太阳翼的固有频率。

为了提高太阳翼的一阶固有频率,高分辨率敏捷遥感卫星或者采用横向展开太阳翼(如图 4.20(a) 所示的 WorldView-3 遥感卫星),或者采用多块单板展开加斜支撑太阳翼(如图 4.20(b) 所示的 Pleaides 遥感卫星),以提高太阳翼的刚度并同时降低结构的转动惯量。

(a) WorldView-3 遥感卫星　　　　　　(b) Pleaides 遥感卫星

图 4.20　提高卫星太阳翼刚度并降低结构的转动惯量的典型设计

在前面的讨论中仅仅假设结构是由一个弹性环节构造的,但在实际工程中,结构是一个多自由度的弹性结构,所以,除非控制反馈信号直接取在控制作动器上,否则异位控制问题是客观存在的,因此,在结构设计时,需要避免结构固有频率落入控制带宽中,并且做到结构一阶固有频率尽量远离控制频率,同时注意提高结构的阻尼比,这样可以降低与控制系统耦合的可能性。

挠性飞行器控制系统稳定性与飞行控制执行机构和姿态敏感器的配置方式、控制系统时延、结构阻尼比等因素密切相关,需结合实际情况进行分析。在控制系统设计时,需充分考虑自身的时延、敏感器与执行机构配置方式、对象的结构动力学特性(即模态参数),通过合理设计滤波器,可在保证控制性能的同时避免与挠性结构发生不稳定的耦合。飞行器挠性环节与控制系统易发生不稳定耦合现象,尤其是当执行机构与敏感器异位配置,或控制系统存在时延时。在一些情况下，通过合理设计滤波器来过滤掉反馈信号中结构的振动分量，可避免与挠性结构发生不稳定的耦合。

4.5 静气动弹性问题及其防治措施

在动响应分析中，常常忽略结构变形对受力状态的影响。但是当飞行器在气流中运动时，结构 (如空气动力面) 的变形会产生附加的气动载荷，而附加的气动载荷又使结构发生进一步的变形。当此变形产生的弹性恢复力能够平衡它的气动力时，结构是稳定的，不再变形。由于空气动力随气流速度的增加而迅速增加，而结构的弹性恢复力则与气流速度无关，故存在一个临界气流速度。当气流速度超过它时，结构的弹性恢复力不再能平衡气动力，结构变成不稳定的。在上述现象中，空气动力与时间无关，且与结构的质量力无关 (过载)，称之为气动弹性的静力学问题。

第一类静气动弹性问题：因结构变形导致的翼面扭转发散和弯曲发散。这里，升力面扭转发散是其扭转变形无限扩大的现象。

第二类静气动弹性问题：气动弹性效应使得操纵系统效能降低，甚至导致相反的操纵效果，因而严重影响操纵性能。

气动弹性的动力学问题：气动力与弹性恢复力相互作用时，结构变形有很大的加速度，出现振动现象，致使结构的惯性力要"参与"结构的平衡。此时，气动力也随时间而变。颤振 (flutter) 现象是典型的气动弹性动力学问题。

对于设计者来说，在设计翼面和操纵机构时，必须考虑气动弹性静力学问题。气动弹性问题的特点：外载荷 (空气动力) 随结构变形情况而改变，即结构弹性变形对载荷起到重要作用，所以气动弹性的英文是 Aeroelasticity。前述的结构动力学问题中，虽然外载荷与结构变形无关，但结构受到的载荷与结构设计有关。

在高超声速飞行时，气动加热会导致结构的物理参数发生改变，包括弹性模量降低和尺度加大，在进行气动弹性分析和计算及设计时，需要考虑因此产生的气动弹性问题、结构内部的热应力和热变形协调问题，即进行结构的热设计。当然，结构防热、热控及采用耐高温材料等都是设计中需要考虑的问题[①]。

4.5.1 第一类静气动弹性问题

静气动弹性问题通常用图 4.21 所示的二元机翼模型进行讨论分析。二元机翼的扭转弹性用扭转弹簧表示。设机翼上下平移运动不产生附加气动力，在分析中可以不考虑，仅考虑绕刚性轴的转动运动，即攻角变化。

---

① Friedmann P P. Renaissance of aeroelasticity and its future. Journal of Aircraft, 1999, 36(1): 105–121.

图 4.21 机翼模型

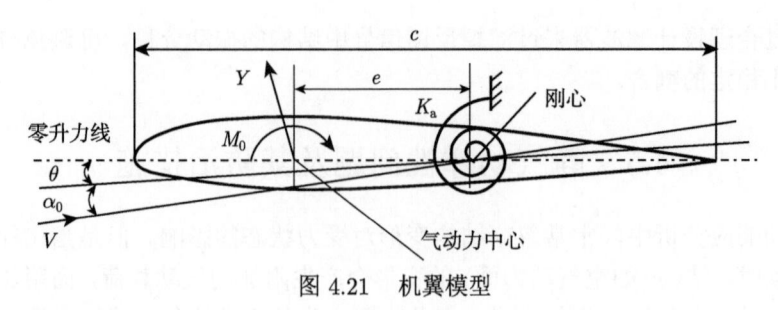

气动力矩引起附加弹性扭角 θ，使得攻角 α 增加，产生附加升力和气动力矩，导致弹性扭角继续增大。由于结构的弹性产生弹性反作用力，所以会有两种后果：

(a) 当扭转弹簧刚度一定时，若风速低，则气动力矩小，扭转角会很小；若风速高，则气动力矩大，扭转角会很大。

(b) 风速增大到某值时，机翼的扭转角会突然增大而使机翼发生破坏，这种现象称为"扭转发散"，也称为"静发散"；使机翼产生发散失稳的风速称为"扭转发散临界速度"，记为 V_D。

在计算扭转发散临界速度时，如图 4.21 所示，考虑机翼弹性变形后的气动力和气动力矩，设作用于气动中心的升力为 Y(向上为正)，绕气动中心的气动力矩为 M_0(使机翼抬头为正)，机翼绕刚心发生扭转，产生的附加攻角为 θ；令初始攻角为 α_0，这样总的攻角是 $\alpha = \alpha_0 + \theta$。总的气动力及绕刚心的气动力矩分别为

$$Y = C_L q S$$

$$M_E = M_0 + Y e$$

其中，

$$C_L = C_{L0} + \frac{\partial C_L}{\partial \alpha}\alpha, \quad \alpha = \alpha_0 + \theta$$

是升力系数 (对称翼型 $C_{L0} = 0$)，$\dfrac{\partial C_L}{\partial \alpha}$ 是其导数；速度压力为

$$q = \frac{1}{2}\rho V^2$$

S 和 ρ 分别是机翼面积和空气密度；e 是压力中心到刚心的距离 (当刚心在气动中心之后时 e 为正)；V 是风速；M_E 是气动力等效到气动中心后产生的等效气动力矩，对称翼型 $M_0 = 0$。

关于翼面提供的弹性恢复力矩，假定初始攻角为 α_0 时，绕刚心的扭转弹簧恰好未发生变形，则对应附加攻角 θ(即弹性扭角) 产生的弹性恢复力矩为 $K_a\theta$(胡

4.5 静气动弹性问题及其防治措施

克定律)。由此，建立对刚心的力矩平衡方程 (气动力矩 = 恢复力矩)

$$K_a\theta = M_0 + Ye = M_0 + C_{L0}qSe + \frac{\partial C_L}{\partial \alpha}(\alpha_0 + \theta)qSe$$

$$\left(K_a - \frac{\partial C_L}{\partial \alpha}qSe\right)\theta = \frac{\partial C_L}{\partial \alpha}qSe\alpha_0 + M_0$$

考虑气动弹性效应后，机翼的实际弹性扭转角成为

$$\theta = \frac{\left(\dfrac{\partial C_L}{\partial \alpha}qSe\alpha_0 + M_0\right)/K_a}{1 - \dfrac{\partial C_L}{\partial \alpha}qSe/K_a}$$

不考虑弹性扭转引起的附加气动力，在机翼弯曲和攻角 α_0 所产生的气动力和动力矩作用下，(刚性) 机翼产生的扭转角记为

$$\theta^r = \frac{\dfrac{\partial C_L}{\partial \alpha}qSe\alpha_0 + M_0}{K_a}$$

考虑气动弹性效应后，得到弹性机翼的扭转变形放大因子

$$\frac{\theta}{\theta^r} = \frac{1}{1 - \dfrac{\partial C_L}{\partial \alpha}qSe/K_a}$$

刚心通常位于气动中心之后，即 $e > 0$，故 $\theta/\theta^r > 1$，速度增加使速压 q 达到某一特定值时，上式的分母等于零，弹性扭角就趋于无穷大，机翼成为扭转不稳定的。这一特定的速度压力 q 称为扭转发散临近速压 (发散压)，对应的速度称为扭转发散临近速度 (发散速度)V_D。

根据扭转发散临界条件

$$1 - \frac{qSe\dfrac{\partial C_L}{\partial \alpha}}{K_a} = 0$$

可以得到扭转发散临近速压

$$q_D = \frac{K_a}{\dfrac{\partial C_L}{\partial \alpha}Se}$$

由
$$q = \frac{1}{2}\rho V^2$$

得到扭转发散临界速度
$$V_D = \sqrt{\frac{2K_a}{\rho \dfrac{\partial C_L}{\partial \alpha} Se}}$$

故扭转临界发散特性与机翼弯曲刚度和初始攻角无关，当接近临界速压时，扭转角迅速增大。

对于直翼面，其弯曲对扭转发散没有影响；而对大展弦比后掠翼面而言，因翼面弯曲会使翼面沿气流方向的迎角减小，相应的附加的负升力要减小翼面的扭转力矩，从而减小了翼面发生扭转发散的可能性。当超声速飞行时，气动中心会后移到机翼弦中点附近，降低了扭转发散的危险 (e 大幅度减小)，对于亚声速大展弦比长直机翼危险性大。因在低空空气密度大，低空飞行会增大危险性。虽然已经证明中等或大后掠翼面不可能产生发散，但民用飞机和高空无人机多采用后掠角小的长机翼，仍然存在扭转发散的可能性，在设计和使用中需要注意。

在上面的推导过程中，如果 $e = 0$，即刚心和压力中心重合，可知 $V_D \to \infty$，就不会出现扭转发散问题。根据上面的讨论，可以得到防止静发散的设计措施，包括：

(a) 增大翼面的扭转刚度；
(b) 使翼面弹性轴尽量接近压力中心线；
(c) 限制飞行速度。

4.5.2 第二类静气动弹性问题

图 4.22 是用于操纵面反效分析的机翼模型。规定舵面向下偏转角为正，并假定翼段是完全刚性的 ($k_a = \infty$)，但实际翼段不是刚性的，升力增量 Y 作用在焦点之后，产生负的气动力矩 M 将使翼面向迎角减小方向偏转，因此，翼面的总升力也相应减小。该力矩是扰动气流速度 v_∞ 的二次函数，弹性恢复力与 v_∞ 无关，所以对同样舵面偏转角 δ，随着气流速度 v_∞ 的增加，升力增量 ΔY 不断减小，甚至会变成负值。于是舵面效率不断降低，甚至起相反作用。当舵面效率为零，即舵面偏转不引起升力变化时的气流速度叫做舵面反效临界速度 $v_{R,cr}$(舵面偏转使翼面得到的升力增量恰好等于弹性变形使翼面迎角减小而引起的升力降低值)。

防止反效的措施有：

(a) 提高翼面的抗扭刚度；
(b) 限制飞行速度。

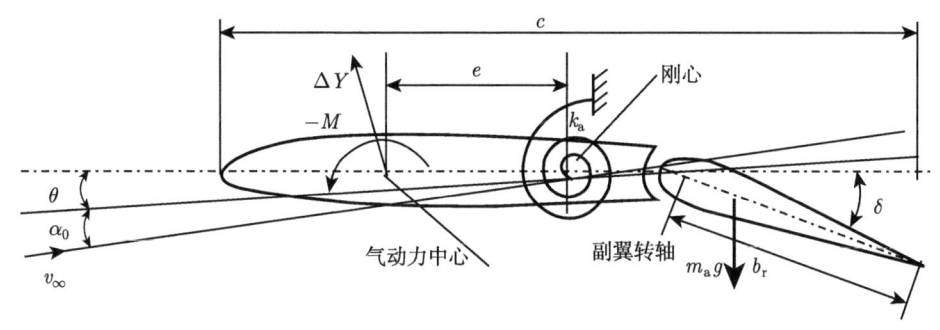

图 4.22 操纵面反效分析模型图

4.5.3 超声速飞行中的弯曲发散

随着飞行速度的增加,作用在飞行器上的气动力迅速增加,对超声速飞行的小展弦比翼面来说,在气动载荷作用下,顺气流方向(弦向)翼剖面的翘曲引起了弦向弯曲变形。这种变形往往引起前缘迎角进一步增大,从而导致气动力进一步增加。若翼面刚度不够,弹性恢复力不能平衡气动力,这种弯曲变形将不断扩大,直至结构破坏。这就是超声速时翼面的弯曲发散现象。

细长导弹在超声速飞行时,如果刚度不足,也会产生弹体发散现象。

思考题

(1) 讨论防止静发散设计措施的原理。
(2) 讨论如何在不增加地空/空空导弹重量的前提下,增加弹身弯曲刚度。

4.6 气动弹性动力学问题及其防止措施

颤振现象是一个典型的气动弹性动力学问题。飞行器飞行中受到外激励的干扰产生振动时,在气动力、弹性力和惯性力的联合作用下,当飞行速度达到某一特定值时,会出现弹/机体振幅迅速扩大并在几秒内破坏的危险现象。由于振动扩散的原因是附加空气动力的作用占主导地位,振动不断地从气流中获得能量,所以这种现象也称为自激振动。飞行器在气流中这种扩散的自激振动称为颤振。颤振现象是多种多样的,设计过程中必须保证飞行器在使用范围内不发生颤振。

颤振属于动力学稳定性问题。颤振分析的主要任务是分析气动力作用下系统振动的稳定性,定出系统的颤振临界速度,分析其影响因素并找到提高的措施。颤振存在临界速度,当飞行速度由小到大增加时,由扰动引起的振动会由衰减的变为发散的,当飞行速度达到某一值时,扰动所引起的飞行器振动刚好维持飞行器的等幅简谐振动,这一速度称为颤振临界速度,简称颤振速度。

4.6.1 颤振产生的机理

最经典的颤振现象是弯扭耦合颤振。机翼/弹翼在一个振动周期内的势能和动能之和保持为常数,如果飞行器翼要获得振动激励,只有从气流中获取能量,如果这个能量大于翼结构的阻尼所消耗的能量,就会发生颤振。翼作为一个弹性体,在振动中通常同时具有弯曲与扭转两种变形模态。由翼弯扭耦合振动而导致的颤振,称为弯扭耦合颤振。

下面以弹性翼的一个典型剖面为对象,从定性的角度来分析其产生的机理。参照图 4.21 进行分析。

由翼面弯曲振动引起的等效攻角 $\Delta\alpha$(见图 4.23,w 为由向下速度产生的相对风速) 产生的附加气动力 ΔY_α 与机翼运动方向相反,起阻力作用,与速度成正比,即

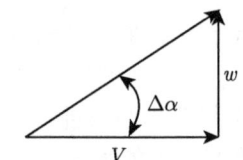

图 4.23 弯曲振动引起的等效攻角

$$\Delta Y_\alpha = \frac{1}{2}\rho V^2 S \frac{\partial C_L}{\partial \alpha}\Delta\alpha \approx \frac{1}{2}\rho V^2 S \frac{\partial C_L}{\partial \alpha}\frac{w}{V} = \frac{1}{2}\rho V S \frac{\partial C_L}{\partial \alpha}w$$

这里设 $\sin\Delta\alpha \approx \Delta\alpha = w/V$。

由翼面扭转导致的附加攻角 θ 所产生的附加气动力为 ΔY_θ,与机翼运动方向相同,起激振力作用,与速度平方成正比,即

$$\Delta Y_\theta = \frac{1}{2}\rho V^2 S \frac{\partial C_L}{\partial \alpha}\theta = \frac{1}{2}\rho S\theta\frac{\partial C_L}{\partial \alpha}V^2$$

比较上面两式,两个力分别要扩大和减小翼扭转角。当 $\Delta Y_\alpha > \Delta Y_\theta$ 时,振动衰减;当 $\Delta Y_\alpha < \Delta Y_\theta$ 时,振动发散,即发生颤振;激振力与阻振力相等,机翼等幅简谐振动,即运动发散的临界状态。

翼发生颤振是有附加气动力在对翼进行激振的缘故,也就是说,颤振只在有气流不断输入能量给翼的情况下才发生,这与自由振动不同。因在气流中弹性翼的弯曲、扭转两个自由度的惯性耦合,弯曲运动引起扭转运动,而翼结构成为一个能量转换开关,它将均匀来流的能量转换成具有往复振动性质的能量,从而导致翼结构发生颤振。

在图 4.22 中,$G_a = m_a g$ 是副翼的重量。在重力作用下,副翼会向下偏转,由此产生翼的附加攻角,促使机翼向上运动,即产生了激振力。

4.6.2 颤振分析的 p-k 方法

工程颤振分析的实例表明，在机翼发生颤振的临界点附近，一般会有两个在气流中的振动模态的频率相互接近的现象，而频率接近意味着两个模态耦合程度的加强。当飞行器速度增大时，翼的某两个模态的频率会发生变化而相互接近，直到这两个模态的频率完全相等 (重合)，由此产生的耦合振动就有可能从气流中吸收能量，从而达到颤振临界点而发生颤振。

下面采用 p-k 方法进行定量化分析[1]。采用定常气动力理论，即认为升力仅与每一时刻的实际攻角有关。采用图 4.24 所示的二元翼模型进行分析。取扭转角和弯曲变形量分别为 α 和 h，可以建立振动方程：

$$m\ddot{h} + md\ddot{\alpha} + K_h h = -Y$$

$$md\ddot{h} + I_\alpha \ddot{\alpha} + K_\alpha \alpha = e \cdot Y$$

将升力表达式

$$Y = \frac{1}{2}\rho V^2 S \frac{\partial C_L}{\partial \alpha}\alpha = qS\frac{\partial C_L}{\partial \alpha}\alpha$$

代入上面的方程，得

$$m\ddot{h} + md\ddot{\alpha} + K_h h + qS\frac{\partial C_L}{\partial \alpha}\alpha = 0$$

$$md\ddot{h} + I_\alpha \ddot{\alpha} + K_\alpha \alpha - qS\frac{\partial C_L}{\partial \alpha}\alpha e = 0$$

其中，I_α 为关于弹性轴的惯性矩；m 是质量。

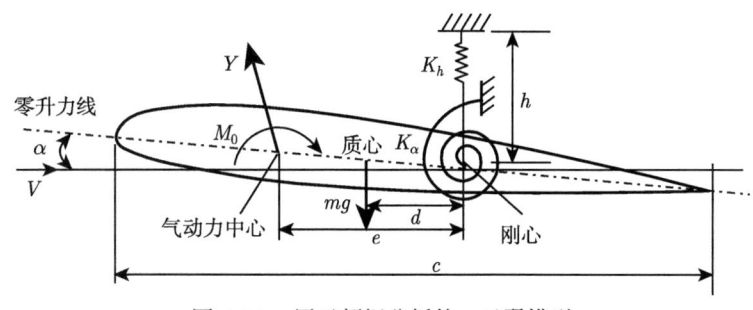

图 4.24 用于颤振分析的二元翼模型

设

$$h = h_0 e^{(\xi+\mathrm{j}\omega)t}, \quad \alpha = \alpha_0 e^{(\xi+\mathrm{j}\omega)t}$$

---

[1] Hodges D H, Alvin Pierce G. Introduction to Structural Dynamics and Aeroelasticity. 2nd Ed. Cambridge: Cambridge University Press, 2011.

将其代入上面的振动方程中，得到方程的矩阵形式

$$\begin{bmatrix} m\lambda^2 + K_h & md\lambda^2 + qS\dfrac{\partial C_L}{\partial \alpha} \\ md\lambda^2 & I_\alpha\lambda^2 + K_\alpha - qSe\dfrac{\partial C_L}{\partial \alpha} \end{bmatrix} \begin{Bmatrix} h_0 \\ \alpha_0 \end{Bmatrix} = \begin{Bmatrix} 0 \\ 0 \end{Bmatrix}$$

采用前面讨论动力吸振器时用到的解矩阵特征值问题的方法，写出特征多项式

$$A\lambda^4 + B\lambda^2 + C = 0$$

$$\lambda^2 = \frac{-B \pm \sqrt{B^2 - 4AC}}{2A}$$

其中，$\lambda = \xi + j\omega$，是特征值，

$$A = mI_\alpha - (md)^2$$

$$B = mK_\alpha + I_\alpha K_h - m(e+d)qS\frac{\partial C_L}{\partial \alpha}$$

$$C = K_h\left(K_\alpha - qSe\frac{\partial C_L}{\partial \alpha}\right)$$

当 $q = 0$ 时，$B > 0$，$B^2 - 4AC > 0$，存在两个负实根，即 λ 为纯虚数，$\xi = 0$，由此得到翼在静止气流中的两个模态的振动都是简谐的。当 $q > 0$ 时，如果仍有 $B > 0$，$B^2 - 4AC > 0$，则仍可以得到翼两个简谐振动频率，翼的振动仍然是稳定的。当 q 增大到使 $B^2 - 4AC < 0$ 时，λ^2 成为复数，至少有一个 λ 的实部是正的，即 $\xi > 0$，翼的振动幅值将不断增大，即发生颤振，翼在气流中的运动成为不稳定的。因此，$B^2 - 4AC = 0$ 成为翼在气流中运动稳定与不稳定的分界点，此时 $\lambda^2 = -B/2A$ 是重根，即翼只有一个振动频率。由此得到，当气流速度增大到使翼在气流中的两个模态振动的频率相等时（频率重合），就达到翼的颤振临界点。

需要注意的是，柔性飞行器与大展弦比常规布局飞行器都可能会出现体自由度颤振现象[1][2]：短周期刚体模态随飞行速度的增加而趋近于翼的第一阶弯曲模态频率，从而引发颤振。(短周期模态是迎角和俯仰角变化速度均呈周期短、衰减快的振荡，而速度的变化很小的一种运动形态。) 对于此，可以理解为短周期模态代替了结构的扭转模态与弯曲模态耦合。

---

[1] Love M H, Scott Zink P, Wieselmann P A. Body freedom flutter of high aspect ratio flying wings. 46th AIAA/ASME/ASCE/AHS/ASC Structures, Structural Dynamics & Materials Conference, 18—21 April 2005, Austin, Texas.

[2] Richards P W, Yao Y, Herd R A, et al. Effect of inertial and constitutive properties on body-freedom flutter for flying wings. Journal of Aircraft, 2016, 53(3): 756—767.

4.6.3 防止颤振的措施

相对于刚心进行力平衡，有

$$\theta \approx \frac{Ye - Gd}{K_\alpha}$$

其中，d 是重心到刚心的距离，在刚心之前为正。由前面的讨论知，当翼的重心位于刚心之后时，会加大 θ 角，从而加大由此产生的附加气动力，使之更容易产生弯扭耦合颤振。按照此原理，在颤振设计中，对飞行器操纵面常常采用加配重使重心前移的办法来提高颤振临界速度，甚至完全避免颤振的发生。

若副翼重心前移到与副翼偏转的铰链轴重合，则可以消除重力对副翼偏转的作用，从而机翼弯曲振动不会引起副翼的偏转，这样可以避免因翼弯曲和副翼偏转耦合导致的颤振问题出现。为此，在设计中要使操纵面的质量分布满足平衡条件，以实现当翼面(或安定面)发生振动时，操纵面的质量惯性力对铰链轴的力矩为零，使操纵面不产生相对翼面的转动，从而避免翼弯曲振动带动副翼偏转，产生附加力。

参照图 4.25 进行说明。操纵面重心到铰链轴的距离 x_{rc} 为零的情况称为 100% 静平衡。质量平衡包括"静平衡"与"动平衡"。"静平衡"要求静矩满足

$$S_r = \int x_r \mathrm{d}m_r = 0$$

其中，$\mathrm{d}m_r$ 为对应操纵面某一微元体的质量；x_r 为该微元体到铰链轴的距离。由铰链轴向后算为正。如果操纵面的质量分布满足

$$\int x_r y \mathrm{d}m_r = 0$$

就达到了 100% 的"动平衡"。

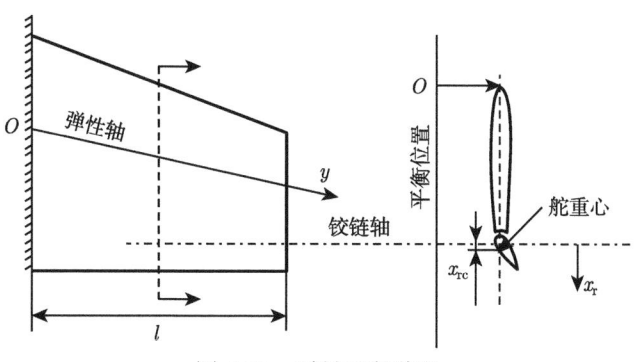

图 4.25 质量平衡说明

注意：采用配重调整 S_r 时，随着配重增加，舵面的固有频率会相应降低。这样不利于防止颤振，特别是在高亚声速和低超声速范围内要注意这个问题。只有在颤振计算中参数作系统变化时才能找到舵面的最佳惯性参数。必要时，要借助于特殊阻尼元件。为在跨声速范围内保证舵面的颤振安全，这种措施通常是必要的。

前面讨论颤振问题时用到的气动力公式过于简单，不能直接用于实际的颤振分析和结构设计中，仅仅是为了找到避免颤振发生的措施。分析过程说明：两个振动模态的频率彼此越接近，就意味着这两个模态的耦合作用越强。即对具有更多振动模态的实际飞行器，总是在某两个模态耦合较强的情况下才会产生均匀气流的能量转换而引发颤振，因此，在进行设计时，尽量避免结构各个固有频率相互接近，特别是一阶弯曲频率和一阶扭转频率，这已成为防颤振设计的一条准则。

综上所述，将防止颤振的具体措施总结如下。

(1) 避免各阶模态的频率互相接近。对于弯扭颤振来讲，应通过改变系统的刚度与质量的大小与分布，防止扭转振动与弯曲振动的固有频率相接近。

(2) 提高翼的弯曲刚度与扭转刚度。应当注意，在颤振中扭转起主要作用，扭转刚度的影响较大。因为颤振时，弯曲与扭转要以同一频率联合振动，只提高弯曲刚度，临界速度变动不大，甚至会稍微下降。一般翼的扭转固有频率比弯曲固有频率要高，必须外加能量才能使它们以同一频率联合振动。若只提高弯曲刚度，使弯曲振动固有频率增加，很可能导致其扭转振动固有频率相接近，容易以同一频率联合振动，使临界速度下降。因此可以肯定，要想提高颤振临界速度，应该提高翼的扭转刚度。现代高速导弹的弹翼广泛采用整体结构，从而提高了弯曲刚度。从防止颤振角度来看，必须同时提高抗扭刚度，使两者保持一定的差值。

(3) 注意全动舵旋转驱动机构的刚度。对于全动舵，旋转驱动机构的刚度实际上定义了扭转刚度，液压或者气动作动器有时会存在刚度不足的问题。

(4) 使翼各横截面的重心位于弹性轴之前。为此，通常用在翼前缘加配重的办法来调整重心位置，尽量使翼的弹性轴、惯性轴、空气动力压力中心线互相靠近。

(5) 从翼平面形状来讲，采用小展弦比、三角形或后掠翼均对提高颤振临界速度有利。因为展弦比小、根稍比加大，都会提高翼的抗扭刚度。现代超声速作战飞机普遍采用了三角机翼，不仅缩短了翼展，而且加大了翼根部的弦长，有的还采用了翼身融合结构/一体结构 (如图 4.5 所示的翼身融合结构)，这样就大幅度提高了机翼的扭转刚度，进而可以彻底避免颤振现象的发生。

(6) 使操作面动平衡。

(7) 限制飞行速度。

思考题

(1) 气动弹性的静力学与动力学问题有何差别？
(2) 为何将翼面扭转发散和弯曲发散问题归结为气动弹性的静力学问题？
(3) 在不提高翼的刚度条件下，如何提高静力稳定性能？
(4) 根据颤振产生的机理，讨论抑制/避免颤振方法的基本思想。
(5) 讨论为何导弹的弹翼设计需要特别注意颤振的问题？对于全动舵，为何还需要考虑驱动机构的刚度问题？

4.7　POGO 振动

POGO 振动指飞行器的结构特性和推进系统特性相互作用所产生的纵向振荡不稳定现象，是一种低频耦合振动。由于表现出的形态犹如人的踩高跷运动，因此也可称 POGO 运动。当飞行器结构的纵向振动频率与发动机燃料输送管路系统的振动频率接近或相等时，就形成闭合的自激振动。这种振动存在着潜在的危险，严重的 POGO 振动能造成结构的不稳定振动，直至破坏。

火箭的推进有液体燃料和固体燃料两种。由于固体燃料以药柱的形式出现（图 4.26），因而不存在管路结构。图 4.27 是一个典型的二级大型液体运载火箭，其中，液体火箭发动机由液氧贮箱、液体燃料贮箱、燃烧室、喷管和喷管指向控制作动器等组成。液态氧和液体燃料通过管路输送到燃烧室共同燃烧，高温燃气通过喷管喷出产生推力。为了对推力进行调控，包含了可控阀门等装置。因此，POGO 振动主要发生在液体运载火箭中。

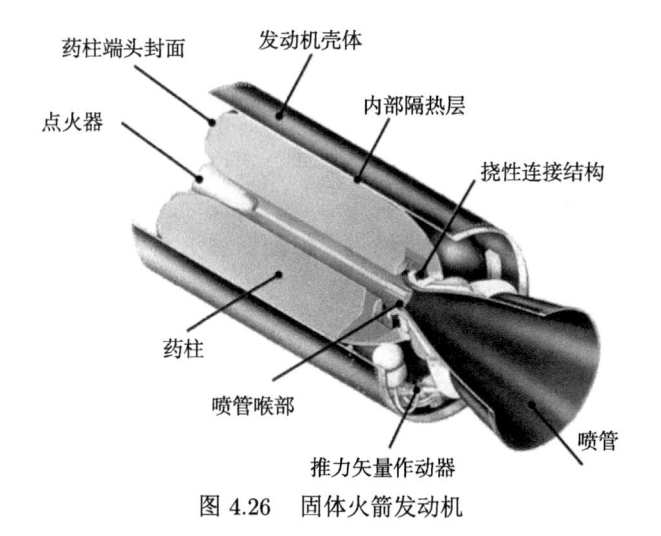

图 4.26　固体火箭发动机

图 4.27　典型的二级大型液体运载火箭发动机的构造

为了减轻结构重量，运载火箭的外壳通常采用铝合金或者铝镁合金材料制造，结构的形式一般和大型飞机的机身结构类似，即桁条、环框和蒙皮的结构形式，简称为蒙皮桁条结构。为安装一级火箭发动机之后的喷管，会在两级火箭发动机之间设置级间段，圆柱壳级间段结构多采用网格薄壁结构形式，以在保证结构强度和刚度的同时降低结构重量。运载火箭需要设置仪器设备舱，以安装火箭测控和通信设备，图 4.27 所示的运载火箭利用二级火箭发动机液氧贮箱上部的空间位置形成了一个环形结构，并且起到支撑卫星适配器和第二颗卫星的支架的作用，实现了结构的多用途。固体发动机助推火箭需要进行分离，要求分离装置连接可靠并且分离可靠，即满足一对矛盾的要求。为避免在分离过程中助推火箭与主火箭产生碰撞，分离机构需要有弹性元件以产生横向分离力。

载人飞船第一次载人飞行时出现了强烈的 POGO 振动，虽然主要原因是运载火箭的多台发动机的燃烧脉动同步导致了远大于前几次试验飞行的振动，但为了避免再次出现类似的问题，改变了蓄压器的容积，提高了 POGO 振动的基频。此后再也没有出现过类似的振动问题。

4.7 POGO 振动

4.7.1 振动特征

因为是低频振动，所以对载人的航天器有严重的威胁，可能导致航天员生理失调和仪器设备失效。因此，POGO 问题受到了普遍重视，并有大量的相关研究工作。大型飞行器的 POGO 振动是不能忽视的，在这类飞行器的研制中，已将其作为一项重要的技术问题来对待，甚至作为重要的设计内容。为了避免或抑制 POGO 振动的发生和发展，可以在其耦合回路的某一环节中采取一些措施，进行隔离或破坏产生 POGO 运动的条件，以使振动值降低到允许的水平。也许一种飞行器本身的 POGO 振动并不严重，但也需要进行必要的监测，这对该飞行器本身或其他飞行器的设计是十分有益的。

POGO 振动是一种低频振动，但低频振动不一定是 POGO 振动，有些低频振动仅是开环的结构振动或局部振动，这是工作中必须特别注意的问题。在设计中，首先要分析飞行器的低频振动可能造成的各部位响应情况，确定其振动是否属于飞行器结构的纵向振动；其次要分析这种振动频率与输送系统的压力脉动频率是否一致，还要分析其耦合的可能性。

还会出现另一种情况，即发动机系统本身也可能形成回路性的自激振动，当泵的振动激起管路的压力振荡时，会引起发动机推力脉动，推力脉动反过来又激起泵的振动。即使这种振动并不与整个结构耦合，也可能使飞行器由于推力脉动产生强迫振动，在局部区域出现不可接受的低频振动，这种现象有时也称为小系统 POGO 振动。

通常很难确定某种飞行器是否存在 POGO 问题，需要进行量的研究试验和分析工作。利用以往积累的数据和经验作为参考，可以提高对振动分析的准确性和减少试验次数。通过发动机的试车可以获得大量的泵的压力传递特性和振动特性，特别是整个飞行器的热试车或飞行试验，可以更有效地积累较真实的输送系统的压力脉动特性、泵的振动特性和泵的管路的传递特性。这可以大幅度简化新型飞行器的 POGO 振动研究工作。

POGO 运动是一种耦合运动，不是由某一单纯因素形成的。随着飞行器复杂程度的增加，POGO 振动将有可能不单纯是一个纵向振动问题，在其他各个方向也可能出现。因此，实际上 POGO 振动属于系统动力学问题，它包括结构系统、管路系统、发动机系统和控制系统等几个方面的耦合。

单就现有的结构与推进剂系统的耦合问题就有多种形式的 POGO 振动。

气体 POGO 振动：当液体推进剂是用挤压方式供给时产生的振动，即由输送系统的气体压力振荡所产生；

液体 POGO 振动：当推进剂是用压力泵来供给时产生的振动，这时多由贮箱与管路系统和结构的相互作用所形成的闭回路产生；

固体 POGO 振动：在纵向力作用下，由大型固体推进剂药柱燃烧面振荡而产生的振荡不稳定问题。

4.7.2 振动分析

POGO 振动是一个飞行器系统动力学中的潜在问题，在任何飞行器进行真正的飞行试验之前很难对是否存在 POGO 振动做出明确的答复。但这并不是说在飞行器的设计中不能对它进行预测和避免。在掌握 POGO 振动的基本实质以后，可以用理论分析方法进行预测，从而使设计出的飞行器避免出现严重的 POGO 振动。可以通过破坏产生 POGO 运动的条件，即改变动力学系统中的某一环节，来防止或改善飞行器中遇到的 POGO 振动。

对问题进行分析的关键是抓住其基本实质，建立一个合理可用的数学模型。因此，这个模型必须包括系统可能产生对结构扰动的所有变量，包括加速度、力、流量、压力等。但在分析中，只有将飞行参数进行冻结，并采用线性模型才是实际可用的。以常见的液体推进剂飞行器为例，POGO 振动的分析模型应该包括结构、油箱、泵、输送管路和发动机五个部分。

4.7.3 防止与改善

在理论分析中，一旦发现了 POGO 振动问题，为了避免在飞行器工作时出现异常现象，一般的做法是适当地改变某些部件(或环节)的特性，如频率值，从而防止出现严重的耦合现象。如果是在飞行器全系统的模拟试验或飞行试验中出现这个问题，则主要的办法是改变推进剂的输送管路特性，或者在管路系统中加入蓄压器元件，以尽可能使飞行器的改动较少，从而使问题得到解决。

例如一台液体发动机，由于设计中不可预知的原因，推力室的燃烧不稳定，出现很大的推力扰动，而且工作一定时间后，扰动发展到非常严重的程度，以致熄火和推进剂系统局部毁坏。但在实际工作中只需改变输送管路中的某一段弯度，这个问题就不存在了。这说明加大输送系统中的局部阻尼特性，或改变局部振动条件，就可以解决振动系统的耦合问题。

大力神 I、II 运载火箭的二级火箭的氧化剂管路与纵向振动的一阶频率耦合，在振动频率为 11Hz 时，过载达到了 $3g$。改进的办法是提高输送推进剂系统的压头，降低泵的增益，改变管路，使挠性管道频率低于结构纵向振频，由此降低了振动的幅值，也将过载降低到 $1g$ 以下。例如，土星 V/阿波罗飞行系统，由于氧化剂管路的频率与飞行器一阶纵向频率耦合，在头部产生了 5Hz、$0.6g$ 的 POGO 振动。处理方法是在输送系统中增加一个蓄压器，使频率降到 3Hz，从而使问题得到解决。

归纳起来，解决 POGO 问题的方法包括：改变系统的固有频率，包括液体输送管道的形状和长度等，加蓄压器或调整蓄压器容积，提高阻尼水平。

思考题

(1) 讨论 POGO 振动的特点，如何避免？

(2) 上面给出的一些解决 POGO 振动问题的例子都说明了哪些问题？对今后的设计思想有何影响？

第 5 章　设计中的具体问题

既然飞行器设计是一个从基本概念出发的辨析过程，以生成满足飞行任务要求的飞行器为最终目标，不仅要对设计过程进行规划和管理，而且要遵从客观规律和自然规律及物理定律，满足飞行环境和任务给出的要求和约束条件，以及非技术性的要求和约束条件。为此，本章将介绍与之相关的内容，包括设计阶段与任务，以及迭代验证、设计过程管理、结构设计的一般原则和设计准则等，其中很多内容是经过长期的飞行器设计实践经验积累所得，已经成为设计中的常识。

5.1　结构设计的基本流程

虽然飞行器作为一个系统存在，但构成飞行器的各个分系统依然存在，而且分系统之间却越来越紧密地耦合在一起，即各自的设计方案会对其他分系统设计产生不可忽略的影响，并且同时受到其他分系统设计方案的影响，它们之间不仅相互影响，而且会影响系统的总体设计方案。因此，需要从系统总体和与其他分系统耦合的角度制定结构设计方案，并且在自身设计迭代过程中，根据其他分系统设计迭代情况修改和完善设计。虽然存在紧密的耦合关系，但当总体设计方案确定下来后，仍然需要结构设计部门按照总体设计要求，独立开展结构的详细设计，进行设计分析和检验与试验，但在设计中需要和其他分系统设计部门进行协调。要注意任何设计改变对结构设计状态的影响，可进行相应的设计修改，并同时通知其他分系统，必要时，对系统总体设计方案进行分析 (包括数值计算和模拟)，研究所产生的问题和进行必要的设计修改。在下面的内容中，虽然依旧给出传统意义上的结构设计过程，并且按照这个过程所包含的设计阶段进行介绍与讨论，但更多是从系统总体设计、结构总体设计和结构设计一体化的角度进行讨论，这也是现代飞行器应该采用的设计方式。

在设计导论中所介绍的设计阶段划分也是工程设计普遍采用的，只是对各个设计阶段的称呼不同，但各个阶段的任务基本相同。对照设计导论中的设计阶段划分，欧洲航天局 (ESA) 将 Pre-Phase A 称为 Phase 0，而美国国家航空航天局 (NASA) 还是称为 Pre-Phase A，其他阶段称呼一样，并且各个阶段的任务基本相同。对于飞行器，设计制造完成后，后面还有布置和维护等阶段，即全寿命周期管理。对于中国工业部门，因为是以产品研制为导向，根据产品完成的状态，将 Phase C 和 Phase D 整合为产品初样设计阶段和正样/详细设计阶段。Pre-Phase

5.1 结构设计的基本流程

A 和 Phase A 分别称为可行性论证阶段和方案论证阶段。对于飞机设计制造,因为涉及地面试验、试飞、试生产和批量生产等环节,而且这些环节的任何一点出现问题,都可能导致对设计的修改乃至推翻,使正样阶段的任务更加复杂和繁重。

需要注意的是,结构作为飞行器设计实现的物理载体,由开始到产品完成,都需要和总体设计密切结合,与其他分系统密切配合,进行设计和实施。从设计文件形成的角度,需要和总体及其他分系统共同完成设计任务书,并在设计和产品开发过程中不断修改完善。

在结构设计的阶段划分方面,工业部门同样采用了设计导论中介绍的阶段划分方法,只是采用了不同的名称。可行性论证阶段属于 0 阶段,即概念研究。方案论证阶段属于 A 阶段,即概念和技术开发。这两个阶段属于概念设计阶段,进行总体设计方案研究,形成实现设计的技术与能力。从工程管理角度,因为设计方案确定好后,后面具体设计工作归属专业设计部门实施,所以初样阶段包括了 B 阶段 (初步设计) 和 C 阶段 (详细设计),应完成结构的详细设计和分析。在设计阶段,设计、分析和试验是三项紧密相关的工作,整个设计过程往往是设计和分析工作及试验检验和验证工作之间反复迭代的过程。现代设计过程强调设计和分析的统一性,取消了分析计算和设计之间的界限。正样定型阶段,也属于 C 阶段的后半部分,还包括 D 阶段 (SAITL 系统组装、集成、测试和发射)。D 阶段结构设计的任务还包括与其他分系统进行联调联试,设计协同,以及系统级试验验证等。因为飞行器设计会依据 D 阶段的检验、系统仿真计算和试验的结果,以及根据试飞或者打靶中发现的问题,进行设计修改与改进,正样定型阶段同样是一个繁杂的阶段。下面将对设计阶段和任务进行逐一介绍。

图 5.1 是工业部门广泛采用的一个典型的结构设计流程,注意其中有多次反复迭代过程。实际上,在试验阶段,如果发现问题,也需要回到详细设计甚至方案设计阶段。需要注意的是,在航空航天工业部门的飞行器设计过程中,大部分项目已经取消了初步设计阶段的实物样机,而代之以数字样机 (3D 数字模型) 和模拟飞行试验,也就是说不会有具体结构整体的 "初样产品制造" 和实践的 "飞行试验" 等过程,但可能会有部件级的样件制造和地面试验,以对设计进行检验和对数字样机的有限元模型进行模型或者参数修正。

5.1.1 可行性论证阶段 (Phase A,概念研究)

这个阶段重在提出多种可以实现任务目标的技术方案,以便此后通过对比和整合形成最终的设计方案。这个阶段的主要工作任务是:

(1) 将任务目标转化为操作概念;

(2) 将操作概念转化为系统组成 (分系统) 及整体与各个组成部分的设计目标,以及设计的原始依据;

```
┌─────────────────────────────────────────────────────────┐
│ 可行性论证阶段      结构设计任务书                      │
│                        ↓                                │
│                    调研、方案设想                       │
│                        ↓                                │
│              进行可行性论证，提出技术研究项目           │
├─────────────────────────────────────────────────────────┤
│ 方案论证阶段    → 方案设计，结构总体设计                │
│                ↓         ↓              ↓              │
│            初步设计和分析          关键技术研究         │
│                   ↓                                     │
│              方案论证、方案评审                         │
├─────────────────────────────────────────────────────────┤
│ 初样阶段              初样设计与分析 ←                  │
│                           ↓                             │
│                      初样设计评审                       │
│                           ↓                             │
│       制定验收规范    初样产品制造    制定试验规范      │
│                           ↓                             │
│                    地面试验及飞行试验                   │
│                           ↓                             │
│                      初样阶段评审                       │
├─────────────────────────────────────────────────────────┤
│ 正样定型阶段          正样设计与分析                    │
│                           ↓                             │
│                      正样产品制造                       │
│                           ↓                             │
│                      定型试验验收 ←                     │
│                           ↓                             │
│                        出厂评审                         │
└─────────────────────────────────────────────────────────┘
```

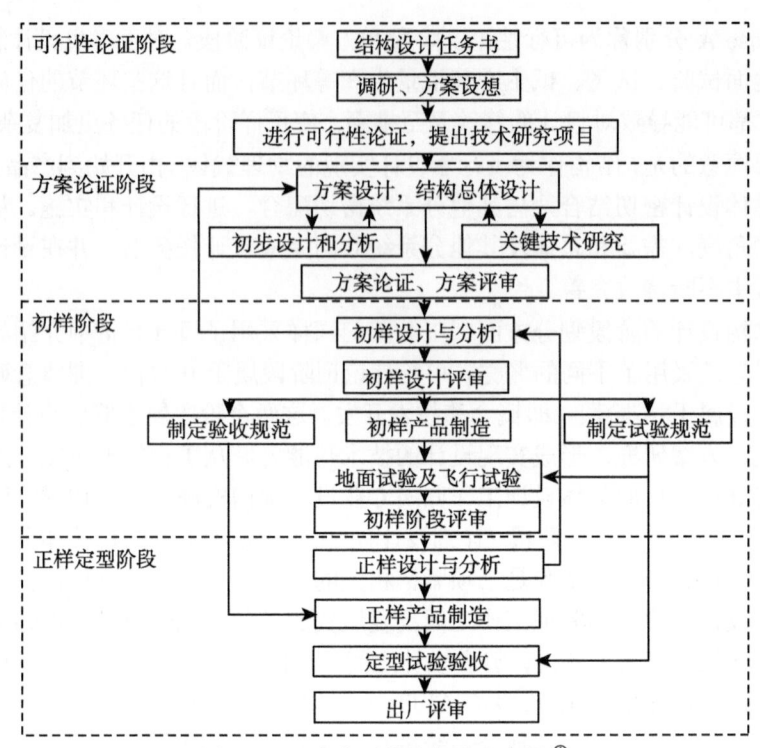

图 5.1　一个典型的结构设计流程 [①]

(3) 将设计目标转化为系统和分系统的基本功能与技术指标；
(4) 在上述工作的基础上，提出实现基本功能和技术指标的设计方案。

这个阶段是一个体现形象思维能力和创新思维能力的过程。围绕如何实现任务目标，可以提出各种设想和概念。鉴于飞行器是物理存在的实体，这个阶段通过对操作概念的探讨，给出了飞行器的基本构造和基本要求。对于结构设计而言，这个阶段是根据操作概念，形成可能的结构形式的过程，或是说是形成结构的总体构造方案。在这个阶段，会形成一个结构设计的初步任务书，包括设计目标、设计依据、功能和初步技术指标。

从任务目标可以生成众多操作概念，即如何实现任务目标。不同的操作概念将会对飞行器提出不同的设计目标，从而导致不同的总体设计方案，由此产生不同的结构整体方案。

例如，当任务目标是载人火星探测时，操作概念会有直接从地球出发到达火星和通过中转站到达火星两种方式，而经过中转的方式又有若干种方式，不仅包括在哪里设立中转站 (gateway)(例如，是近地轨道空间站，还是月球轨道站)，停

[①] 余旭东，徐超，郑晓亚. 飞行器结构设计. 西北：西北工业大学出版社，2010.

留时间和补充推进剂数量，还包括是否在中转站生成组合体，是否更换载人轨道舱等等。如果任务目标是实现有人和无人飞机协同，操作概念可以是两类飞机单独起飞着陆，或者是搭载起飞着陆 (即有人机作为母机)，不同的概念不仅影响飞机的构型，而且会影响使用方法和设计制造及使用成本。

当涉及单一飞行器的设计任务时，同样会有多种操作概念。

例如，任务目标是高空长航飞行，需要大翼展，以提供足够的升力，但机翼的形式除单层外，还可以采用双层机翼、局部双层机翼 (如一端安装在机身底部、另一端和主机翼中部连接的短机翼，不仅扩大了升力面，而且因和机身结构及主机翼结构形成三角形结构，提高了机翼的刚度) 和菱形机翼 (第二个机翼安装在机身上部，机翼端部和安装在机身中部的主机翼端部连接，形成复合梁结构，在增大升力面的同时，提高了结构刚度) 等，以避免出现气动稳定性问题。此外，还有发动机类型、布置方式和数量等。对于高机动性飞机，还会涉及飞行控制方式，如气动舵、推力矢量及复合控制方式等。当任务目标是实现高分辨、高效率对地观测时，生成卫星的方式有平台式 (图 2.5) 和以有效载荷为中心式 (如哈勃空间望远镜)，不同的设计会影响卫星姿态控制系统、相机结构及热控设计等，对结构总体设计方案也会产生决定性影响，而且还会影响和运载火箭的适配情况。

5.1.2 方案论证阶段 (概念和技术开发及构型设计)

这个阶段的主要工作是：

(1) 根据对实现任务目标要求的满足程度、性能和技术指标，通过权衡利弊研究、平衡多方面要求和充分考虑方案的可实现性，确定满足需求的单一操作概念，并基于此进行单一总体设计方案研究；

(2) 以总体设计方案为依据，对设计任务和要求进行分解，定义分系统之间的安装/组成界面和数据接口，使得专业设计部门开展各自负责分系统的方案论证设计工作；

(3) 对现有关键技术和能力进行梳理，以确定能够满足实现设计目标的需要，如果不具备，需要开展预先研究工作 (也称为关键技术攻关)；

(4) 进行结构构型设计，以确定结构设计方案；

(5) 确定对设计质量和效果的检验评价方法，选择最佳试验验证项目，提出方案论证报告，经评审通过之后，进入初样阶段。

在进行方案论证时，必须考虑影响可实现性方面的因素，诸如现有技术体系支撑能力、技术继承性、经济性 (如经费预算与生成成本和产品利润等)、制造能力、可靠性、竞争或者是对抗能力等。往往还需要考虑是否积极地采用新材料、新工艺、新技术等因素。

在选择操作概念和由此产生的总体设计方案时，要对技术性能、寿命全周期费用、研制周期、风险、可生产性、支撑能力需要乃至回报等方面进行比较，根据比较结果进行综合评判。如果单一方案不能满足要求，需要对多种方案进行综合集成，生成新的操作概念及相应的设计方案。在概念研究阶段，还需要考虑其他非技术因素，如全寿命周期费用、效率和费用比、国家长期空间战略、国家防卫需求变动、对民用技术推动效果、技术伦理等。

图 5.2 是全寿命周期内的研制、生产、使用和保障费用的分布情况。由图可知，概念设计阶段将决定全寿命周期费用的 70%。而一个好的设计概念首先来自对设计所涉及的基本概念的掌握和理解深度，同时有正确的思维方式，并且能够熟练运用思维方式开展方案概念的生成和论证。

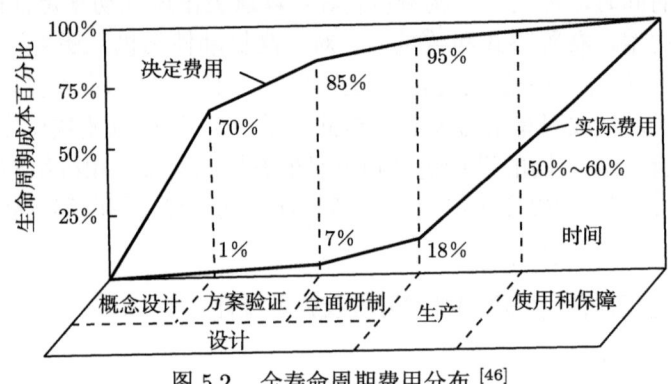

图 5.2　全寿命周期费用分布[46]

确定任务的操作概念和形成总体方案时，需要综合平衡考虑多方面的需要，并协调解决各方需求之间的矛盾。例如要平衡推力矢量控制、气动控制、推力发动机和结构总体构型的需要，平衡结构分体制造带来的加工便利性和整体制造产生的效益和必要性。在如何综合各方面优势获得最佳设计方案时，需要综合考虑各种优缺点、飞行需要、机动性能特别是对抗的需要，以及经济性(包括设计生产成本和使用周期内的维护成本)等问题。当有人驾驶或者是载人航天飞行时，还需要考虑飞行员/航天员身体条件对飞行性能的限制(如最大飞行加速度等)。

既然需要最终确定单一的设计方案，就意味着从概念研究阶段所形成的多种设计方案中选择一个，或者以最能够满足/符合多方要求和限制因素的操作概念为基础，对其他方案进行整合。因此，这个阶段是一个飞行器设计所涉及主要学科/专业部门博弈的过程，即哪个方面的设计思想能够被最大程度地采纳与提出的要求能够获得最大程度的满足。这个阶段也是一个产生对各个分系统具体要求和限制条件的过程，或者说是一个由整体到个体的分解过程。这不仅是一个博弈

5.1 结构设计的基本流程

过程,也是一个协调与综合各个分系统的过程,是一个最大程度上满足各方要求的平衡过程。

在获得实现任务目标的最佳操作概念并形成最佳的总体设计方案方面,一方面依赖于专业知识和专业素养,另一方面在很大程度上依赖于思维能力,包括批判性思维能力和辩证思维能力。运用辩证思维的方式,将飞行器作为一个整体,从其内在的矛盾的运动、变化及各个方面的相互联系中进行分析和考察,并用批判性思维方式对问题进行综合和折中,即从多角度、逆向、协同、最后原则等多个角度考虑和解决问题,或者说是系统、全面、综合、多角度地思考和解决问题。既然综合平衡了各方需求和考虑了各方对其他方面的约束条件,所获得的操作概念和总体设计方案对实现任务目标是最优的,但对所涉及的单个利益相关方及各个单独专业领域可能不是最优的。

在这个阶段,可以建立简单的概念分析模型,模型包含实现任务目标所需的关键参数和基本的约束条件,基于此进行计算分析和综合优化研究,以对获得的操作概念和由此生成的总体设计方案进行定量化研究与评价。

以大气层内飞行器推力矢量姿态控制发动机布置为例 (图 5.3),通常控制能力与布置在飞行器前端的姿态控制发动机到飞行器质心的距离成正比。因此,从姿态控制能力方面来说,距离成为优化的目标,不仅可以提高控制能力,而且可以降低对发动机推力的要求,从而产生正反馈效应。但飞行器沿着对称轴方向长度越长,意味着弯曲频率越低,从而产生静气动弹性失稳的可能性提高。为此,需要提高结构纵向刚度,这样会导致飞行器重量提高,进而提高转动惯量,影响控制能力,即产生负反馈效应。如果不增加飞行器长度,但发动机安装会受到前端安装的制导导航装置的尺寸的限制,距离不能大于这些设备的安装面 (需要考虑发动机温度和高温射流对设备的影响,并采取必要防护措施)。综上讨论,如果需要降低对发动机的要求并保证姿态控制能力,需要从飞行器气动布局、结构构型和减重、设备布置和减重等多个方面入手,即对分系统提出更高的技术指标要求,以满足推力矢量控制的需求。但需要注意的一点是,上述设计是基于绕质心转动作为机动形式考虑的,如果还包括飞行器的平动控制,则需要有部分推力矢量发动机布置在质心处。

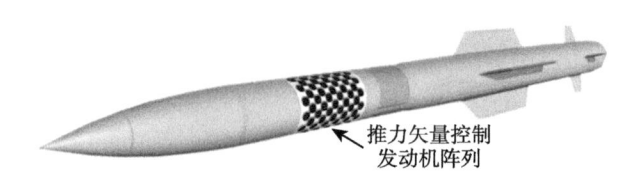

图 5.3 导弹的推力矢量控制发动机布置

当总体方案确定后，实际上是确定了整个系统的构成和构造。对于结构设计而言，实际上是确定了结构的基本构型。因此，这个阶段将进一步充实设计任务书的内容，加入结构基本构型，增加更多设计要求和设计约束条件。对于结构设计任务书，需要包括有效载荷(包括人)安装和防护要求、设备安装要求、控制系统要求和推进系统安装要求等，还包括使用条件和环境条件等影响设计的信息。对于航天器，还将包括发射状态要求和运载火箭的匹配要求，以及其他分系统的配合与安装要求等。

对于大气层内飞行器而言，气动布局和外部形状尺寸是结构设计任务书的重要组成部分。因此，在确定最终总体设计方案之前，还需要进行气动性能分析与设计，根据选择的方案给出的飞行器基本外形(必要时，还需要考虑实现隐身性能的要求)，进行气动计算分析，以确定飞行器气动布局和外部形状尺寸。此外，任务书还需要定义质心位置，给出总体质量和对相对质心位置的三轴转动惯量的数值要求，以及给出最大飞行速度、飞行加速度和飞行高度等与飞行和控制相关的技术指标数值。对于航天器而言，除去任务目标外，操作概念主要体现在构型方面。结构构型包括航天器的结构形式和有效载荷与仪器设备布局。构型对航天器的结构动态特性、结构质量比、控制性能、载荷环境等有决定性影响。因此，在概念设计阶段，不仅需要完成总体设计方案研究，而且需要制订各个分系统的研制任务书。对于结构设计，从上面的讨论可知，这个阶段需要完成飞行器的构型设计，不仅以此作为结构设计的原始状态，而且为其他分系统的设备提供安装界面数据和安装限制条件。

当完成结构设计任务书后，需要按照设计任务书开展结构设计的具体方案论证工作。分析、研究总体方案的全部图纸、文件和数据，了解制造厂的技术水平和设备条件，然后进行综合分析，为拟定结构的具体设计方案做准备。拟定若干个可行的结构设计方案，在方案论证时进行分析比较。方案的内容包括结构形式、传力方案和主要承力构件的布置，部件之间的连接形式，零构件的材料、剖面形状与尺寸、连接形式，内部设备的安装形式，密封、防热等措施，还要对各种机构的运动部件作运动协调分析，对部件和主要的承力构件进行强度、质量的估算，对零、部件的工艺性和成本进行分析评估，以便评估设计方案是否满足设计要求。

具体结构设计方案的论证过程也是一个对设计任务书进行校验和复查的过程，在方案论证过程中，如果发现设计任务书中的问题，如技术指标不符合实际情况，或者是在现有技术条件和水平下无法达到，就需要返回给总体系统，以对设计方案或者技术要求进行修改。如果设计修改会影响其他分系统的设计方案，例如结构固有频率和振型发生改变，需要控制分系统对设计方案进行重新分析设计，以避免控制失稳、共振等问题出现。

在这个阶段需要确定设计的检验方案和检验标准，即如何确定设计是可以接受的,并将检验方法和标准写入设计任务书。

5.1.3 初样阶段 (Phase B/ C,初步/详细设计)

本阶段的主要任务是设计出符合任务书要求、使用要求及系统安装协调要求的产品 (提交设计文件);与此同时,进行结构分析、强度校核 (静强度和动强度计算)、动态特性检验、隐身特性评估,制定结构试验规范 (提交实验大纲) 等。

要制定出结构构件和零部件的详细设计方案,进行设计分析计算,包括强度计算和结构动态特性计算,进行耐久性和损伤容限分析及结构可靠性分析,给出结构使用寿命和检查周期。对于需要经由运载火箭发射升空的航天器,还需要进行航天器–箭耦合动力学分析,以确定航天器受到的动力学载荷,包括振动和冲击载荷等。

结构的具体设计同样有多种方案,例如是采用机翼的翼梁和机身的环框结构分开制造然后组装,还是采用一体化结构,取消组装环节。在选择设计方案时,应该基于简洁为美的标准,即在加工条件容许的情况下,选择构型简单且零部件少的结构方案,并重视传力路径最短的设计方案,尽可能降低由传力路径产生的附加力矩。在这个阶段,要依据使用环境、载荷大小和特性、重量、强度、使用温度、使用寿命、制造成本要求或者限制条件,选择结构构件和零部件的材料。在这个阶段需要制定对细部设计的检验方法和检验标准,以评价设计质量和决定设计是否需要修改。

在进行结构初步设计时,首先需要确定下列细节:结构构件的类型、结构材料、结构构件的形状与布置方式/位置和数量、构件连接与组装方式。此外,鉴于连接的具体形式,即是焊接、铆接还是螺栓连接,对于构件形状、材料、工艺等选择都有不能忽略的影响,在确定上述细节的同时需要考虑构件连接的具体形式和类型。

在选择结构构件的类型时,需要和结构的总体构型相互协同和配合,这在决定结构的诸如重量、强度分布、刚度、稳定性和振型分布等方面都起着关键的作用。除梁 (管)、板、环、桁架 (载荷为节点上的集中力,承载效率高)、壳 (载荷为体上的分布载荷,承载效率高,桁架中的载荷难以均匀地传递到壳体上)、框架 (通过节点和构件承受剪切和弯曲,承载效率略低) 等基本结构形式外,飞行器还大量使用蒙皮桁条和骨架蒙皮等结构形式,以充分发挥各自的优点。与构型设计一样,构件的选择同样取决于设计者对材料力学、结构静力学与动力学基本概念和方法的理解、认识和掌握程度,基于受力状态和形式及对结构刚度和固有频率的要求,设计面临的挑战是如何以最低的重量代价满足强度和刚度要求,并且满足有效载荷和设备安装与使用维护要求。

由于用途是飞行器设计的重要依据,所以用途不同,对设计的要求也不同,因此，为降低成本，不应提出和用途不相关的设计要求，同样也应特别注意，不能为降低造价而省略某些要求。

例如，通信卫星的工作性能对主结构的热变形不敏感，但要求高重访度或高清晰度的观测卫星，则对主结构的热变形敏感，所以必须在设计中专门考虑。

在初样设计中，必须在保证高质量产品的要求和保持设计灵活性的愿望之间做出平衡。在许多商用结构设计中，设计规范和政府条例与规则对结构设计起到规范作用，如桥梁、建筑、混凝土、钢结构等规范，而且设计必须经过注册工程师检查批准通过方可用于建造。但空间飞行器结构设计没有这样的控制规程，而没有弹性的设计规范会过分限制空间计划的实施。行业标准和军事标准只是起到指导作用，而不是要求作用。能够自由地为独特的问题寻找创造性的解决方案与方法对于控制花费来讲是非常重要的，但必须保证质量，因为质量同样是飞行器工业的生命线。

在飞机设计中，在概念与方案阶段，一般会形成一个标准贯彻表，明确引用或裁剪引用的标准，通常还应获得用户代表认可。部分标准是指南性质的，部分标准被认为是强制性质的。民用飞行器通常需要取得适航证书才能投入商业运营，因此，必须满足颁发适航证书的民用航空管理部门对飞机设计方面的要求，这些要求一般被认为是强制性的。

在初步设计阶段，不仅需要确定主结构的详细设计方案，还需要确定次要结构的设计方案，特别是结构形式与承力结构布置，以及承受的载荷，还需要确定设计细节，包括零部件的设计、连接结构的设计、结构各部位的材料及设备安装方案等。设计的基本要求如下：

(1) 在次级结构安装至主结构时，应尽量使对接面静定；

(2) 需要考虑振动经由安装结构的放大作用，从安全角度考虑，载荷系数要大于主结构；

(3) 注意温度载荷的影响，以避免热应力产生的诸如结构翘曲和对主结构的破坏；

(4) 考虑大型附件频率对控制的影响，避免与姿态控制系统耦合，并且考虑展开附件的阻尼，避免展开过程中运动部件与固定部件对界面之间的冲击所可能产生的问题；此外，对于大型柔性附件，环境噪声的影响严重，需要在设计中考虑降低噪声导致的表面动载荷影响；

(5) 对于小设备安装支架、电缆管路支架等，支架底部的随机振动是最严重的载荷，而疲劳寿命是它们的主要设计要求；

(6) 注意环境变化的影响，例如，对于空间飞行器需要重视大型展开结构展开过程的冲击问题，这是因为太空属于真空环境，没有空气提供展开过程的阻力。

例如，前述某通信卫星因太阳翼展开冲击导致卫星报废的例子，为了降低进

5.1 结构设计的基本流程

入地球同步轨道前的卫星转动惯量，进而减小所需姿态控制力矩，但同时又可以获得电能以降低对蓄电池容量的要求，太阳翼采用了二次展开方案，即首次先展开一扇太阳翼，入轨后再全部展开。但在首次飞行中，太阳翼上安装的抑制展开冲击的阻尼器失效，导致太阳翼和对界面之间冲击力过大，造成二次展开的解锁器火工品起爆电源线连接受到损害，这样在进行太阳翼完全展开操作时，火工品不能起爆，导致解锁失败。

部件设计是初样设计的一个重要环节，它是对结构总体方案进行细节设计。以部件为设计单元，需要将部件的构造、外形尺寸、元件的材料、剖面尺寸、加工精度及整个部件的重量等都确定下来；同时还要解决好部件之间、部件内部的结构之间、部件与内部装载之间的各种协调问题。部件设计的结果是设计报告和设计图纸，或者是三维模型。

在这个阶段，设计分析计算是一项重要工作。设计分析计算是指根据给定载荷确定主要受力元件基本剖面尺寸，并且检验设计是否满足第 1 章表 1.1 中所列的对结构的典型要求。设计完成后，需要对整个部件和受力元件进行强度校核计算。强度校核计算是指对结构验证在外载荷作用下其强度的计算。动态特性分析是对结构的固有频率和振动模态进行计算。所用的计算模型和计算方法较设计计算严格得多，包括静力、动力及受热状态下的强度、刚度、稳定性计算，必要时还要对关键结构进行疲劳断裂分析等。飞行器多存在密封舱内压和预紧载荷，需要计算所经历环境变化和机动飞行过程中产生的载荷变化导致的内外压差变化与预紧力压力变化产生的强度变化，并在设计中考虑应对措施。对于大气层内飞行器，还要对翼面及飞行器整体分别进行固有动态特性计算和颤振计算。分析计算应满足工程上的精度要求，当计算结果不满足设计要求时，应对设计进行修改。这里，结构动态设计计算是：根据结构在实际飞行中受到的静态和动态载荷计算结构的变形情况，据此，计算结构的应力分布情况，检查是否超出结构破坏的应力值，并进行结构稳定性计算。对于航天器，要进行发射段与运载火箭的结构动力学耦合分析，以检查航天器对发射段载荷的承受能力。

在计算中还需要考虑飞行器机动性能对结构强度的影响，首先计算飞行器的最大飞行速度、角速度、加速度和角加速度，获得过载系数，然后计算由此产生的惯性力和离心力，和外载荷一起作为载荷进行强度计算。因此，飞行器的机动性及航天器发射过程中运载火箭的加速度都会对结构设计产生重要影响。

例如，采用推力矢量控制的某新型地空导弹在首次试飞中在空中解体，解体时刻出现在导弹高速转弯过程中，这时角速度和角加速度都是最大值，即结构同时受到了因运动产生的惯性力和离心力作用，或者说过载系数最大。

初步设计完成后，需要进行设计评审，评审通过后，进行初样生产及初样产品的试验，最终提交初样设计报告。试验内容主要有：静动力试验、振动试验、噪声混响激励试验、分离试验、联合试车、模装协调等。根据试造、静动力试验、试飞 (对于飞机,还包括全机疲劳试验及耐久性和损伤容限检验) 中发现的问题,修改结构生产图纸和技术文件。

试验检验通过后,再次进行设计评审,评审通过后,转入正样阶段。显然,结构设计工作的主要内容是在初样阶段完成的。一般来说,后续阶段主要是进行一些适应性修改,所以初样阶段非常重要。

5.1.4 正样定型阶段 (Phase C/D,详细设计/验证)

该阶段也称为正样阶段,或设计定型阶段。飞行试验完成并全部满足设计要求之后,即进入设计定型阶段。工作内容包括完善、整理设计图纸和技术文件,编制设计、试验总结报告和定型申请报告。经批准后,提交图纸,投入正式生产。在这个阶段,首先根据总体对设计的要求和初样确定的技术状态,原则上对结构不作大的改动,只进行适应性修改设计,给出全套正样设计文件和图纸,提供给工厂进行正样生产,用于地面试验及飞行试验考核。

设计定型阶段主要考核飞行器总体方案的正确性,检验是否满足实现任务目标的要求,技术性能能否达到 (战术、任务) 技术指标要求,是否满足客户需求及使用要求等。由于结构为正样状态产品,所以原则上对其不作变动,主要是进行定型性的大型地面试验和定型性飞行试验的考核。定型期间,结构设计的工作内容主要是使图纸和技术文件更加完整地反映出实际结构情况,使图纸到文件内容更符合标准化要求。总之,定型设计是使结构稳定在一个切实可行的状态,方便工厂顺利地进行批量生产。飞机结构的设计定型过程见图 5.4,注意显示的设计反复迭代过程,即如果试验不合格,需要进行设计修改。

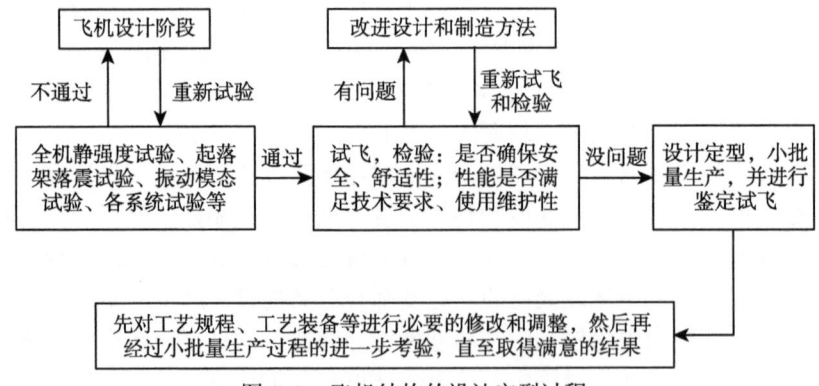

图 5.4 飞机结构的设计定型过程

飞行器设计过程中的结构试验验证通常包括两部分:地面试验和飞行试验。通过试验验证产品是否满足设计要求,对不符合要求的应修改设计、改制或重新生产试验件再进行试验，直至满足设计要求为止。地面试验主要是对部件进行各项强度试验，试验的内容根据部件的功用、结构形式及工作环境确定，主要有静力试验、振动试验、气密试验、动力试验及热强度/热真空试验等。有些部件还应作进一步的疲劳、断裂及可靠性试验等。对于大气层内飞行器，还需要进行整体的模态试验、强度试验、疲劳实验和跌落试验等。

对于导弹，飞行试验是指选取不同的飞行状态进行飞行，对弹体结构的功能、强度、刚度、颤振和工艺质量等进行综合考验，根据试验情况对设计作进一步的修改，直到试验结果全部满足设计要求。对于飞机，飞行试验重在发现系统设计的问题，包括舒适性、系统匹配、操控性等。

对于航天器，运载火箭和载人飞行器在设计定型前需要进行多次飞行试验，以检验设计的正确性、可靠性和安全性。对于卫星，基本上不进行飞行试验，而是依赖于分析和数值模拟及地面模拟试验，包括热真空试验、热循环试验、振动试验、噪声混响试验等。

例如，神舟载人飞行器在正式载人飞行之前，进行了 4 次载人模拟的试验，但在第五次发射首次载人飞行时，还是出现了运载纵向振动与航天员身体关键器官的耦合振动，即共振的问题。除发动机整个系统固有频率设置存在问题外，使得问题加重的重要原因是在第五次发射时，将发动机组内所有发动机燃烧调整为同步状态，这也是前 4 次发射试验没有发现问题的根本原因。长征五号运载火箭也进行了多次飞行试验，发现了存在的问题，并进行了设计修改。

在振动试验方面，因为设备或者整个航天器是放置在振动台之上，振动以振动台的台面加速度作为输入幅值控制的反馈信号，当激振频率包含或和结构固有频率相同时，被试结构会成为动力吸振器，即在这些频率处，振动台输入的能量会被其吸收，而为了达到预设的激振幅值，振动台就必须加大能量输入，从而导致被试结构损坏。振动试验的目的是模拟运载火箭对航天器的振动作用，但运载火箭的振动能量是有限的，并且频率是运载火箭和航天器的耦合频率，而不是航天器自身的。为了避免损坏被试结构和接近真实情况，采用了所谓的振幅下凹方法，即在结构固有频率处大幅度降低振动台的加速度幅值。当然，真正和实际相同的环境模拟是用力作为对被试结构的激振输入，即力控试验。但受到可靠性方面的限制，在实际发射中，通常不容许在火箭和航天器之间加入力传感器，只能是在结构上测量振动加速度。事实上，正弦振动存在与否及是否必要，还是工业部门争论的一个问题。实际上，这也是要求航天器的固有频率一定远离运载火箭发动机脉动频率的原因，即避免产生动力吸振器效应。

表 5.1 列出了航天器的主要验证试验。

表 5.1　航天器的主要验证试验

试验类型	目的	应用	说明
静态加载	检验结构承受发射过程惯性载荷的能力，以及承受内压载荷的能力	固有频率低的结构，主要承受静态载荷的结构，承受内压的结构	根据需要设计加载装置，载荷取设计极限载荷和温度载荷的合成载荷，并且适当放大
振动模态试验	确定结构的固有频率、阻尼比和振型	进行有限元模型修正，获得振型斜率，以确定姿态敏感器安装位置	因为存在连接结构，结构的固有频率和阻尼比和试验中施加的激振力幅值有关，通常幅值越低，阻尼比越小，但固有频率越高
正弦振动	获取结构固有振动频率，检验结构抗发射段振动能力	含有频率低于 100Hz 的结构（通常是整体结构）	通常用加速度作为激振力幅值，先低量级快速变换激振频率，确定结构固有频率，然后在固有频率处降低正式激振的幅值（下凹）
随机振动	验证强度、寿命、设备组装质量	电子部件和设备，小尺寸航天器（部分进行噪声激励试验）	用功率谱作为激振输入，通常频率为 2000Hz
噪声激励	通过声压验证随机激励下结构的强度和寿命，检验组装质量	轻质且表面积大的结构，对噪声激励敏感的设备	在噪声混响室进行，不适合表面积小的结构。James Webb 空间望远镜在噪声激励试验中出现安装螺栓脱落的情况
高频冲击	检验结构或设备抵抗火工品爆炸产生的高频冲击波的能力	靠近火工品的电子设备	火工品冲击导致很多飞行任务失败，数值计算很难可靠地预测高频冲击效应
热真空	检测真空冷和热环境下航天器性能、材料放气水平和结构强度	电子设备和组装好的航天器	航天器工作在真空环境中，且冷热温度变化大
热循环	验证在冷热交变循环中的寿命（热疲劳情况）	电子设备和组装好的航天器	因冷热交变导致的问题通常出现在前几次循环中，通常试验循环低于 10 次

思考题

(1) 叙述设计过程是如何将概念变成产品的，在这个过程中需要注意哪些关键事项？

(2) 大气层内飞行器和空间飞行器在设计过程中考虑问题的差异主要体现在哪些方面？讨论原因，列表并进行对比。

(3) 为何说行业标准和军事标准只是起到指导作用，而不是要求作用？

(4) 对主结构和次级结构的设计要求为何有差别？讨论主要的原因。

5.2　飞行器结构的设计准则

结构设计要综合考虑各种因素，飞行器各个部分的功用不同，设计的要求也不尽相同，但是共同的目标是要保证其有最好的性能。因此，设计各个部件时，都必须遵守共同的基本准则。如果说 5.6 节所述的设计原则是如何具体实现设计，本节则是介绍对设计的要求，也就是设计所追求的目标。除大气层内飞行器特有的气动力准则外，空间飞行器设计同样需要遵守这些设计准则。为叙述方便，以大气层内飞行器设计为例进行介绍。这些准则是：①重量准则，②气动力准则，③可靠性准则，④工艺性准则，⑤经济性准则，⑥使用性准则，⑦温度准则和⑧寿命准则。其中，温度准则是高超声速飞行器设计中需要重点遵循的准则，寿命准则是飞机设计中需要特殊考虑的。

孤立地看，这八项基本设计准则都是应该满足的，而实际上它们之间是相互联系、相互制约的。例如，可靠性准则和经济性准则在设计和加工生成中的要求是相互矛盾的，当然，如果考虑严重故障产生的灾难性后果和由此导致的经济损失，它们又是相辅相成的。例如，工艺性准则和气动性准则也是相互矛盾的，工艺性要求尽可能简化工艺，但气动性则要求表面光滑程度越高越好。显然，重量准则和多数准则相互矛盾。因此，作为一个设计人员，不仅要有满足单项设计要求的能力，而且还要有能将多种因素联合在一起进行综合分析的能力，也就是应该在一定的技术条件和物质条件下，批判性地和系统地看待问题和对问题进行全面分析，以恰当地处理好各项准则之间的矛盾，从而得出最合理有利的优化设计方案。

此外，飞机设计必须遵从有关适航标准和要求，特别是民用飞机还需要遵从国际上的通用适航标准。另外，军用飞机要遵从国军标。

5.2.1 重量准则

对于飞行器，结构重量的减少就意味着有效载荷、飞行速度、飞行距离的增加。重量是飞行器结构的重要指标之一，也是部件设计的重要要求之一。因此，使结构的重量最轻，始终是飞行器结构设计所追求的目标。在飞行器结构优化设计中，通常选取重量最小为目标函数，而将其他要求列为约束条件。

一般情况下，会在构型设计和详细设计阶段出现重量显著增加的问题，改变结构构型或者是采用一体化结构通常是最高效的方法。例如，一体化结构形式改善了接头上的载荷传递路径，可以取消为保证连接强度所设立的腹板、法兰和加强肋。进行结构构件受力分析时，将对承载能力和刚度贡献小的区域去掉（拓扑优化），也是降低重量的有效方法。

5.2.2 气动力准则

飞机特别是战术导弹是在稠密的大气层内飞行的高速飞行器，良好的气动性能是良好飞行性能的保证。气动性能好主要是升阻比大，且具有良好的操纵性和必要的稳定性。气动性能的好坏虽然主要取决于总体设计时的气动布局，但在部件设计时，应尽量不采用可能导致增加阻力和减小升力的气动外形，尽可能提高空气动力表面的光洁度，使理论外形的误差越小越好。

气动力控制和推力矢量控制是实现飞行器机动性能的重要途径。现在的设计通常将气动舵和推力矢量控制联合使用，在提高机动性能的同时，降低推力矢量控制的燃料消耗量。

5.2.3 可靠性准则

可靠性是指产品在规定时期内，在规定的环境下，完成规定任务的可靠程度或能够正常完成任务的概率。对飞行器结构来说，保证可靠性最主要的是保证结构在整个使用期内具有足够的强度和刚度，来承受各种载荷，使结构既不破坏也不产生不允许的变形。若需要科学地解决飞行器的可靠性问题，从设计角度来说，应该采用可靠性设计。应用可靠性设计时，设计者需将载荷、材料性能及元件、部件的实际尺寸都看成是属于某种分布规律的统计量，应用概率论、数理统计及强度理论，预测在给定条件下所设计结构的不破坏概率，从而在设计中将结构的破坏概率限制在一定小的范围内。但是，如何获得相应的概率需要大量的试验工作和经验积累。

对民用飞机的要求是 100 万飞行小时整个系统出现一次致命性故障，分配到结构上是每 1000 万飞行小时出现 3 次致命性故障。这就需要进行损伤容限性设计，例如容许结构存在一定的局部疲劳裂纹，或复合材料出现一定的局部分层/断丝等。要求在飞行包线的各个点结构都必须有足够的强度，且容许在超越飞行包线一定范围时，结构仍然能够保证完整性。

一个结构或者系统通常由很多零部件组成，其可靠性依赖于这些零部件的可靠性，通常是所有零部件各自的可靠性的乘积，当然还包括装配工艺和装配过程产生的可靠性。换句话说，可靠性是乘积的关系，零部件越多，可靠性会越低。这是强调结构设计或者系统设计越简单越好的一个重要原因。

5.2.4 工艺性准则

工艺性要求是指在一定的生产规模、生产条件和质量要求下，能够使用最合理、最有效的加工和安装方法，最小的生产准备时间和加工工时，最少的工艺装备、最低的材料消耗和不要求有熟练技术工人，高效率和低成本地生产制造出合格产品。为此，结构设计人员必须保证设计的部件既具有先进性又有良好的工艺性。

需要注意的是：优异的工艺性取决于对需求、性能、技术的理解程度。

5.2.5 经济性准则

导弹是一种技术复杂、发展快、耗资大、一次性使用的产品。设计中进行功能成本分析尤为重要，即应该用最低的寿命周期费用(包括设计、生产、试验、储存、维护，直到性能落后而被迫退役的整个寿命周期中的全部费用)，使导弹/飞机

5.2 飞行器结构的设计准则

获得最佳功能。目前，常使用的反映经济性指标的有效费比等。效费比是指所得效益与所用费用之比 E/C（C 为所用费用 (cost)，E 为所得的效益 (efficiency)）。通过进行效费比分析，就可以对设计的经济性有所认识。同样，市场竞争，也要求飞机和卫星的性价比最高。

减少全寿命周期费用最根本的措施是保证结构设计的合理性。图 5.2 是全寿命周期费用分布。由图可知，概念设计阶段决定了整个研制生成费用的 70% 左右，而实际花费仅占总费用的 1% 左右。因此，概念设计是最重要的阶段。但在全周期寿命内的花费方面，维护费用占到了 40%~50%，因此，设计必须同时考虑可维护性和降低维护成本，应在设计的各主要阶段都进行成本分析，使经济性设计贯穿研制的全周期。

5.2.6 使用性准则

导弹是长期储存一次性使用的武器，设计过程中应该考虑使之能在各种恶劣的自然自条件下长期储存，对危险部位应有保证地面操作安全的措施，应使维护、作战反应时间减少到最少。对于飞机，使用维护同样非常重要。对设计的要求包括：

(1) 飞行器结构应能承受恶劣的自然环境、工作环境及特殊环境的影响，并能在规定的时间满足贮存质量要求；
(2) 危险部件应有保证地面操作的安全措施；
(3) 飞行器在值勤、维护、作战时要求操作安全、迅速、方便；
(4) 在定期检测中，结构应拆装方便，易于更换设备。

实现的技术措施包括：
(1) 合理布置舱口的位置、数量、尺寸大小和口盖的结构形式；
(2) 合理设计分离面数量和连接形式，保证战地拆卸、对接方便迅速；
(3) 注意结构维修的开敞性、可达性、安全性，在结构内部安排必要的检查和维修的通道；
(4) 采用预包装燃料箱、筒式或箱式发射等结构措施，减少使用、维修的工作量，减少作战反应时间。

5.2.7 温度准则

材料在高温环境下会出现性能退化问题，同样器件/设备/乘员的耐热温度有限。需要综合考虑飞行速度与防热代价、材料代价、重量代价、体积代价、经济代价等因素的关系，确定合理的总体设计方案和结构设计方案，并且必须考虑由温度产生的所有问题与采取相应的措施。

需要注意：对温度问题，需要从多个角度、多个方面寻找解决方案，不仅要从防热结构的材料和设计角度，而且还需要从飞行控制和冷却方式/技术等方面。此外，还需要注意热变形协调和热应力释放等问题。

5.2.8 寿命准则

飞机在起降过程中的降落冲击、机舱压力变化、发动机冷热变化等都是影响寿命的重要因素。对于民机而言，用起降次数(实际上应该是一个飞行循环)控制比较合适。战斗机一般用飞行小时/起降次数/日历寿命确定寿命，由于机动性高，疲劳载荷谱会根据训练、作战情况来编制，以此分析和试验出对应的飞行小时寿命；在战斗机的起降次数要求方面，一般对起落架结构影响较大；日历寿命，一般由是密封件等非金属材料的老化决定的。

5.3 结构构型设计要点

在方案论证阶段，结构构型是设计方案的关键。前面已经多次强调了构型设计的重要性，这里介绍构型设计的要点。

首先，构型设计同样由概念设计开始，首先确定构型的基本形式，然后进行细化。构型的基本形式主要包括如下几个。

(1) 平台式构型：为设备安装提供安装空间和安装支撑，在结构重量最轻和最紧凑的原则下，满足关键设备的安装要求。

(2) 以载荷为中心式构型：围绕关键载荷进行构型设计，并且设法和关键载荷共用部分结构。典型的设计是哈勃空间望远镜，所有设备围绕望远镜主体结构安装；另外一个例子是围绕单发动机双侧进气道的结构构型。

(3) 一体化构型：从结构设计的角度说，就是结构和其他分系统共用结构。例如，取消各个电子设备的独立机箱，转而由飞行器提供具有承载能力和基于总线的共用机箱。小卫星通常采用结构和仪器设备机箱一体的结构方案。

(4) 多功能结构构型：一个结构可实现多种功能。例如，边条翼可实现弹体结构加强，一体化仪器设备舱顶端同时作为多战斗部安装平台和变轨发动机支撑结构。

受到气动外形、发动机安装和飞行控制方式等方面的限制，以及结构最佳形式的制约，当满足其他分系统的要求后，大气层内飞行器及经过大气层的飞行器总体构型(外部结构形式)基本没有太多的选择余地。当然，局部结构的构型可以有很多种设计方案，特别是如何以最小的结构重量代价获得最高的刚度或者是最大的强度等，例如图1.3所示的机身和机翼一体化构型，如何实现这样的设计目标，依赖于设计者的智慧和对结构静动力学基本概念的理解程度与综合应用能力。

5.3.1 细长体飞行器主结构设计要点

(1) 细长体飞行器因为首先在大气层内飞行，为了减小飞行阻力，应具有良好的气动外形。这类飞行器包括主体结构和附属结构，主体结构用于安装发动机和仪器设备等，附属结构主要包括翼和舵，用于获得气动升力和飞行姿态控制力。在表面积相同的条件下，旋转体形式的主体结构内部空间大，气动性能对称，工艺性好，因此，主体结构多为尖拱形与圆柱形的组合体或圆锥形与圆柱形的组合体 (图 1.7)。但对于远距离飞行的小型飞行器，有时也会采用具有升力面的主结构，例如图 1.8 所示的飞行器。

(2) 主体结构要具有一定的容积且容积利用率高，这样既能合理地布置各种仪器和设备，同时又能充分利用容积，以减小整个飞行器的尺寸，降低其结构的重量。通常，主体结构直径的选取主要考虑飞行航程、有效载荷尺寸、发动机的直径及位置、飞行阻力系数等因素。

(3) 为安装设备和检查设备，主体结构应有适当的舱口、装拆机构。由于特殊用途的飞行器内的各种仪器和设备经常需要维修，有的甚至需要在发射前才进行安装，因此在设计时必须考虑设置必要的舱口、观察孔及插座等，以保证尽量缩短维护和发射准备时间。

(4) 飞行器由各舱段通过各种方式连接而成，连接件的结构必须形式简单，传力协调，保证连接强度和可靠性。

(5) 要考虑弹身防热问题，因为高速飞行时的气动加热和火箭发动机的高温燃气流将影响结构强度。如气动加热影响头部和结构表面，发动机燃烧时喷出的燃气流影响相邻舱段。解决气动加热的主要措施是采用不锈钢或其他的耐热材料作为结构材料，火箭发动机的高温燃气流可能进入相邻的舱段内，可用耐热的隔热板 (如模压高硅氧玻璃钢板等) 将热流隔开。

5.3.2 飞机机身设计要点

(1) 必须满足各种装载的特殊需要及所提出的众多的使用要求，并应与机翼、尾翼等连接部件的主要受力构件的布置、连接点位置进行总体协调，以减轻飞机的总重量。对于机身和机翼分开的飞机，机身基本不产生升力，所以机身气动力要求主要是阻力小，为此一般将其做成细流线体，希望外形光滑、突出物少等。在翼身融合的飞机上采用能产生较大部分升力的升力机身，这样可减小机翼面积，降低机翼重量。

(2) 在保证机身结构完整性的前提下，使结构重量尽可能小。

(3) 机身应有足够的开敞性，以便于维修。

(4) 有良好的工艺性，生产成本要低。

(5) 合理选择机身的外形和参数，使其在给定的外形尺寸下迎面阻力最小，有效容积最大。

(6) 合理使用机身的有效容积，将货物尽量靠重心附近布置，以降低惯性矩并改善飞机的机动特性；在各种装载情况、燃油消耗的情况下，减少重心的变化范围，可保证飞机具有更理想的稳定性和操纵性。

(7) 使用要求是机身设计要求中的重要要求，比如座舱盖、开口等必须满足使用要求。高空飞行时要保证乘客和乘员具有必要的生活条件，要符合一定的舒适标准。为此，在高空飞行时需要机舱内部维持接近地面的大气压，这样在设计机身时需要考虑负压(内压)的影响。载人飞船和空间站的舱体结构设计也都需要考虑负压的影响。客机迫降时，要保证乘员生命，能迅速安全地应急撤离。此外，机组人员要有良好的视野。此外，对于特殊用途的飞机，机身设计要满足一些特殊要求。

5.3.3 翼结构设计要点

除运载火箭等直接穿越大气层的飞行器外，大气层内的飞行器一般都有翼。主翼产生升力以平衡飞行器的重量，有时还需安装起落架、发动机、贮放燃油、外挂载荷等；通过调整主翼的几何参数和布局，保证飞行器的压心位置及其变化规律，使其具有必要的操纵性和稳定性。水平尾翼(平尾)提供纵向(俯仰)安定性、纵向操纵性，正常式平尾包括水平安定面和升降舵，超声速飞机多采用全动水平尾翼，尾翼也是一个升力面，设计要求和构造与机翼类似；此外，战斗机的全动水平翼(鸭翼)也会在主翼之前。垂直尾翼提供航向安定性和航向操纵性，垂尾包括垂直安定面和方向舵。

在翼的设计过程中，除满足上面 5.2 节介绍的八项基本准则外，还需满足以下几点特殊要求。

(1) 刚度要求。对翼结构，刚度要求是十分重要的，如第 4 章关于气动弹性部分所述，无论是总体刚度还是局部刚度，或者无论是弯曲刚度还是扭转刚度，这都是十分重要的。主翼一般承受较大的法向载荷，而其剖面尺寸较薄，很容易产生较大变形，会引起翼气动性能的变化；如果翼的刚度不足，则很容易出现气动弹性不稳定现象(如颤振)，导致翼的破坏。因此，要合理选择形状，正确配置弯扭刚度。对于高速飞行器，局部气动载荷较大，为了保证弹翼剖面不发生显著变形，也要求翼有较大的刚度。

(2) 外形准确度要求。主翼是飞行器的主要气动面，与保证飞行器的良好气动性能有很大的关系。因此，应该保证翼的外形准确度和表面质量，而对对称弹翼应保证严格的对称性。当然，在设计翼的外形时，还要考虑工艺性。

(3) 安全性要求。对于飞机机翼，如果是整体油箱，则燃油系统的可靠性十分重要，为保证其安全，必须保证绝对可靠，必要时可牺牲重量。

(4) 抗气动加热要求。注意材料选择和形状，特别是翼前缘材料。

5.3.4 空间飞行器设计要点

航天器的构型设计，首先要满足任务目标，即是为任务目标服务的。为获得最高的载荷/结构重量比，航天器要根据载荷的情况进行设计，即以有效载荷为中心的设计 (payload oriented design)。对卫星设计而言，从节约成本和应用成熟技术的角度，很多时候会采用平台式设计，即应用现有卫星平台 (bus)，通过改变安装接口，将有效载荷直接进行安装，而不改变卫星的其他部分的设计和设备。航天器上带有为实现轨道和姿态控制的装置，节约控制所需的能量和给控制系统设计提供方便是结构设计的基本原则。设计还要满足诸如热控等其他要求。如果是星球探测着陆器，还需要考虑着陆过程中的诸如气动加热、冲击、缓冲、防止星球表面物质飞溅冲击或者污染等要求。

作为设计示例，这里主要介绍卫星的结构构型设计问题。图 1.6 给出了通信卫星的一个典型构型。影响构型的因素包括：是否有敏捷机动性要求、有效载荷特点、姿态控制系统 (作动器、传感器)、推进 (推进器、储箱)、通信子系统 (天线和功放，天线对指向精度的要求)、指令和数据处理 (记录存储仪器和计算机，通常比较重并需要大量电能)、电源 (太阳翼、蓄电池、充电器、电缆、分配器)、热控 (辐射面、热管布置、隔热层布置)。表 5.2 列出了影响航天器结构构型的关键子系统，表 5.3 给出了航天器构型需要的关键信息，表 5.4 是典型的对构型设计的导出要求。

表 5.2 影响航天器结构构型的关键子系统

子系统	功能	关键部组件
姿态 (确定和) 控制	决定和控制姿态	敏感器、控制作动器 (提供力或者力矩)
推进 (反推)	改变飞行轨道	推进剂、储箱、管路、喷嘴
通信 (跟踪、遥测和数传)	与地面直接或间接通信，提供姿态位置信息	接收器、发射器、天线
指令和数据处理 (星载计算机)	处理和分配操作控制指令，存储、加密和解密数据	数据记录器和计算机
电源 (能源)	产生、存储、调节和分配电能	太阳翼 (展开或体装，单块、多块)、电池、电子部件、电缆
热控 (环境控制与热管理)	监视和控制温度	加热器、散热器、热管、散热窗、隔热层、覆盖层、热变形释放装置
结构和机构	为部组件提供物理支撑、运动操作和静/动力学载荷/热防护	主、二级和三级结构，机构
有效载荷	完成任务目标	通信天线 (通信卫星、导航卫星)，相机/合成孔径雷达 (SAR) 天线 (遥感卫星)，人员

表 5.3　航天器构型需要的关键信息

条目	特点	对构型影响
有效载荷 (包括人员)	尺寸、重量、功率、数传、视场、热界面、数据接口、热与静动力学环境、地面环境模拟	决定了构型的基本形式，是决定姿态、机动性能、姿态稳定性、热与静动力学环境、能源、设备布局、通信与计算机能力的关键因素
任务	轨道、可靠性、设计寿命、操作概念与模式、姿态控制、任务约束	轨道决定了所处空间环境和电能收集能力，可靠性和设计寿命影响了部组件的数量 (冗余与备份) 及技术指标
数据中继和通信	信号频率、数据率、调制方式、硬件损耗、安全性、地面站要求	天线对安装位置、指向和视场的要求，信号接收器应该尽可能靠近天线基座
运载	环境和约束条件 (发射状态包络、质量特性、基频、过载、振动、噪声、冲击)	发射状态包络提出了在轨展开设备的安装和折叠尺寸要求，静动力环境要求提出了强度、刚度分布、地面实验等要求，给出了质量限制
姿态控制方式、作动器、敏感器	姿态控制方式包括自旋、三轴稳定、重力梯度、敏捷性、姿态敏感器 (星敏感器、地球敏感器、太阳敏感器)	提出了对敏感器及作动器选择与安装要求，对质量分布和转动惯量要求，对构型特别是天线和太阳能电池阵形状、安装方式及固有频率要求，在轨结构基频要求
热控	热传导、散热、热应力	导热路径、结构材料、有效载荷/设备安装界面、散热器布置、设备布局朝向等
管理、部组件及设备配套	预算、周期、成本、安全性与可靠性、技术指标和抗静动力学环境	关键部组件及设备需要尽早确定，以便尽早形成对部组件安装和电缆及管路铺设的接口和空间要求；经济原因和周期会决定结构构型、选材和加工方式

表 5.4　典型的对构型设计的导出要求

要求	原因	所需信息
基本形状和目的	必须提供由运载推力矢量到有效载荷和设备的传力路径，提供对有效载荷的防护	有效载荷需求和几何与质量特性，设备基本布局
强度、刚度、固有频率	发射状态通常载荷最大并且伴有过载 (惯性力)，有效载荷和设备安装结构需要满足静强度与动强度要求，空间环境 (负压)、着陆与返回静动力学及热载荷，保持结构形状的刚度，避免共振和姿态控制与结构频率耦合而要求的刚度	运载要求、频率、过载系数、温度幅值与分布、力时间历程、环境压力、振动频率和幅值、冲击时间和幅值、控制频率带宽等
机械接口	和运载安装界面要求 (安装连接力分布均匀，保证连接与分离安全与可靠)，附件安装驱动界面和设备支撑结构满足可靠性、热控、振动冲击防护抑制要求，以及空间对接要求	运载安装、设备安装、可展开附件安装、对接等的接口要求
安装位置稳定性	结构有时要求保证敏感器和天线、仪器设备等之间的确定性相对位置关系，这对结构某些部位的永久变形量提出了要求，变形导致的误差计入总容许误差中	分配给主结构的姿态指向误差
质量特性	质量特性通常是作为设计目标分配给各个分系统或者设备的	质量和转动惯量分布要求
设备可达性	主结构提供设备安装空间和维修监测与检测通路	构型

5.3 结构构型设计要点

航天器结构构型设计的基本步骤：

(1) 为有效载荷找到最佳位置 (有效载荷是卫星实现任务目标的工具，使其有效工作是卫星的唯一任务)；

(2) 勾画出需要展开的结构和载荷的展开形状及占用的空间位置 (如天线、太阳翼等)；

(3) 将有效载荷置于卫星发射状态的包络中，并寻找出可选择的卫星包络和体积；

(4) 选择卫星的形状和结构构造 (通常决定将有效载荷放置在卫星体内还是外置)；

(5) 为展开结构找到安放位置；

(6) 安放其他子系统部件；

(7) 形成卫星的发射和展开状态构型；

(8) 确定各子系统的系统及需求，并找出潜在的问题；

(9) 确定卫星的载荷和设备清单 (如质量、体积、安装要求) 与质量特性 (如质心、转动惯量)；

(10) 将卫星构型和载荷与子系统布局提供给相关部门进行分析和协调；

(11) 根据反馈意见和协调情况，进行构型修改。

在构型设计中，还需要考虑卫星控制的需要，包括姿态敏感器的安装问题。如果卫星有机动性的要求，就需要考虑高刚度的构型。鉴于中心刚体柔性附件构型是卫星广泛采用的基本构型，附件刚度是影响结构基频的主要因素，改变太阳帆板形式和安装布置方式是提高刚度的主要措施。包括体装太阳电池阵和三块及以上太阳帆板等构型。当采用三块以上太阳帆板时，卫星平台外形会采用多边形构型，以实现太阳帆板在发射段的折叠。也就是说，设计目标是使得一阶结构的固有频率最大。如果太阳帆板安装在卫星对天面的顶部，还需要考虑对姿态敏感器 (通常是星敏感器和太阳敏感器) 的遮挡问题，以及对热控的影响，即考虑留有足够的受阳光照射面积。对于三轴姿态稳定卫星，需要尽快能降低卫星绕姿态旋转轴的转动惯量，敏捷机动卫星更是如此，最小转动惯量通常是卫星结构和构型布局的设计目标。

图 5.5 是敏捷遥感卫星的构型选择方案实例。为了提高太阳翼的固有频率，以提高控制系统频率和避免控制系统失稳，同时考虑到热控、星敏感器视场、转动惯量、电源等因素，欧洲的 Pleaides 敏捷遥感卫星最终选择了顶置三块太阳帆的构型，为提高刚度，还安装了支撑杆。

构型和设备安装密切相关，例如图 1.3 所示的战斗机的结构构型，为了满足单发动机双侧面进气道的安装要求，对构型进行了特殊设计。同样，航天器设备安装集成也需要遵循一些基本原则，这些原则在很大程度上决定了结构的构型方案。

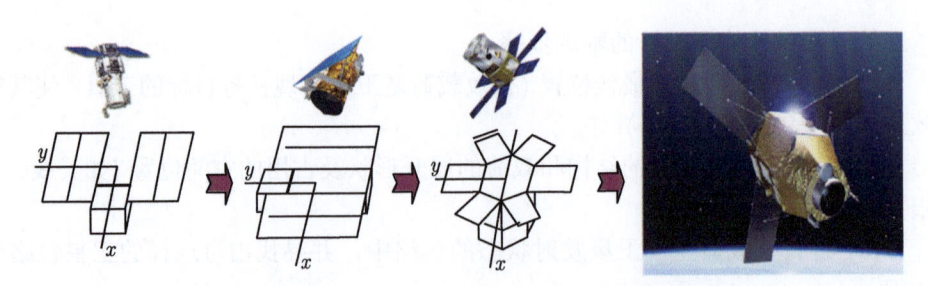

图 5.5 欧洲 Pleaides 构型方案选择过程和最终方案

(1) 首先放置有效载荷，根据情况，设计与主体结构的连接方式 (如刚性连接、热变形解耦装置、隔振装置)；

(2) 使设备质量分布尽可能相对于垂直的两个轴对称，重设备尽可能靠近转动主轴，降低转动惯量 (如降低气动和太阳光压力矩，简化结构和控制系统设计，降低姿态控制作动器力矩输出要求)；

(3) 将散热器和发热设备分别布置，并避免太阳照射 (如避免结构局部热应力过大，减少对主动热控的需要)；

(4) 将大型重设备尽可能安放在靠近运载火箭的部位 (降低结构受到的弯矩，并且降低惯性力对运载火箭推力传递路径上结构的影响，从而可以减轻结构重量和提高结构的固有频率)；

(5) 尽可能将需要通过电缆连接的设备靠近布置；

(6) 为需要安装调试的设备提供操作空间和通路；

(7) 将推进剂储箱安放在靠近卫星质心处 (避免因燃料消耗而导致的卫星质心发生大的变化，从而简化控制系统设计)；

(8) 如果采用火工品分离，对冲击敏感的仪器设备应尽可能远离运载火箭分离面；

(9) 对污染敏感的设备应远离推进器的喷嘴；

(10) 必须同时考虑发射和在轨状态对设备安装的要求 (发射状态受到整流罩空间的限制，在轨状态需要满足视场的限制条件)；

(11) 姿态控制作动器的基础刚度应大一些；

(12) 如果有效载荷对振动比较敏感，姿态控制作动器 (飞轮，控制力矩陀螺) 和其他产生振动的设备应远离有效载荷安装，同样，敏感器也需要远离振源设备安装，特别是不能安装在同一块设备安装板上；

(13) 尽可能使质心线和惯性主轴重合。

例如，在 WorldView 遥感卫星的设备安装布局方面 (图 5.6)，将产生主要振动的姿态控制力矩陀螺 (CMG) 组放置在卫星最下面，以延长振动传递的衰减路径，并安装了隔振器，以大幅度降低振动到相机的传递。欧洲地球同步轨道通信卫星 EURO-STAR-300 将变轨燃料罐放置于卫星中心轴线上，以降低因燃料消耗导致的卫星绕主轴的转动惯量变化，同时和中央承力筒结构配合，缩短运载火箭和轨道发动机到燃料罐的传力路径，以降低附加力矩。

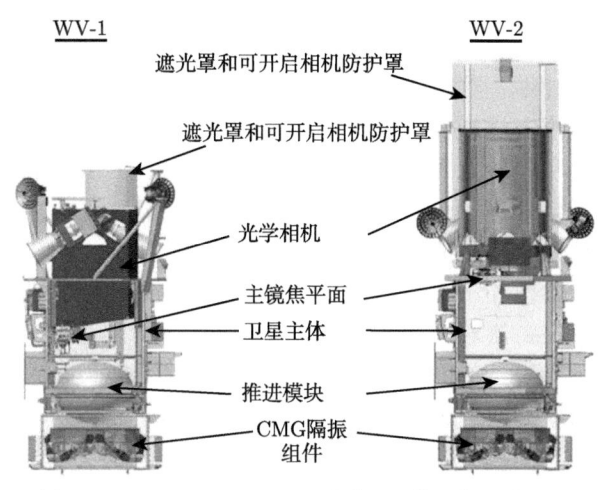

图 5.6　WorldView 1 和 2 遥感卫星的设备安装布局

思考题

(1) 为何说结构构型是设计方案的关键？
(2) 讨论战斗机和民用客机在结构构型上的差异和原因。
(3) 对于翼结构，为何强度和刚度要同时设计？
(4) 讨论卫星上安放设备指导原则形成的依据。
(5) 结合图 5.6，讨论为何将控制力矩陀螺 (CMG) 安装在卫星的最底部？

5.4　结构设计的迭代验证过程

在上面讨论的设计阶段和设计环节中，任何一个环节出现问题，都需要返回到上面一步乃至最初的设计方案 (包括总体设计方案) 进行设计修改或者重新设计。讨论结构的设计迭代还有另外一个原因：预测的动力学载荷依赖于结构的质量分布、振型、刚度和阻尼，这些参数的任何变化都会影响到动力学载荷。当出现变化后，需要对动力学载荷重新预测并检验结构是否满足相关要求。当然，这样的循环会导致额外的设计修改，因此需要另外一轮迭代。预测的温度同样也会随结构设计而改变。设计迭代起始于初步设计。首先，设计一个构型并进行设计方案选择，以满足最主要的或最困难的需求。一个典型的例子是对设计载荷和温度进行粗略估计，确定控制热变形的目标。当确信设计能够进行下去时，设计者会更感兴趣结构是如何和任务及环境相互作用的，并据此改变预测的载荷和温度。

与此同时，还需要考虑结构是如何和控制系统相互作用的。设计验证循环是伴随需求验证的设计迭代的一部分，它开始于建立飞行器的数学模型，用建立的模型表示飞行器的结构特性，如质量分布和刚度特性等，并用来计算结构的振型、固有频率、对动力学环境的响应和载荷分布等。因此，经常用类似的模型来预测温度。在现代结构设计中，数学模型通常是有限元模型。

预测载荷的基本方法是将飞行器有限元模型放到模拟的环境中，载荷环境数据来源于地面试验和以往的飞行数据。对于发射的情况，需要将飞行器的模型和运载火箭的模型耦合后进行载荷分析。这样，在载荷循环中首先生成耦合模型，然后计算载荷，评估结构是否能够承受，并确定对结构的必要修改。对于其他类型的飞行器，若设计参数和飞行性能改变，也会导致与环境耦合状态的改变，进而改变载荷。因此，在每次对结构设计进行较大的修改时都必须重复载荷循环，如前所述，这主要因为设计不同载荷也不同，彼此之间是相互耦合的。当载荷环境改变时，例如采用新的运载火箭，也必须重新经过载荷预测这一循环。

经预测得到恰当的载荷是飞行器设计中最具挑战性的工作。若结果偏低会带来危险，而偏高则会给设计带来困难，提高研制费用，因此，不得不将有限的重量限额更多地分配给结构，甚至导致受到重量限制而不得不缩减一些仪器设备或降低其性能。任务环境复杂多变，有限元模型中小的不准确有可能导致大的错误。图 5.7 描述了设计和制造飞行器的验证循环和周期。这里，重点是设计载荷和设

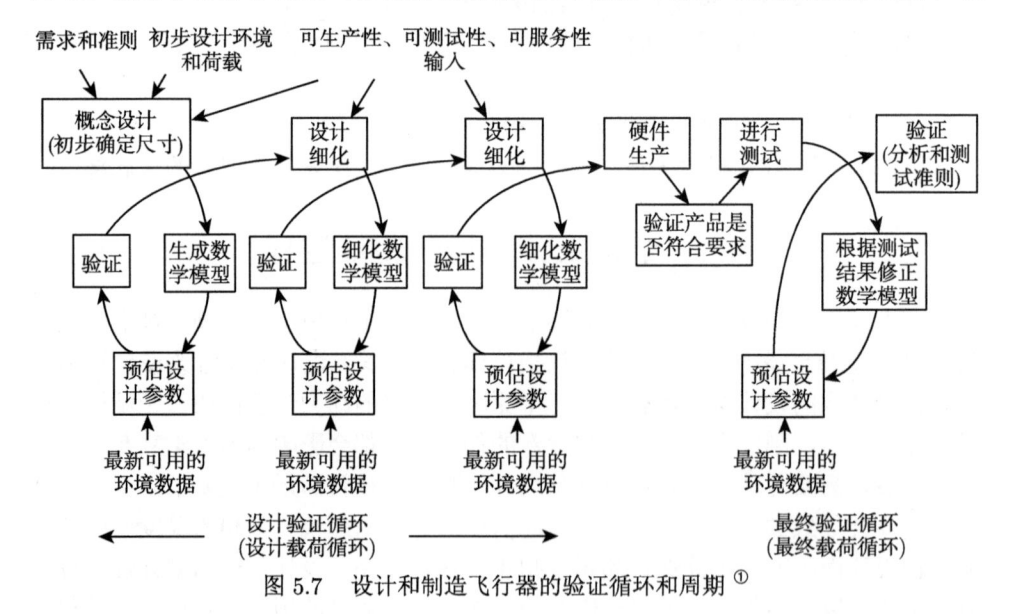

图 5.7　设计和制造飞行器的验证循环和周期 [1]

---

[1] Sarafin T P. Spacecraft Structures and Mechanisms — From Concept to Launch. Dordrecht: Kluwer Academic Publishers, 2003.

计细化过程相配合的不断改变过程，设计细化以有限元模型的细化为载体，不仅使结构计算更加准确，而且使与结构耦合产生的载荷的计算也更加趋于真实情况。对于一些大的计划，载荷循环可能会需要一年或更长时间来完成。使用集成的软件和选择正确的响应参数可以大幅度缩短这个周期。

发射状态载荷通常是最难预测的，原因包括：

(1) 发射过程中载荷有多种来源，如大气湍流、阵风、发动机振动、发动机推力脉动、发动机和气动噪声、发动机点火和关机、级间分离等，这些载荷源大多是相互独立和随机的；

(2) 介质密度出现巨变时，还需要考虑多相流和空化等因素及产生的载荷；

(3) 除大多数成熟的火箭外，没有足够的飞行数据来帮助了解真正的环境；

(4) 如果是航天器，其物理特性不仅显著影响其自身的载荷，而且影响火箭的动态响应。

对于航天器设计，不能单纯依赖运载火箭制造商提供设计载荷。虽然它们可以用来为飞行器作耦合分析，但由此预测的载荷仅对飞行器的主结构是足够的。第二和第三级结构主要是对声载荷和高频振动更敏感，这些环境中的载荷需要设计者自己来预测。为确定设计和试验的输入载荷，需要确定飞行器部件和设备的底部载荷输入，这依赖于飞行器结构对载荷的响应。

仅在设计阶段检验设计是否满足需求并不够。"设计环境"(载荷条件) 会随着新的飞行实验数据而改变，有时飞行器结构和诸如发动机、有效载荷、运载火箭等进行的设计协调也会改变设计环境，这种改变甚至会发生在生产和实验的过程中。有时也会与控制作动器产生耦合问题，例如全动气动舵和驱动机构的协调设计，控制力矩陀螺的重量和产生的扰动力等。同样，用在最后的设计载荷周期中的数学模型可能不能准确地表示实际建造的飞行器的结构。作为最后检验的一部分，载荷检验循环的结果应是决定结构是否具有足够的强度和寿命的基础。这也需要进行最后的检验，来验证分析和试验环境的正确性。

为了给进行载荷验证循环做准备，需要对主要的主结构和二级/次级结构进行试验，获得其关键特性，并用实验数据修正数学模型，然后利用最新的统计上合理的环境数据，重新进行载荷计算。

在最后的验证中，必须满足所有的需求：

(1) 用经过实验数据修正的数学模型预测所有主要过程的载荷，包括发射前、发射中、在轨机构展开等，用这些载荷进行强度和寿命检验；

(2) 用实验修正的飞行状态动力学模型检验结构与姿态控制系统的相容性，避免相互干扰 (哈勃望远镜存在控制系统与结构相互干扰的问题，东方红三号在入轨的最初也发生过类似的问题)，还要注意计算中的假设和忽略的问题；

(3) 用热实验数据修正的热模型进行热载荷分析，并将热效应加到强度和寿命的评估中,还要验证热变形是否满足要求。

如图5.8所给出的设计检验与验证过程,在整个设计阶段有众多检验和验证环节,以保证设计满足要求并能够制造出产品。需要将验证结论整理成文件,一旦完成对满足设计要求情况的评估,就要总结所有不满足设计要求的问题,并评估做出发射决定的风险性。

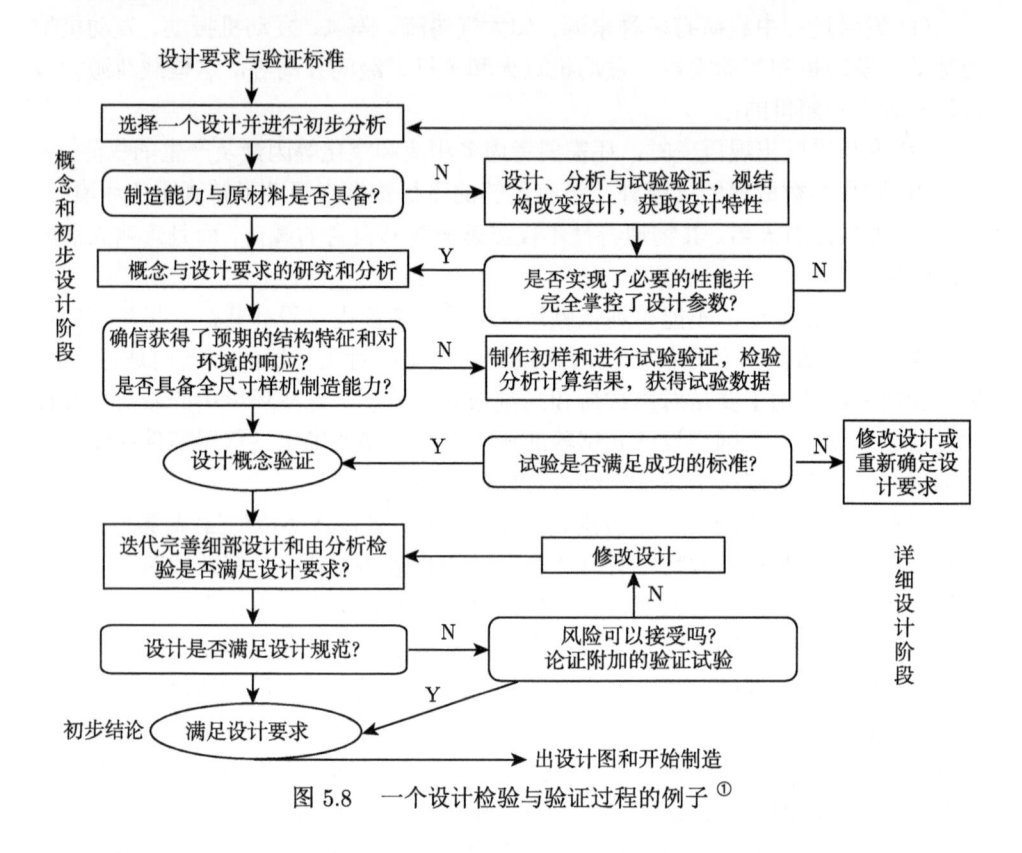

图5.8 一个设计检验与验证过程的例子[①]

设计和计算分析都会大量采用假设条件,如线性假设等。在设计中必须特别注重检查结论对假设的敏感程度,否则有可能刚好在发射前发现设计的问题,导致一个计划的毁灭(当然,在发射后才发现结果会更糟)。没有经过实验修正的数学模型通常不能完全正确地载荷预测,这样,设计不能完全依赖于用数学模型预测的载荷,必须找到模型中最可能引起错误的原因,并使设计的结构能够容忍它们。同样,飞行数据和实验数据也存在不准确性和不确定性,也需要为设计和实验提供一定的变化与偏差范围,以保证可靠性。如果设计环境超出

---

① Sarafin T P. Spacecraft Structures and Mechanisms — From Concept to Launch. Dordrechf: Kluwer Academic Publishers, 2003.

5.4 结构设计的迭代验证过程

设计者的控制范围,需要通过分析环境数据的来源来确认对数据的置信度,然后,可以为分析结果引入不确定因子来计及上述不确定因素。类似的原则适用于所有设计。不要仅仅只用常规设计方法来满足需求,要提前考虑会导致不能满足需求的各种合理的变化和不确定性,并使设计能够容忍由此产生的问题和变化。

例如,前面介绍的首次载人飞行发射任务中出现的振动问题,是因为没有考虑到发动机燃烧导致的发动机推力脉动同步产生的严重后果。第一颗东方红三号卫星因没有考虑结构非线性因素,结果在轨出现了姿态控制系统的控制频率和结构频率耦合的问题,导致姿态控制失稳。

灵敏度分析是解决上述问题的好方法,它不仅可以提高设计的质量和效率,而且能够提高产品的性价比。

最后,用表 5.5 对前面所述内容进行总结,概括结构和机械装置的设计阶段与各个阶段的任务。

表 5.5 结构和机械装置的设计阶段与各个阶段的任务

任务需求定义	(1) 定义系统需求; (2) 分配需求到系统部件 (如空间部分、运载火箭部分等)
概念设计	(1) 确定整个生命周期会经历的事件和环境; (2) 设计飞行器的概念构型; (3) 从概念构型、空间环境和子系统需求导出对机械装置的要求; (4) 开始为检验和质量保证作计划; (5) 确定设计选项,进行结构初步设计,确定机械装置的尺寸; (6) 对选项进行比较研究,确定理想的对构型的修改,重新配置质量分布和刚度分布; (7) 开始规划生产和发展关键工艺过程; (8) 重复上面的过程
初样设计	(1) 最终确定材料和部件及截面尺寸的选择; (2) 获取设计数据,通过分析验证需求; (3) 控制质量,提交图纸,控制构型; (4) 完善生产计划; (5) 制订试验计划
正样设计与定型	(1) 完善、整理设计图纸和技术文件,编制设计、试验总结报告和定型申请报告;经批准后,提交图纸,投入正式生产; (2) 制造部件和进行组装; (3) 检验产品能够满足特定的要求; (4) 完善试验计划和实验方法; (5) 进行试验检验; (6) 对部件进行集成,进行系统级试验
最后检验	(1) 检验分析数据和实验数据的相关性; (2) 根据经过实验数据修正过的数学模型得到的分析结论,检验设计是否满足需求; (3) 整理验收文件和评估风险

思考题

(1) 飞行器结构设计和总体设计在哪些方面应该协同设计？在什么条件下必须进行统一设计？

(2) 你认为飞行器设计应该如何进行创新？

(3) 讨论思维方式在方案设计中的作用。

5.5　设计过程管理

飞行器设计不仅是一个技术问题，因为它涉及人员、经费、需求方、承包商、国家航空航天政策与国家战略等多个方面，还是一个管理问题。这里将讨论文件管理、进展与项目阶段评审和验收、提高质量和降低成本的关键措施。

5.5.1　设计文档

在设计中必须注意建立完整的文档，详细记录设计过程，以追溯和检查设计需求的来源和如何通过设计来满足这些需求的。虽然普遍存在的问题是文档太多，而且经常当需要时不能提供有用的信息，但将设计需求是如何产生的及其他主要决策是如何做出的过程整理成文档，可以使设计者对新的信息做出正确的反映，可避免走回头路，避免重新进行顶层设计。通常在设计中，即便没有任何事情发生变化，如果没有非常好的记录文档，人们也会经常反复从头讨论和处理同一个问题。单凭记忆不是一个好的办法，因为当人们重新考虑一个较长时间以前遇到的问题时，如果没有很好的对问题和解决方法的记录文档，人们很可能会觉得这个问题可能没有得到圆满解决。

注意：分析记录文档一般是唯一能够显示分析满足了设计要求的方法。当然，应该避免生成不必要的文档，这样才能保证使用的正确性，并提高效率。生成有效文档的关键是明白它的用途和使用对象。如果没有详细完备的记录文档，某一个工程师的离开就有可能导致设计团队失去对设计细节的掌握，因此出现在设计评审时不能准确回答一个关键问题这类状况。

表 5.6 给出了建立文档的意义和需要记录的内容。

表 5.6　建立文档的意义和需要记录的内容

内容	原因
需求	大家都知道应该努力去做什么
需求和设计是如何改变的	这样大家能够确信所有需求对提高产品性能是有益处的，所做出的花费是值得的
检验条件	保证一致性和恰当的可靠性
开发计划 (包括管理、检验、生产和资源)	这样才能够确认和协调任务，避免无效的工作，能够提供足够的资源
产品构造	获得正确的产品，并使所有人知道产品是如何构成的

续表

内容	原因
制造过程	保证产品的关键特性在所有同型号的产品上保持一致
如何满足需求: (1) 分析; (2) 过程演示; (3) 生产日志、检测方法、检测结果; (4) 实验方法和结果	使自己和用户能够确信已经满足了所有标准和需求,并帮助设计者对新的信息做出快速而准确的反应
关键数据和数学模型 (通常是有限元模型)	避免错误,因为模型中的一个小错误可能会导致设计和制造的结构出现大问题
关键决策、对问题的解决方法和依据	这样才能清楚当获得新的信息时过去的决策是否仍然合适,对于检验有追溯性,才能知道如何解决出现的类似问题
经验和教训	这样才能避免重复过去的错误和失败,知道如何才能成功及成功的原因,当出现类似问题时,能够迅速准确定位问题,不对设计进行错误的修改

5.5.2 设计评审

在设计的各个阶段和期间的各个主要环节 (如任务节点和里程碑节点) 通常都要由设计师系统组织设计评审,对设计的正确性、先进性、可靠性、合理性和经济性、技术资料完整性等做出评价,并对设计是否转入下一阶段进行决策。在现代飞行器设计过程中,在更多时候需要面对多个分系统之间的设计目标矛盾问题,需要解决分系统之间的技术性能耦合问题,因此,评审不应仅仅是检查结构设计是否达到任务节点要求,而是要同时检查系统之间是否产生耦合问题,以及对耦合问题的处理途径和技术措施。除结构设计中的具体问题外,还要求进行多学科评审,或者是相关分系统的人员参加评审。检验标准和文档管理体系可以保证对共同问题处理的一致性,但也必须保证在解决工程问题上的正确性,并有效限制人为的错误。为实现这些,必须通过频繁的检查和评审进行自我检验,而且还要不时地请独立专家来评审设计和方案。但需要特别注意的是,由于多种原因,评审专家给出的结论可能是错误或不合理的。因此,评审专家的意见仅供参考,一般情况下,评审仅仅是用来帮助发现设计中存在的问题和获得用于参考的意见及建议的。

5.5.3 质量管理和成本控制

质量和成本是一个计划能否成功的关键因素,必须给予充分重视,这不仅和技术有关,而且和管理密切相关。这里仅介绍一些必要的措施。

(1) 进行质量管理,加强材料检验和加工过程质量管理,注意加工工艺对材料性能的影响,注重设计的鲁棒性,尽可能减少连接结构的数量。

鲁棒设计是一个识别设计者能够控制的参数的数值和容许变化范围的过程,以保证当这些参数存在随机性变化时飞行器仍然能够正常工作。飞行器设计面临的挑战是外载荷和使用环境导致载荷存在不确定性,而通过数学模型又很难准确预测。事实上，很多时候基于有限元模型的数学模型并不能准确地描述真实状况，但受到重量的限制，盲目加强结构是不现实的，这就需要一方面确定存在不确定性的结构部分，另一方面获得最大载荷的包络 (如飞行包线)，通过敏感性分析或者多种载荷和结构状态的分析，确定结构设计参数。进行故障和破坏预测，以在设计中采取必要措施避免问题出现。必要时，进行部件、组件乃至整体结构的相应试验，包括强度试验、模态试验、疲劳试验、热载荷试验等。由此产生如图 5.7 所示的设计迭代过程。

导致载荷出现不确定性的因素包括湍流、强阵风、发动机或者与运载火箭对接面处的随机振动，以及多台发动机燃烧脉动同步等。连接结构是导致结构出现不确定状况的重要因素，包括预紧力松弛，以因摩擦参数的阻尼力改变、热载荷导致的连接结构松弛或者结构性能下降等变形等，还包括空间环境在内的使用环境导致的材料性能改变，以及因材料质量和加工质量等可能产生的过早期疲劳破坏。此外，热处理工艺也是导致材料出现问题的原因之一，例如因钛合金在空气中淬火产生的吸氢问题而导致的材料氢脆现象。

(2) 明智地提出需求，通过比较研究，对设计概念进行比较，确定高性价比的需求，确定关键的事件和环境；当确定了需求时，明确验证是否满足设计条件的方法；定义所有计划的验证步骤，以此作为是否成功的标准；如果没有事先制定的标准，大多数检验都将是主观的。

(3) 保持导出需求的灵活性 (如质量、刚度、同轴度、位置稳定性等)，直到能够确定在结构和子系统间可以做出高性价比的分配。不要僵化地导出需求，可以在一些地方放松要求，而在另外一些方面提高要求，这样可以提高性价比。

(4) 区分需求和验证步骤，确定验证步骤是高性价比的。不要仅仅因为直觉上的需要而进行试验；不要试图去证明结构不会破坏，例如去发展一种高性价比的断裂控制方案，而不是通过实验使结构出现断裂达到破坏；保持验证步骤和标准的灵活性，因为随着设计的进展，可能会发现费用更低的验证方法；在一个计划的后期可能会发现不能满足某一标准，不要认为满足需求的唯一办法是修改设计，可以和用户共同平衡其他选择的危险和代价。需要注意的是，在整个研发过程中，设计者的唯一需求是使用户和自己能够确信任务将以可接受的费用按期成功完成。

(5) 避免用重量作为优化目标的要求。为结构和机械装置分配足够的重量指标，不仅可以实现可生产的设计，而且可以简化分析和避免一些试验。例如，降低结构重量后，可以选用推力较小的运载火箭，因此可以节约发射费用，从而值得多花费研制时间和费用，但需要确认是否调整了相应研制计划和预算。但当重量成为制约设计成功的关键因素时，需要以降低重量为努力目标，必要时成立重量控制任务组。

(6) 进行灵敏度分析，以保证主要变量超出可以控制的范围后产品仍然能够工作。所设计的产品能够容忍下列不确定性：分析和建模假设，环境变化，制造误差。

5.5 设计过程管理

(7) 设计复查和评审。设计团队往往很难发现自己的问题和找到好的方法，而对于外部人员而言，可能会马上找到问题，为此，需要请外部质量控制人员复查分析计算方法和结构，找到遗漏或者疏忽的部分，有问题的技术途径或者措施，以及假设中的问题；对于一些关键计算，需要有校核复算过程，必要时采用不同的计算方法或者软件。

最容易出现问题的地方之一是用数学模型预测载荷和温度，并且有限元模型很难做到准确地描述真实结构，不仅需要校核复算，而且必要时需要进行试验，以对有限元模型进行修改完善。试验内容包括模态试验，特别是存在复杂的连接结构时，更需要根据试验获得模型参数；此外，还要进行热平衡试验，确定温度分布情况。

(8) 对设计进行反复迭代。在每一次迭代中确定新的设计需求，并要意识到预测的载荷和环境可能会发生变化，并通过整合传统上分开的步骤来缩短迭代的时间，例如可以将载荷计算和应力分析一起完成。

(9) 努力简化设计，简单的设计造价低但可靠性高。减少部件的数量可以降低组装费用并可以提高可靠性；尽可能用现有的、经过证明的制造过程；提高设计的复杂性必须有足够好的理由。例如在一些情况下，如果是同样可靠性的组件，若增加冗余，一般可增加"任务可靠性"(坏了一部分后不影响任务完成)，但会降低"基本可靠性"(部件数量多，基本可靠性降低)。

(10) 生成和维护有效的文档。建立可追溯的从源需求、比较研究、导出需求、验证方法、准则到结构的联系，存档和控制飞行器的构型，存档和控制数学模型。

(11) 控制制造过程。尽可能采用那些在其他项目中已经验证或经过实验验证且满足要求的制造过程，并且精度和造价是可以接受的。

(12) 确定经费、人员和工具可以满足研制计划的需要。确定计划、集成和协调研制的关键步骤，以保证与经费、资源和周期的要求相匹配。确定每项关键任务都有明确和确定的输入，并且具有合适的附加值的输出和评价成功的标准。当受到资源的限制而不容许做认为应该做的一些事情时，要将问题提到桌面上和管理部门，和用户一起寻找一个可接受的解决方法。不要忽略发现的问题和自行改变设计方案或计划。接受风险是没有问题的，但必须首先认识和清楚地知道它们。

(13) 注重人的因素。对员工进行教育和训练，投资新技术，但更重要的是鼓励员工不断提高基本技能和对责任的理解程度。还要寻找机会和创造条件拓宽和加深员工在相关领域的教育，提高他们的交流能力。

思考题

(1) 简述建立研制过程文档的重要性和文档应该注意的事项。
(2) 为何强调人在设计中的作用？

(3) 如何提高设计的效率和设计的经济性？
(4) 讨论影响结构有限元模型真实性的关键因素有哪些。

5.6　飞行器结构设计的一般原则

飞行器结构设计需要遵从一些基本的原则 (也可以理解为常识)，才可以保证设计能够满足实现任务目标的要求，并同时做到设计不出现原则性错误，避免走弯路，减少设计迭代次数。下面是设计中需要遵循的主要的一般性原则，其中一些已经在前面介绍设计过程和设计检验验证过程中粗略地讨论过。

5.6.1　力学基本原则

在飞行器结构设计中，重量最轻始终是设计者追求的目标之一。在结构设计的过程中，遵循以下力学原则将有助于设计出最轻的结构方案，并有助于提高结构的寿命。

1) 合理布置受力元件，使力在结构中的传递连续且路线最短

在设计力的传力路线时，首先要进行"传力分析"。当支承在某基础上的一个结构受到某种外载时，分析这些外载如何通过结构的各个元件逐步地向该基础传递，称此过程为结构的传力分析。传力分析的目的是了解结构受力的物理本质，并弄清楚每个主要受力元件在结构中的作用和地位。传力分析不可能给出精确的量的概念，而只是通过定性的或粗定量的分析来研究结构的传力特性，进而研究结构的受力形式和主要受力构件的布置等问题。通过传力分析，可以优化传力路径，使其最短，而较短的路径既可以降低附加力矩，又可以简化或者去掉传力路径中的中间结构，因此，不仅可以提高结构刚度，而且可以简化结构。

这里介绍两个缩短传力路径的设计示例。

在全动舵面的设计中，一种是翼梁直接和舵的转轴相接 (图 5.9(a))，这里可以将转轴视为上面讲的基础，即气动力经由翼面到翼梁传递给舵的转轴；另一种

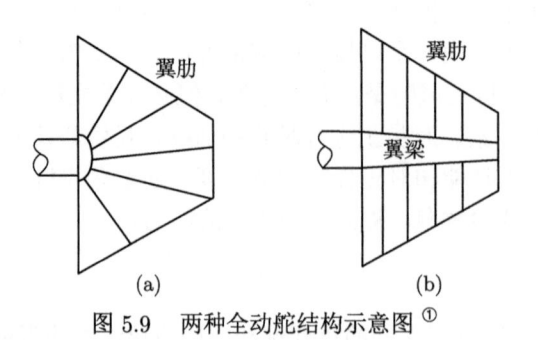

图 5.9　两种全动舵结构示意图[1]

---

[1] 刘莉, 喻秋利. 导弹结构分析与设计. 北京: 北京理工大学出版社, 1999.

5.6 飞行器结构设计的一般原则

如图 5.9(b) 所示，气动力由翼面首先经由翼肋传递给翼梁，对翼梁施加弯曲和扭转力矩，再由翼梁传递给转轴。这样不仅使传力路径多出一个环节，而且使其延长了，从而提高了结构的复杂性，增加了重量。

第二个例子是经由运载火箭到卫星整体结构的传力路径设计。运载火箭提供的推力经由与运载火箭连接的对接环传递给卫星结构，要保证传力路径上的结构不因结构刚度不足产生结构变形和因此出现的低频附加结构振动，即多出位于 100Hz 周期振动范围内的结构固有频率。

东方红三号通信卫星采用了立板隔框加中央承力筒的结构构型 (图 5.10)。中央承力筒底部直径和运载火箭的卫星适配器上端直径相同，这样将运载火箭推力直接传递到卫星结构各个部分和有效载荷上。因为卫星为正方形截面，且尺寸大于卫星适配器上端框直径，为了避免结构底板出现变形而产生附加结构固有频率，采用立板隔框式结构形式，和上下底板共同在服务舱形成了一个加强组合梁结构形式，实现了经由底板和中央承力筒对火箭推力到卫星其他部分的最短路径传递。

在进行传力路径设计时，需要注意传力路径的分散与汇聚问题，具体而言，就是当遇到一个较强的结构和若干个较弱的结构连接时，如果不是结构端部汇聚在一起，例如空间铰接结构，需要用一个刚度大的中间结构构件将其连接起来，即通过中间结构将载荷均匀分散到这些较弱的结构上，反之亦然。一个典型的例子是图 4.5 所示的机翼结构。

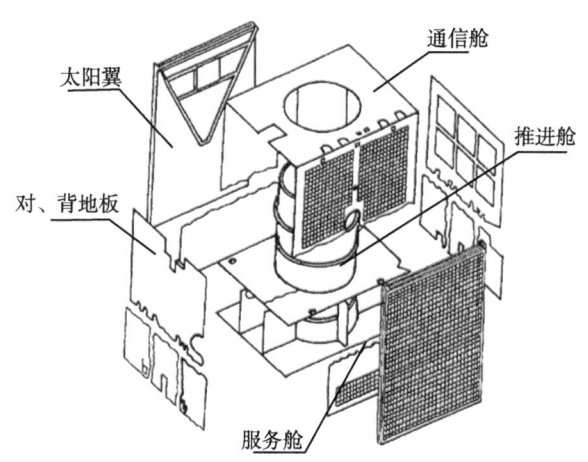

图 5.10 东方红三号通信卫星内部结构构型 [1]

2) 元件材料的力学性能应与元件的受力要求和使用环境要求一致

例如，承受冲击载荷的结构不能采用冲击韧性低的材料。结构的材料必须能

---

[1] 陈烈民. 航天器结构与机构. 北京: 中国科学技术出版社, 2005.

够经受住地面、发射和空间在轨环境的考验 (如时变力、压力、湿度、辐射、污染、温度交变和空间粒子等)，不开裂、不崩溃、不大变形、不污染关键器件。在一些情况下，材料还须能够为热控提供帮助，如足够高或足够低的导热系数等。

3) 避免传力突变或畸变，减小应力集中

减小应力集中的有效措施是在结构截面变化处增加圆弧过渡 (即倒圆角)。此外，和直角截面突变相比，圆弧过渡还可以降低加工难度。对于开孔结构，通常需要在开孔处进行补强。对于一些小的开孔，特别是不切断蒙皮内部框架结构的开孔，一般在开口周围采用加强口框来达到补偿的目的；对很小的开口，一般对强度的影响不大，可以不予补偿。

民用客机有规则分布的舷窗和舱门，这就需要切断桁条和在蒙皮上开口，在舱门处还需要加大环框之间的距离，这些都会导致应力集中，为此需要进行结构的局部加强。图 5.11(a) 是 A350 客机的机舱内部结构，5.11(b) 是舱门补强结构，由两图可以看到，为了不切断环框结构，机舱门在两个环框中间位置，而为了安装机舱门，这两个环框之间的距离大于舷窗环框之间的距离。为了提高强度和刚度，加大了环框结构厚度；但为了降低结构重量，环框在高度方向较窄，为了提高其侧向刚度，避免结构变形，在环框侧面沿桁条伸展方向形成了三角肋板与门框连接；同时，也加强了沿机身方向的结构，大幅度提高了门的上下横梁的横截面积。图 5.11(c) 是对舷窗开孔导致的结构应力集中进行补强的方式，采用的是围框形式的结构，该结构与被切断的桁条连接，形成整体结构。为了提高弯曲刚度，增加了结构边缘的厚度。

4) 综合利用受力构件，使其具有多种功能

典型的设计是将一些设备的结构同时赋予加强结构强度与刚度的功能。

一个设计实例是导弹结构的边条翼 (图 5.12)，不仅提供了升力面，还增强了结构。

5) 控制结构动态特性和动态载荷

根据第 4 章介绍的结构振动及控制与结构的耦合问题，在设计中，首先要避免附加结构和设备的固有频率与主结构频率接近或者相同。结构的振动必须不干扰运载火箭的控制系统 (即固有频率尽可能远离运载火箭的控制系统的工作频率)，并且避开运载火箭发动机的脉动频率。同样，在轨道飞行和执行任务期间，飞行器结构的振动不应干扰控制系统，即避免结构和控制系统耦合产生的频率与扰动力频率接近，避免结构固有频率落入控制带宽中，并且做到结构一阶固有频率尽量远离控制频率，以避免由此产生的控制失稳问题。

以被动地控制载荷和振动为主，方法包括：有目的地选用高阻尼材料，使结构的固有频率远离激振力的主要频率，在结构振动较低的区域内放置敏感仪器设备，而将作动器 (产生力和力矩的器件) 放置在激起较低幅度结构振动的区域内。

5.6 飞行器结构设计的一般原则

(a) 机舱内部结构　　　　(b) 舱门补强结构

(c) 舱窗补强结构

图 5.11　A350 机舱开口补强

图 5.12　带有边条翼的导弹

6) 等强度 (满应力) 准则

"等强度"是出于这样一种设想：即在设计载荷作用下，结构的所有元件、元件的所有剖面都能同时达到强度极限。符合这种要求的结构，材料利用最充分，结构重量最轻。这也是通常说的满应力设计准则。常采用的一些措施如下。

(a) 按载荷分布规律来设计结构和元件的剖面尺寸。

例如，气动载荷机翼结构上产生的弯矩是由外向内逐渐提高，这样就可以利用横截面逐渐增加机翼结构构型 (图 5.13)。

图 5.13　按载荷分布规律形成的机翼厚度变化

(b) 受力元件剖面上的材料应分布在应力最大的区域，例如工字形横截面的翼梁。

(c) 尽量去掉不参加受力的材料。例如，梁在受到弯曲载荷作用时，最大应力出现在上下面，中间结构承受的载荷较小，这样就可以将梁的中间部分去掉一部分 (如工字梁)，或者是采用中空结构 (如飞机机身)[①]。

7) 最小挠度原则

对于某些受载较大但本身刚度比较小，而对变形要求却很严格的元件，如按照等强度原则设计，不一定能满足结构的刚度要求。此时，往往按最小挠度原则设计，如弹翼大梁等。

有很多可以用不显著增加结构重量提高结构刚度的办法，例如采用夹芯结构、内衬波形板，制作翻边、凸梗，以提高腹板的刚度等。

8) 热应力释放原则

温度改变将导致结构变形，当温度改变为 ΔT 时，温度变化与应变的线性表达式为 $\varepsilon = \alpha \Delta T$，其中 α 是热胀系数。如果结构可以自由伸长或缩短，则只有应变，而没有应力产生，否则将产生应力，阻止结构变形，产生的应力值为 $\sigma = E\alpha\Delta T$ (E 是弹性模量)。如果变形被完全限制，这时将出现有应力而无应变的现象。结构的应力会导致相邻结构受到力的作用，或者结构本身出现翘曲及破坏，或者是相邻结构出现变形或者破坏，显然这些都是不希望看到的。为此，在设计中需要考虑对热应力的释放问题。

在桥梁等建筑结构中，多在两个结构之间加入缝隙，留出结构的膨胀空间。在飞行器结构中，不容许缝隙存在。为此，采用诸如波纹连接结构或者柔性连接结构 (如防热瓦和主结构间采用柔性杆连接，相机主镜和基座支架采用三组 bi-pod 连接)。如图 5.14 所示，bi-pod 的特点是在 X 和 Z 向 (面内) 提供高刚度，而在 Y 向 (垂直面内) 和 W 向 (面内相对运动) 提供低刚度，这样，如果采用三个同样的 bi-pod 结构作为支撑，沿着空间相机主镜外周边布置，则可以在实现释放卫星平台热应力对相机作用的同时，保证支撑刚度。

---

① Beer F P, Russell Johnston E, Jr, Dewolf J T. Mechanics of Materials. 3rd Ed. New York, NY: McGraw-Hill Companies, Inc., 2002: 208—221.

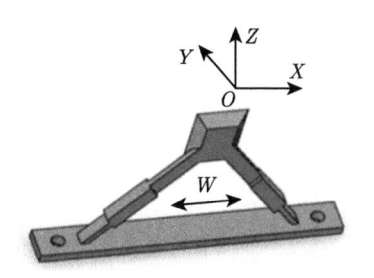

图 5.14 bi-pod 示意图

9) 结构件连接和受力形式相一致原则

飞行器结构由构件通过组装而实现，因此，结构连接在结构的强度、刚度乃至重量方面起到重要的作用。实践经验表明，很多结构失效问题是由连接结构问题导致的。这里给出两个如何根据载荷设计机翼与机身的连接结构的例子。

对于多数飞机而言，特别是大型客机或者是货运飞机，机翼和机体会首先分开制造然后组装为一体。机翼不仅受到弯曲载荷的作用 (包括升力和机翼上安装的设备，如发动机)，还会受到扭转载荷的作用 (包括气动力和副翼产生的飞机姿态控制力等)。根据第 4 章关于颤振问题的讨论，机翼需要同时具有足够高的弯曲刚度和扭转刚度，机翼根部的连接刚度在很大程度上决定了机翼的这些刚度。因此，机翼与飞机的接头在弦线上需要至少有两个在同一条直线上，在垂向也应该至少有两个在同一条直线上。图 5.15 是一个典型的机翼内部框架结构和与飞机机身连接的接头。对于大型飞机，梳式连接结构 (围框式接头) 可以分散载荷到对界面结构的各处，避免了因离散分立的接头导致的应力集中，实现同时抗弯曲和扭转载荷，并且获得足够大的根部连接弯扭刚度。图 5.16 是 A380 机翼与机身的

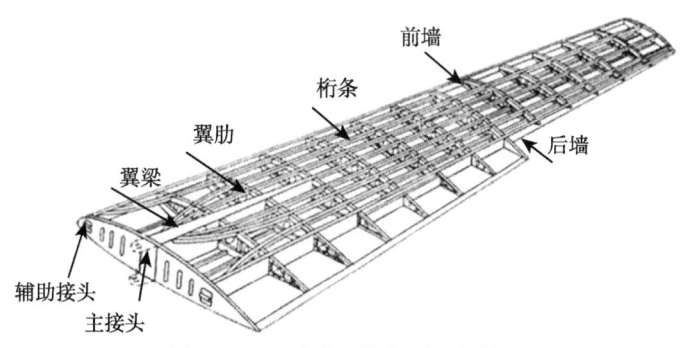

图 5.15 一个典型的机翼内部构造

梳式连接结构。与之对应，在机身的中间下部的翼盒结构上需要设置对应的结构，机翼将用套接的方式安装，将安装结构插入机翼内部 (图 5.17)。

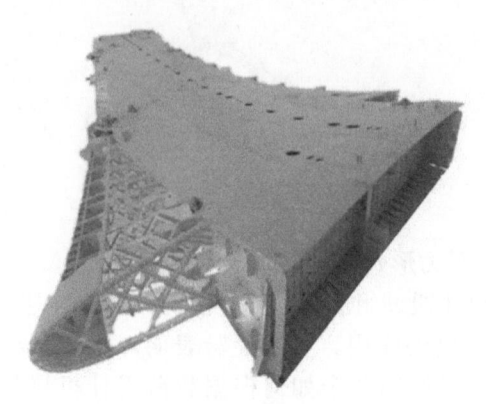

图 5.16　A380 机翼与机身的梳式连接结构

图 5.17　A380 机身中下部的翼盒外部结构机

为了提高足够的强度和刚度，需要对翼盒的结构进行加强设计，考虑到机翼传递过来的力主要是弯矩和扭转 (当然也包括压力和拉力，在飞行中相对较小)，结构是由截面积更大的环框和横向贯通机身与环框成为一体的横梁及纵/横向立板组成的盒式结构。因为翼盒可以是整改飞机结构最强的部分，要抵抗机翼传来的扭矩和弯矩，并且将机翼获得的升力传递给飞机其他部分，所以通常将主起落架的支撑点也设置在翼盒上。这里，为同时提供更高的弯曲和扭转刚度，双层梁结构是对环框进行加强的方法之一，即内外两个环框结构，中间用立板连接，这样可以形成上下共同工作的组合式结构形式，同时降低了结构的重量。

如果将机身视为安装在机翼上的结构，则可以单独设计翼盒结构，如图 5.17 所示，A380 采用了这种设计思想。

在图 5.15 所示的典型机翼结构中：

5.6 飞行器结构设计的一般原则

翼梁：是梁式翼的主要受力元件，蒙皮、桁条和翼肋所承受的载荷最后都要传给翼梁，翼上的全部弯矩、大部分剪力和由扭矩引起的切向力都将通过翼梁传给弹身。

纵墙：结构与翼梁相似，只是它的凸缘远比翼梁弱，而腹板则较强。它的作用是与翼梁一起承受和传递翼面的剪力及由扭矩产生的切向力。

桁条：支撑蒙皮，承受和传递蒙皮传来的横向载荷。另外，由于桁条支持蒙皮，所以增加了蒙皮的临界应力，提高了稳定性。

翼肋：形成和维持翼面的翼型，同桁条一起支撑蒙皮，承受和传递蒙皮、桁条传来的载荷。

蒙皮：形成流线形的气动外形，承受屏格上的局部气动载荷和承受翼的扭矩，并将气动载荷传给纵、横向构件。蒙皮有屏格尺寸问题，屏格尺寸是指纵向和横向骨架元件之间的距离。屏格尺寸越小，蒙皮的鼓动量越小，不易失稳，但会增加重量和加工工时。由传力分析知，屏格蒙皮可作为四边支持承受局部气动载荷的硬板，整个弹翼的蒙皮作为承剪板承受翼的扭矩，单块式翼的蒙皮作为平面应力板承受压拉，这些将对蒙皮最小厚度有所限制。此外，气动弹性问题也对蒙皮最小厚度有限制。

表 5.7 给出了典型的结构连接形式和需要注意的事项。

表 5.7　典型的结构连接形式和需要注意的事项

方法	优点	缺点	需要注意的事项
机械紧固	• 有很多连接形式 • 有很多批量化标准件且便宜 • 有规范提供标准几何尺寸和长度 • 使用简单且不需要昂贵的专用工具或安装过程控制 • 可以连接不同材料的结构 • 多数拆装容易 • 可以增加结构阻尼	• 专用件需要特殊定制加工，价格昂贵 • 难以避免损失刚度 • 有连接移位/松动的可能性 • 安装需要大量时间，且需要采取措施，避免紧固件在安装过程中脱落或者丢失，影响结构或者飞行器的安全 • 通常需要结构安装部位加工配合和安装辅助部件（如预埋件）才能保证载荷从结构到紧固件之间的传递 • 为安装紧固件，对结构的加工（安装孔）会产生应力集中，导致脆性材料结构永久失效 • 会增加重量	• 需要根据材料性质选择紧固件类型和安装方式 • 需要根据结构受力状况确定紧固件布置方式和承载能力，必要时需要对结构连接部位进行特殊设计，以保证连接强度、刚度和可靠性 • 需要根据紧固件材料的硬度和结构材料的硬度选择紧固件类型和安装方式 • 需要根据载荷形式设计结构的连接部分的形式（如对接还是套接，套接需要附加抗剪切套管）

续表

方法	优点	缺点	需要注意的事项
焊接	• 通常比机械紧固方式便宜 • 可以保持结构刚度	• 不能拆卸 • 存在残余应力，会导致结构翘曲变形 • 降低铝合金和其他一些材料的强度 • 焊接质量受限于多种因素，包括焊接材料、操作工艺等	• 主要用于材料相同的结构件连接 • 适用于对刚度要求高的结构 • 管路连接
黏接	• 轻且经济性好 • 黏接剂和厚度选择合适可以增加结构阻尼 • 将载荷均匀分布到整个连接区域进行传递 • 连接表面光洁 • 可以连接不同材料的结构	• 通常不能拆解 • 连接质量受到多种因素影响，质量控制困难，包括黏接剂性能、黏接工艺过程、环境条件(温度、湿度、真空度等)等，通常需要进行尝试性组装和验证性试验 • 抗拉强度低 • 黏接剂使用寿命通常较短，且受到环境因素影响 • 有的黏接剂固化后脆性强 • 有的黏接剂有毒	• 适用于连接脆性材料结构(对应力集中敏感，不适合加工孔洞) • 适用于抗剪切连接 • 在金属表面粘贴结构辅助层(如阻尼材料、黏弹性约束阻尼层等)

机械紧固件连接是常用的组装方法，在设计连接时，除成本(如材料、部件、加工、制造人工费、验证)、周期(如制造时间、材料和部件有无)及质量保证和可靠性外，还需要注意如下因素。

(a) 结构形式和应用：螺栓连接适合预紧力连接。

(b) 紧固件的材料：铝合金材料用螺纹连接，如果多次拆装，需要加钢丝螺套，并且螺纹的尺寸要与受力情况匹配；如果不多次拆装，采用螺纹连接方式时，应该选用粗牙螺纹。

(c) 连接强度：取决于紧固件的类型、尺寸、材料、数量、布置形式和适配件设计等；此外，还需要注意防松方式产生的作用力(如弹簧垫圈和螺纹胶)，或者在温度载荷作用下产生的诸如松弛等问题；通常螺栓连接抗剪切能力差，螺栓连接需要抗剪切应力时，需要加装抗剪套贯穿于连接结构，在抗剪套内穿过螺栓。

(d) 连接刚度：取决于紧固件的数量、布置形式、预紧力和适配件设计等。足够高的拉伸紧固件预紧力可以在极限载荷情况下避免连接分离，而紧固件结构靠近适配结构壁面，可以提高连接刚度。

(e) 疲劳寿命：采用预紧力紧固件要避免在极限载荷下连接分离所导致的损伤。

(f) 对中/对齐：采用抗剪对中销或套，避免适配孔尺寸过大。对于抗剪连接，避免使用衬垫和单点抗剪。

(g) 可达性：铆钉和螺栓需要在连接结构两边操作，必要时采取其他方式，如螺纹连接、抗剪销、盲孔螺栓等。

(h) 可拆卸的要求：铆钉和抗剪销需要用专用工具拆卸，特别是铆钉拆卸一般都是破坏性的，并且在拆卸中可能损坏被连接结构。

(i) 污染、腐蚀和磨损：材料匹配要避免电化学腐蚀，紧固件硬度通常不能大于被连接结构的硬度。例如镉、锌、锡镀层容易产生污染，表面黑色氧化处理和尼龙插件会放气，银、镉会损坏钛合金，无润滑不锈钢螺纹配合可能会卡住。

通常采用多个紧固件进行连接，一方面单个紧固件不能承受力矩，另一方面需考虑强度、刚度及可靠性。在一些情况下，布置在同一连接结构上的紧固件受力是不同的，并且有时所有紧固件受力的总和大于外载荷，或者说单个紧固件受力不等于外载荷除以紧固件个数。这就需要考虑紧固件的强度问题，必要时采用不同强度的紧固件进行连接。

受力方式是导致连接各个部分/零件受力不同的根本原因。这就需要根据受力情况布置连接件，不仅是分布，而且考虑到在不是共同受力的情况下，单独连接件的强度设计问题。飞行器多采用圆柱壳体结构，在受到弯曲载荷作用时，受拉侧最顶端的螺栓受力最大，但弯曲载荷作用面位置是随机的，这就要求每个螺栓都能够承受最大应力。

这里需要注意的是，螺栓承受剪切力的能力通常比较弱，并且为了使螺纹部分顺利通过，螺栓孔直径会大于螺杆处的外径，如果单纯依靠连接结构接触面的变形来抵抗剪切力，则结构的承载能力会比较弱。为此，通常需要在螺栓孔内加入抗剪套筒，套筒贯穿于连接结构的对接面，与螺栓孔表面紧密配合，起到承受剪切力的作用。另一种方法是采用抗剪销，抗剪销还同时起到定位的作用。

下面用实际例子进行解释和说明。

对于多个紧固件成一排连接结构构件时，若承受和排列轴线重合的拉力时，并不是每个紧固件都承受同样的载荷，在两端的紧固件受剪切载荷最大。由图 5.18 可以看到，虽然作用在单个螺栓上的总载荷和外载荷相同，但作用在螺栓中部的载荷在受力方向上端部最大，达到 80% 的外载荷，而尾部仅有 20%。

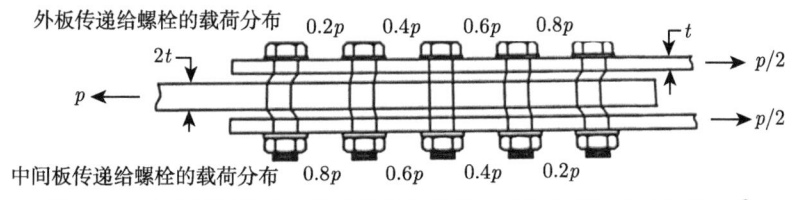

图 5.18 多个紧固件成一排连接结构构件承受拉力时螺栓受力情况 [1]

---

[1] Sarafin T P. Spacecraft Structures and Mechanisms — From Concept to Launch. Dordrecht: Kluwer Academic Publishers, 2003.

第二个例子是火箭部段轴向对接时螺栓的受力状况。火箭为了获得更好的加速性能和提高飞行速度，多由若干个独立的火箭发动机组成，在飞行过程中，由下至上，首先是一级火箭发动机工作（有时也会有与之并联的助推火箭发动机一起工作），燃料耗尽后，将已经成为无用质量的这级发动机连同燃料贮存结构一起抛弃（如果有助推火箭，通常会最先耗尽燃料而被抛弃，例如长征二号F运载火箭），然后第二级火箭发动机开始工作[1]。为了对各级火箭发动机进行连接而成为一个火箭整体，通常会将作为主体结构的燃料贮存结构之间由回转闭合圆柱壳体结构进行连接，以给火箭发动机喷管留出空间，这个结构也称为级间段连接结构。

在这个例子中[2]，级间筒段直径为2m，筒段壁厚等效为5mm的均匀光筒，筒段高度为800mm，对接厚度为24mm，一周通过60个M12的螺栓轴向对接，两个螺栓支架间隔6°。舱段材料铝合金2A14，螺栓材料30CrMnSiA。在计算中，设下筒段下端面固支约束（图5.19）。当上筒段承受150t轴拉载荷时，在壳段承受拉载荷的情况下，因为连接法兰盘的存在，轴向对接螺栓有典型的拉伸和弯曲耦合的变形模式，此时螺栓处于偏心受拉的状态。从螺栓的应力分布可以看出，此时一周60个螺栓均匀受力，变形及应力大小基本一致（图5.20）。就单个螺栓而言，螺栓上的应力靠近壳壁的一侧应力大，远离壳壁的一侧应力小，这跟螺栓产生的弯曲变形相对应（图5.21）。当上筒段上端面施加500kN·m弯矩载荷时，在壳段承受纯弯矩载荷的情况下，对接面螺栓一侧受拉，一侧受压。受拉侧螺栓的受力模式有典型的拉弯耦合变形模式，螺栓上的应力靠近壳壁的一侧应力大，远离壳壁的一侧应力小。受拉侧的螺栓最大等效应力（范式等效应力(von Mises stress)）达到了774MPa。因为

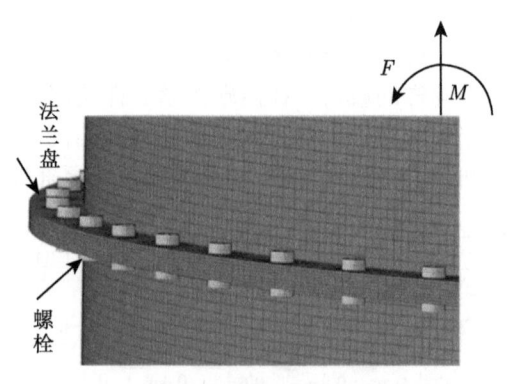

图 5.19 火箭部段轴向对接连接和受力方式

---

[1] 李福昌, 余梦伦, 朱维增. 运载火箭工程. 北京: 中国宇航出版社, 2002.
[2] 由中国运载火箭技术研究院王晓雷研究员提供。

5.6 飞行器结构设计的一般原则

法兰盘结构的存在，受压侧承担了主要压力，所以，受压侧螺栓应力较小，最大等效应力仅 12MPa。由图 5.22 可以看到，上端面顶点处的螺栓的应力最大，越靠近中性层，螺栓的应力越小 (颜色越靠近红色，应力越大)。

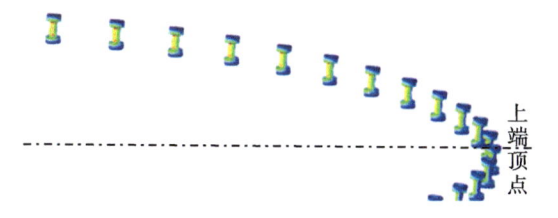

图 5.20　受拉状态的螺栓应力分状况

图 5.21　单个螺栓受拉时的应力分布图

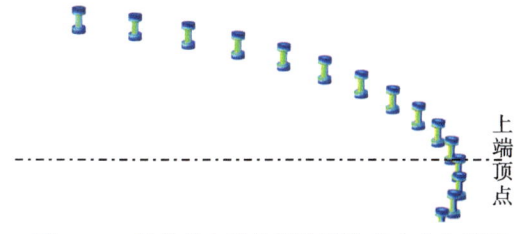

图 5.22　弯曲状态受拉侧的螺栓应力分布状况

除上面例子中所述的基于法兰盘形式的舱段对接连接外，还有插接 (也称套接 (lap joint)) 的连接形式，一方面这样可以缩小外径尺寸，另一方面还可以借助舱段连接处的结构承担一部分弯曲载荷。当然，也可以采用对接和套接的混合形式。不过，需要注意的是，螺栓连接通常抗剪切能力较弱，采用套接连接形式时，若采用螺栓连接方式，因为穿过了螺栓，螺栓孔直径会大于螺栓无螺牙部分的直径，这时需要在对接孔内加入抗剪套，以提高连接的抗剪切能力。飞机在进行舱段连接时，通常设计有对接块，对接块安装固定在一个舱段的对接面结构上，插入到与之对接的舱段的对接面结构中留出的凹陷部分,这样不仅起到对接面的定位作用,而且承担了抗弯曲载荷和抗剪销的任务。总之,螺栓连接虽然有很多优点,但如何根据外载荷形式避开其缺点和采取应对措施是在设计中需要重点考虑的问题。

对于导弹结构而言,因为包括战斗部、导引头、舵机舱、电子舱等多个舱段,为将其组成整体,已经发展了很多结构连接方法(可以参加后面的参考书)。考虑到主要受到弯曲载荷和压缩载荷的作用(发动机沿轴向推动飞行),现代导弹多采用套接的方法(图 5.23),以连接不同的舱段,例如美国的爱国者 3 地空导弹。对于以碳纤维复合材料为主的结构的连接,套接更方便和简单,因为对接结构部分可以以环状形式作为预埋件在碳纤维缠绕时直接装上,这不仅降低了结构重量,而且简化了加工工艺。导弹结构上,套接连接一般采用螺纹连接的方式,一方面降低成本和重量,另一方面简化安装工艺。与受力状态相对应,前部的舱段结构提供止推面和安装面,后面的舱段结构套在前面舱段的外面。

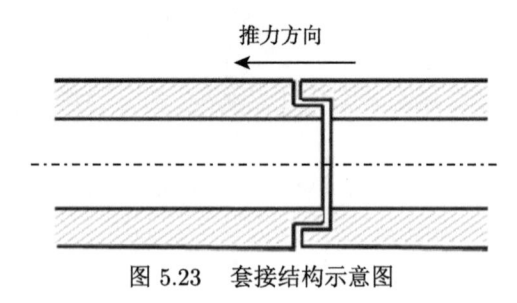

图 5.23 套接结构示意图

10) 结构横截面形状与应力和变形分布相一致原则

如图 5.15 所述,与机身结构不同,为了提高结构的扭转刚度,机翼的翼肋没有采用环框式结构形式,而是采用板的形式,如图 5.24 所示。这种板式翼肋可以构成封闭的舱室,用来储存燃油。但从结构设计角度,采用板式翼肋的目的是将机翼的上下结构共同工作,形成一个整体结构,避免机翼结构出现局部翘曲变形和提高机翼的整体刚度。板的扭转刚度计算公式如下:

$$K = G\frac{wh^3}{32l}$$

由此可知,将机翼上下通过整块翼肋连接形成整体结构的效果是提高了结构的实际厚度,因而大幅度提高了机翼的扭转刚度。在上式中,G 是扭转弹性模量,w、l 和 h 分别是板的宽度、长度和厚度。

图 5.24　A380 机翼的翼肋

由图 5.24 可以看到另一侧蒙皮上的桁条。桁条的作用是支撑蒙皮、分细屏格以提高蒙皮的刚度，同时将气动载荷传给翼肋。如图 5.11(a) 所示，机身同样有桁条作为框架结构的一部分。从结构的强度和刚度设计角度，桁条的另一个作用是提高结构的局部弯曲、逆转及拉伸强度和刚度，而提高这些性能参数的方法是增大结构的厚度，这就需要提高桁条的高度。但弯曲结构的最大应力出现在上下面，中间的应力为零，而扭转刚度则主要由横截面的厚度决定。此外，和蒙皮接触一侧需要有足够大的宽度，以满足连接的要求。为此，桁条的横截面形状一般为有一定高度且上下面至少有一个具有一定的宽度。图 5.25 是机身上使用的复合材料桁条横截面形状，由图可以看到，为了增大黏接的面积，使与蒙皮连接部分较宽，为了在减轻重量的同时提高扭转刚度，采用了中空的梯形横截面形状。如图 5.26 所示，桁条有许多种横截面剖面形状，增大桁条的厚度比和改善桁条与翼肋的连接，也能提高桁条的稳定性。

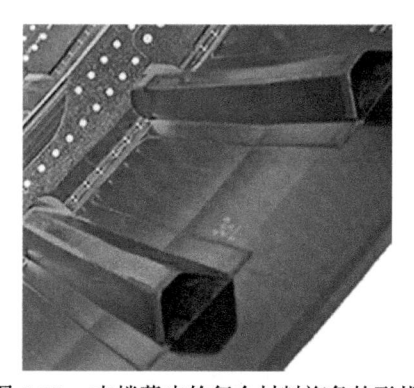

图 5.25　支撑蒙皮的复合材料桁条的形状

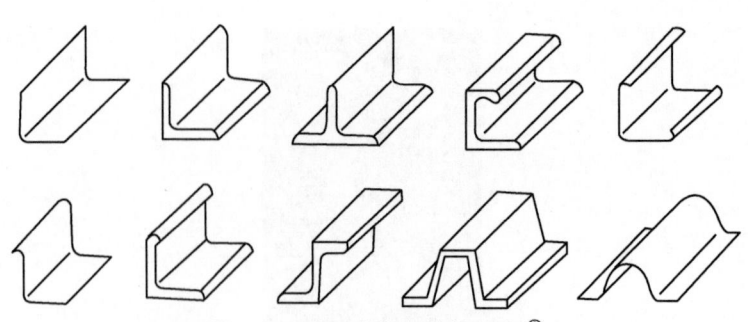

图 5.26　常用的桁条结构形式[1]

桁条的立板也称为腹板，为叙述方便起见，将腹板看成一个普遍的概念。例如，所有在板或梁上伸出的且宽度远小于基体的连续结构；与基体结构宽度接近但厚度远小于宽度的分立结构。因为腹板可以提高桁条的弯曲刚度，也广泛用在需要提高平面结构的弯曲和扭转刚度方面，形成腹板加强平面结构（通常由腹板组成平面框架结构，在上面安装平板），例如飞机的隔舱结构等。在需用框与壳体一起构成封闭舱段，如气密增压座舱、油箱舱、设备舱的舱段，必须采用腹板结构，以抵抗压力产生的载荷。

大型飞机的前起落架会安装在前机身正下方，为实现结构的多用途化，如图 5.27 所示，起落架结构会和环框结构构成统一的结构。为了对环框进行加强，环框上部采用了双层组合梁的结构形式。为了抵抗起落架着陆产生的包括冲击载荷在内的纵向载荷，横梁同样采用了双层组合梁的结构形式，用立板实现上下梁的共同受力和获得足够高的结构刚度。起落架运动空间侧面的结构也同样采用了组合梁的结构形式，不同的是外侧梁是环框外侧结构的延伸，而内侧立板则和横梁的对应立板在一条直线上，以避免产生附加弯矩。

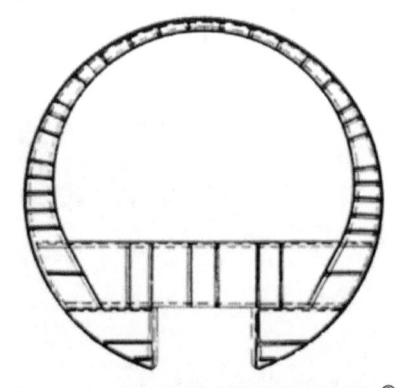

图 5.27　前起落架安装结构示意图[2]

---

[1] 刘莉, 喻秋利. 导弹结构分析与设计. 北京: 北京理工大学出版社, 1999.
[2] 王志瑾, 姚卫星. 飞机结构设计. 北京: 国防工业出版社, 2007.

5.6 飞行器结构设计的一般原则

在空间飞行器结构中，鉴于蜂窝板的厚度可以很大但重量却不会因此大幅度增加，大尺度的平面结构通常会采用蜂窝板结构，以在最大限度地降低结构重量的同时获得需要的刚度。但蜂窝板直接连接困难，需要安装预埋件，通过角片连接 (一种直角形金属结构，通常每个边有两个螺栓孔或者螺纹孔)。如果在上面安装仪器设备，则需要安装预埋件，以供钻通孔或者螺纹孔。通常预埋件需要贯通整个蜂窝层，和上下面板连接。为了提高预埋件与蜂窝板面板的连接强度，也为了降低重量，很多时候预埋件不仅采用简单的立方体形式，还有多种形状，例如向四周放射的结构形式，放射部分的结构采用工字梁形式，以在获得更大的连接面积的同时减轻重量。

蜂窝板虽然具有轻质、高弯曲和扭转刚度的优点，除连接和安装方面的困难及麻烦外，还存在蜂窝芯和面板之间的连接问题，以及在真空环境下的鼓胀等问题。另一种选择是网格薄壳/板结构，通过加工形成腹板，以提高结构的弯曲和扭转刚度及强度。采用这类结构时，可以留出安装结构，包括与相邻结构的组合。当然，也可以仍然采用角片结构进行安装。

图 5.24 所示机翼的翼肋采用了双面网格薄板结构，以在降低结构重量的同时提高结构自身的抗弯曲变形的能力。图 5.28 是美国 Orion 载人航天器上采用的网格薄壳结构 (lattice thin shell structure)，因为在真空飞行中结构需要抵抗因内部维持气压的压力载荷，腹板设置在结构外表面。图 5.29 是典型的有三角形均匀分布腹板的平板结构 (isogrid plate structure)。

图 5.28 美国 Orion 载人航天器上采用的网格薄壳结构

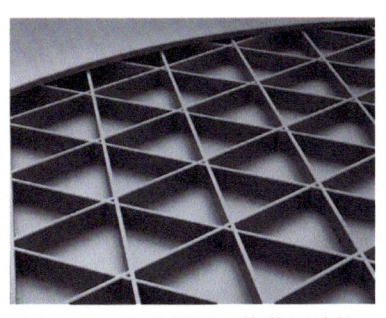

图 5.29 复合材料网格薄板结构

因为受到整流罩内部空间的限制，空间飞行器大量使用展开结构 (也称附件结构)，为了提高刚度，通常会采用桁架结构形式，或者在平板结构上安装桁架结构以提高刚度。考虑到四边形平面桁架结构不稳定，需要至少在一个对角线上加入一个斜杆而形成两个三角形。从降低结构重量和保证结构刚度及稳定性的角度考虑，在结构的横向面多采用三角形桁架结构，而在纵向面则是加入了斜支撑杆的四边形桁架。在大型微波 (合成孔径雷达 (SAR)) 遥感卫星的平板天线上部会采用三角形桁架加强刚度。此外，也会采用杆系结构，与被加强的附件结构共同生成空间结构。

5.6.2 重量/转动惯量最小原则

虽然降低重量和转动惯量通常是以成本和加工制造难度为代价的，但在条件容许的情况下，仍然需要作为设计的原则。由动量矩守恒定律可知，飞行器的姿态变化角度 θ 和角速度 ω 与绕姿态旋转轴的动量矩 I 和控制力矩 T 之间的关系可以简单表示为 $T = 0.5I\omega^2/\theta$，即结构转动惯量越小，对控制力矩的要求越低。因为加大控制力矩的代价是增加结构重量和产生一些其他问题，所以降低结构的转动惯量是设计追求的一个重要目标。例如，图 4.20 所示的敏捷遥感卫星，通过改变太阳翼形状来降低卫星绕主轴的转动惯量。

由于控制力矩和转动惯量均由结构质心位置确定，因此此姿态控制系统的控制参数也与质心位置相关。为了降低对控制系统的技术性能要求，最好使质心位置不变。典型的例子是飞机的油箱位置通常位于质心处，卫星的燃料箱质心也多位于卫星纵向轴上，以此来降低因燃料消耗导致的质心变化。

5.6.3 环境适应性原则

飞行器必须考虑使用环境对设计的影响，包含环境产生的附加载荷、环境导致的材料性能变化、环境对飞行性能的影响，以及如何适应环境和利用环境有利的一面改善和提高飞行器的技术性能。

在空间飞行器设计 (也包括空间使用的设备的设计) 中，需要特别注意环境的影响。空间环境的一些特点和产生的影响列举如下。

(1) 真空环境 (包括低密度大气环境)：当失去大气压力或者大气压力低于 0.1MPa 时，对于密封容器或者密封装置等而言，与地面相比，会失去环境压力或者环境压力载荷降低，这将出现内外压力载荷差。如果在设计中不计入这个压力差，可能会出现容器破坏或者密封泄漏的情况。此外，在真空环境中不存在对流换热，这样，结构的向阳面和背阳面可能会存在较大的温度差，从而产生热应力。

因为没有考虑到空间站内部的大气压力低于地面的情况，在空间站上使用的一个容器的密封出现问题，从而导致气体泄漏。

一个空间飞行器的变轨发动机燃料罐因为没有考虑在真空环境下内部压力失去大气压力平衡的问题，在飞行器机动飞行过程中，在机动过载产生的惯性力和失去大气压力平衡而产生的 0.1MPa 内部压力联合作用下，燃料罐破裂，导致飞行器失效。

此外，空间真空环境还会导致高分子材料与树脂基复合材料的放气 (outgassing) 问题，这不仅会影响结构材料的力学性能，而且放气产生的材料成分会对飞行器上的设备产生影响，例如会通过静电吸附等形式附着在光学器件表面，影响成像质量。

(2) 失重环境：在这个环境下，液体的表面张力会占优，从而导致液体黏度增加。对于阻尼器而言，按照地面条件设计的孔口尺寸或者液体通路直径，在空间有可能会因为液体黏度增加而产生过大的阻尼，甚至是阻尼器活动部分因液体黏度过大而卡死等问题。

(3) 空间辐照：空间辐照也会影响高分子材料和树脂基复合材料的性能，导致材料性能退化和加速老化等问题。

5.6.4　可实现与经济性原则

飞行器设计需要考虑是否可以实现，包括实现的技术支撑和加工制造能力等是否具备，再好的设计如果不能实现都是无用的设计。当然，如果成本过高，导致预算不能够支撑，或者不能满足大批量使用的成本控制要求，只能生产少量产品，这样的设计也是不可接受的。

(1) 重量是飞行器设计考虑的重要因素，但设计的原则在于重量对任务实现的关键程度。如果运载火箭或推进器能够实现预期重量的飞行器的飞行，应该适当降低对重量的限制，这样可以简化设计，从而降低分析、制造与试验的难度。最轻的结构设计往往不是最经济的设计，去掉低应力区的材料总是需要加工费的；再者，高比强度的材料价格会比普通材料高出许多倍 (如碳纤维复合材料比铝合金高出许多倍)，并且加工费用通常非常高 (钛合金的加工比钢的加工难度大很多)。为避免出现重量问题，应在概念设计阶段尽可能准确估计重量，并留出一定的裕量，以备一些不确定因素导致的重量增加。

(2) 尽可能采用成熟的结构布局和结构形式。例如，采用经过预研、试用、鉴定后证明具备条件的先进、高效、低成本结构。

(3) 提高设计的工艺性水平，这样可以缩短生产周期、减少工艺装备。

(4) 尽量保证结构的继承性，并且提高标准化程度。

(5) 采用可靠性和可维修性设计，因为它们会影响使用和保障费用。

(6) 为降低研发成本，飞行器尽量做到通用化、系列化、组合化。

图 5.30 是一种立方星的产品系列，将各个功能模型做成标准的尺寸，并采用

标准安装接口，同时将电源和数据接口也设置成标准接口，通过选择模块就可以快速组成不同功能的微小卫星。

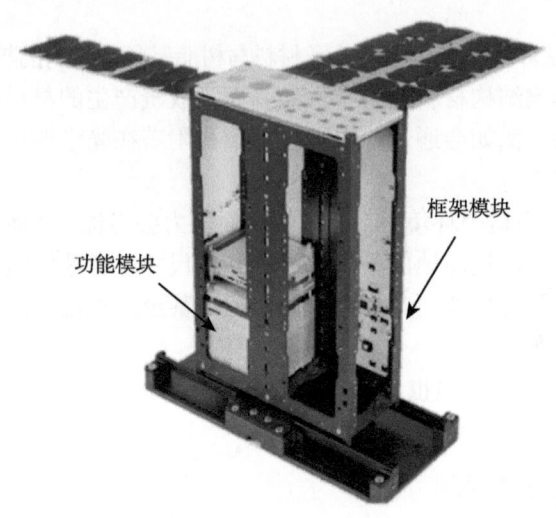

图 5.30 立方星 (CubeSat) 构造

5.6.5 风险控制原则

关注潜在的风险因素，特别是实际应用中可能存在的风险因素，例如火工品和战斗部的存储、安装和使用，以及燃料箱和管路的破损等问题，必须采取措施来避免结构与机械装置的失效，如进行加强设计和冗余设计，也必须考虑一定的失效可能性。还没有完全可靠的方法来核实结构是否满足对强度和寿命的要求。事实上，几乎所有结构都面临同样的问题。如果载荷发生变化，则同样结构材料的特性也会发生变化，但这些变化对空间飞行器尤为重要。首先，空间环境的影响，特别是发射过程的载荷情况，很难比较准确地预测，而且同一型号不同火箭的载荷情况也不相同。其次，空间飞行器的设计不能太保守，不能像设计水坝和桥梁那样。如果去掉所有的失效的可能性，则飞行器或者太重而无法发射，或造价太高而无法接受。

如前述长征二号 F 运载火箭首次发射载人飞船出现的问题，受到多种因素影响，振动环境和前四次无人试验发射完全不同。

在设计过程中，不要仅仅重视单一的失效因素，否则会遗漏真正的关键失效因素。虽然比起发射的严酷环境，空间的动力学环境更温和，但一个很小的机械干扰会毁坏一个展开的太阳能电池板，而忽略真空环境带来的负压会导致储液罐破裂。

思考题

(1) 从材料力学和理论力学的角度讨论力学基本原则的制定基础和依据。
(2) 在设计结构时，为何强调传力路径（线）最短？
(3) 为何需要注意传力路径的分散与汇聚问题？
(4) 在何种情况下会出现各个螺栓受力不一致的情况？讨论原因。
(5) 舱段连接结构的设计应该注意哪些问题？
(6) 根据学过的知识，讨论翼和身连接的基本原则。
(7) 讨论采用翼身融合结构的优缺点。
(8) 为何客机多采用桁条式结构形式？
(9) 如果用复合材料做导弹结构，如何选取结构形式？
(10) 为何结构的基本构型应该和受力状况相一致？
(11) 如果结构同时受到弯曲和拉压载荷的作用，如何设计舱段的连接结构？
(12) 为何需要对开口的结构进行补充强度？讨论补强的原理。
(13) 在大型飞行器上（包括卫星和大型飞机），为何多采用上下厚度小但较宽的两个梁通过中间腹板或者立板形成组合梁的形式？讨论设计的原理和用到的力学基本概念。
(14) 在结构连接设计中，在何种情况下需要考虑温度的影响？温度会产生何种影响？如何通过结构设计解决温度对结构的影响问题？
(15) 叙述在保证强度和刚度的前提下实现重量的最小化的基本原理，列出所用到的基本概念。
(16) 风险控制的要点都有哪些？
(17) 如何进行质量控制？

5.7　一些特殊要求

除去第 1 章表 1.1 给出的典型设计要求外，飞行器在设计中还要满足一些特殊要求，以保证飞行器的战术技术性能、可靠性和安全性及使用寿命。下面列出了需要满足的一些特殊要求。

1. 防热要求

飞机特别是导弹结构承受气动加热、发动机工作与排气羽流加热、级间热分离加热等热载荷时，必须在结构设计中进行防热、隔热设计、热变形协调等。为了满足防热要求，可以采取的技术措施主要有隔热法和烧蚀法两种。在隔热法中，结构的基本材料可以采用钛合金或复合材料和陶瓷基复合材料，包括陶瓷纤维编织和成型材料，而在烧蚀法中可以采用涂层、酚醛玻璃钢等材料。酚醛（树脂）玻璃钢是以酚醛树脂为黏结剂、以玻璃纤维为增强材料的复合材料，优点是抗湿、抗热、抗电、耐化学腐蚀性较高。对低温贮箱绝热的措施可以考虑采用泡沫复合材料结构，以及真空、夹层等结构。防热、绝热设计的基本步骤是在热（温度场）计算的基础上，选择防热材料、涂层与相应结构，进行热应力与热变形分析，完成热强度计算，最后进行相应的试验，以检验设计。

2. 减振、隔振要求

在动态设计部分已经重点讨论了减振和隔振设计，主要目的是保证结构内重要设备的动力学环境，主要依靠相应设备设计提出具体参数指标。此类问题依赖于结构动态响应分析，主要是被动隔振问题，可以采取的主要技术措施有：采用减振器或减振垫，并合理布置仪器设备的位置，在条件许可的情况下，可以改变设备支架或所在舱段的结构刚度；采用阻尼减振措施，例如使用黏性阻尼垫，并采用黏性阻尼结构，主要是自由阻尼结构或约束阻尼结构；还可以采用涂敷高阻尼材料的措施。

3. 密封要求

飞行器结构的密封，按密封性质分，有水密封与气密封；按密封方法分，有活动密封与固定密封；按密封的形式分，有端压密封和侧压密封；按密封的部位分，有舱段密封、开口密封和连接件密封等。因此，可根据密封的技术指标和结构特点，采用不同的密封结构。但其基本的技术措施是：采用机械办法，通过密封结构，使密封件在密封处达到一定的压缩量，以阻止气体或水泄漏；在被密封界面填充密封填料；涂敷可固化物质，形成密封膜，如涂密封胶、刮腻子、涂漆等。

4. 防静电干扰和电磁干扰要求

飞行器在飞行过程中，各种内外电磁场会对电子设备产生干扰作用，给飞行安全带来严重危害。为此，在结构设计过程中，必须满足此项要求。具体要求是，结构必须能抵抗感应带电、摩擦带电对飞行器产生的外部电磁干扰和飞行器体内用电设备产生的内部电磁干扰，以及防止火花放电对飞行器产生的危害。为避免静电干扰和电磁干扰产生的各种危害，一般采取如下措施：在结构中应用搭铁进行电搭接设计，在飞行器各部段之间，以及电子、电气系统的某些设备与飞行器结构之间，提供一种低阻抗的电通路，以降低相互间的电势差，使飞行器结构电性能成为一体，以保证电性能稳定；对干扰敏感的无线电装置加以屏蔽；使用静电放电器。

静电产生的原因：静电存在是一个普遍现象。飞机在加油和使用过程中，机翼油箱内的燃油始终处于振荡状态，特别是机动飞行时，燃油与油箱内部结构产生剧烈的摩擦、撞击、溅泼等现象，燃油本身也会搅动，从而产生大量静电。静电产生的同时，也会存在导体泄漏和释放的问题。

5.7 一些特殊要求

复合材料的特殊静电问题：复合材料本身是电的不良导体，静电泄漏很慢，导致静电的累积。当静电累积达到一定程度，油箱内环境又有引发放电敏感的条件，如油箱内部的尖角、鼓包等，会产生放电火花，这时点燃航空燃油蒸气和空气的混合气体，就会造成油箱燃炸或火灾事故。

解决静电问题的措施包括：①提高油箱内壁光洁度；②加快静电消散，在油箱表面加金属层（铝），挂金属网；③加入放电装置。在设计中要注意导电结构的连通性和放电装置连接可靠。

既然复合材料是电的不良导体，在用复合材料作为仪器设备外壳或者载人机舱壳体时，需要进行电磁屏蔽或者防雷电处理。处理方式通常是在结构上安装由导电性好的金属材料构成的金属屏蔽网。

B787飞机上采用铜网"全屏蔽"结合结构中的金属构件设计方案，造成机身结构增重达1000kg。当铜网损坏后，修理变得困难。为避免电偶腐蚀问题，也同时建立有效的防雷击电通路，A350XW机身采用了电功能设计与结构设计一体化设计，采用金属型材和条带构成电通路方案。

5. 防腐蚀、防霉变、防老化要求

满足金属防腐蚀要求的措施主要是合理选择抗腐蚀性能好的材料，进行正确的表面处理，合理选择相接触的金属，做到相接触材料腐蚀电势相近，保证接触材料相容或基本相容。塑料防老化的措施主要是选择与使用环境相适应的耐老化材料，采用金属喷涂、电镀、喷漆等措施，或者在制造的塑料中加入防老化剂或稳定剂。为了防潮，可以采用密封、涂覆防潮涂料、灌封、放入吸湿剂等办法。防霉菌的主要措施有：控制环境条件，抑制霉菌生长，如控制环境温度、湿度等；使用抗霉菌材料，如玻璃纤维、石英、氟橡胶、硅橡胶、环氧树脂等作为结构材料；使用防霉剂进行防霉处理。

需要注意：对于复合材料结构，还需要考虑防潮问题。

6. 隐身要求

"隐身"的含义在于隐蔽和掩护飞行器自身，从而提高其自身的生存能力，达到有效打击目标的目的。隐身技术又称低可见度技术，即将飞行器上的可见信息减弱或隐匿起来。"可见信息"一词在技术上是广义的，泛指利用雷达、红外探测器等电子设施可探测到的信号，当然也包括飞行器上的声响和视觉信号等。从飞行器结构设计来讲，实现"隐身"要求的措施主要有两个：

(a) 从结构本身采取措施减少雷达散射面积(RCS)，包括飞行器总体采用利于隐身的外形。

(b) 在敏感部位采用吸波结构，如飞行器前后边缘、进排气管道、天线舱等部位；在飞行器表面涂敷吸波涂料等。

思考题

(1) 讨论飞行器设计准则之间的矛盾性和相关性。

(2) 在何种情况下需要考虑温度问题？

(3) 回顾以往学过的课程，如果加入温度限制条件，会对总体设计产生哪些影响？

(4) 在设计中应考虑哪些关键因素，都有哪些方面需要考虑？说明理由。

5.8 空间飞行器设计的特点

除遵守前述大气层内飞行器设计的一般原则和设计准备，以及第 1 章表 1.1 列出的典型设计要求外，在设计中需要充分考虑由空间环境和需求产生的空间飞行器的特点，并且根据飞行器的任务目标和技术性能，有针对性地制定设计方案和开展设计。要求结构应以足够的强度、刚度和精度支持星上有效载荷和其他分系统的正常工作，避免动力学耦合。在设计中，一般将要求分为三类：基本要求(如不能满足则直接危及任务的完成，主要体现在强度、刚度和机构功能三个方面)、强制要求 (由运载、卫星系统和星上其他分系统通过卫星系统下达的设计指标或要求，它们的修改必须通过与其他系统的协调完成) 和导出要求 (强制要求进行分析和转化后的具体的约束条件和详细的设计指标)。

结构的设计特点包括如下几个。

(1) 利用有限容积：空间飞行器外形尺寸受到运载火箭整流罩内部空间限制，如何有效利用一直是空间飞行器设计努力的方向。

(2) 突出刚度设计：运载火箭要求航天器发射状态的前几阶固有频率必须高于特定的数值，以避免星箭耦合振动，降低发射过程承受的动载荷。对一些特定的结构和设备，还要求频率高于 100Hz，以避开周期振动激励，因此，设计通常以提高结构刚度为主要目标。

(3) 适应空间环境：空间飞行器受到空间环境的影响，需要考虑环境效应，包括高真空、温度交变、电子和紫外辐射、微重力、空间碎片、低轨道原子氧、负压。

(4) 突出可靠性：在疲劳问题方面，鉴于发射过程是短时的，并且一旦入轨，力学交变载荷的幅值通常都很小，反而是受到太阳辐照和真空环境的影响，航天器向阳面的温度高达 110°C，而背阳面温度则降到零下 110°C，如果卫星姿态经常改变及经常进出阴影区，温度改变会产生较大幅值交变热应力，从而产生热疲劳问题，影响可靠性。

(5) 避免动力学问题：一些有效载荷对飞行器的安静程度要求高，即对微振动 (micro-vibration)、噪声 (noise)、姿态抖动 (attitude jitter) 等动力学载荷敏感，需要基于特殊考虑，采取技术措施降低或者消除其对有效载荷的影响。

5.8 空间飞行器设计的特点

思考题

(1) 结合绪论部分给出的环境对飞行器结构设计和技术性能影响 (表 1.2), 讨论卫星和飞机的使用环境的差别, 以及产生的原因, 并讨论这些差别对结构设计的影响。

(2) 学习了具有强烈工程色彩的这部分内容后, 谈谈自己的感想。

(3) 根据从静态设计、动态设计到现在讨论的内容, 讨论飞行器设计为何要同时强调强度和刚度设计, 而对空间飞行器的附件结构通常主要强调刚度设计。

附录 A 飞行器结构设计用到的主要基本概念和考虑的主要因素

A1 静　力　学

弹性模量 (elastic modulus), 17
应力 (stress), 1
弯曲应力 (bending stress), 61
扭转应力 (torsional stress), 8
刚度 (stiffness), 3
弯曲刚度 (bending stiffness), 8
扭转刚度 (torsional stiffness), 75
应变 (strain), 58
强度 (strength), 7
许用应力 (allowable stress), 13
疲劳极限 (fatigue limit), 19
应力集中 (stress concentration), 17
载荷 (load), 1
屈曲 (buckling), 123
挠度 (deflection), 59
形心主轴 (centroidal principal axis), 66
剪力中心 (shear center), 69
静矩 (static moment), 63
惯性矩 (moment of inertia), 9
自由扭转 (free torsion), 73
约束扭转 (restrained torsion), 73
翘曲 (warping), 8
静不定度 (static indeterminacy), 106
结构的几何不变性 (geometrical invariability of structure), 106

A2 动力学

振动 (vibration), 9
载荷频率 (load frequency), 55
刚度 (stiffness), 3
阻尼 (damping), 9
固有频率 (natural frequency), 2
共振 (resonance), 9
气动弹性 (aeroelasticity), 9
颤振 (flutter), 11
冲击 (shock), 11
转动惯量 (moment of inertia), 34
离心力 (centrifugal force), 9
惯性力 (inertial force), 9
动 (态) 应力 (dynamic stress), 14
动 (态) 应变 (dynamic strain), 132
动能 (kinetic energy), 27
弹性势能 (elastic potential energy), 27
耗散能 (dissipative energy), 27

A3 结构设计

结构构型 (structure configuration), 8
刚度分布 (stiffness distribution), 13
质量分布 (mass distribution), 40
质心 (center of mass), 9
振型 (modal shape), 135
固有频率 (natural frequency), 2
应变分布 (strain distribution), 75
应力分布 (stress distribution), 8
结构稳定性 (structure stability), 13
载荷分布 (load distribution), 52
载荷频率 (load frequency), 55
比强度 (strength-to-density ratio), 17
比刚度 (stiffness-to-density ratio), 17

转动惯量分布 (moment of inertia distribution), 216
环境效应 (environment effect), 250
作动器 (actuator), 180
敏感器 (sensor), 171

A4　飞行与控制

角速度 (angular velocity), 39
角加速度 (angular acceleration), 39
加速度 (acceleration), 10
速度 (velocity), 11
动量 (momentum), 50
动量矩 (moment of momentum), 244
过载系数 (overload factor), 11
结构控制耦合 (structure/control coupling), 34
控制带宽 (control bandwidth), 170
控制系统频率 (control system frequency), 174
推力矢量控制 (thrust vector control), 4
同位控制 (collocated control), 171
异位控制 (non-collocated control), 176
控制系统稳定性 (stability of control system), 132

附录 B　飞行器结构设计用到的主要基本定律

胡克定律 (Hooke's law)(工程上通常只用到应力-应变关系的线性段)：固体材料受力之后，材料中的应力与应变 (单位变形量) 之间呈线性关系。

牛顿第二定律 (Newton's second law of motion-force and acceleration)：物体加速度的大小和作用力成正比，与物体的质量成反比，且与物体质量的倒数成正比；加速度的方向和作用力的方向相同。

动量守恒定律 (law of conservation of momentum)：一个系统不受外力或所受外力之和为零，这个系统的总动量保持不变。

动量矩守恒定律 (law of conservation of moment of momentum)：若物体不受外力作用或所受全部外力对某定点或定轴的主矩始终等于零，则质点系对该点或该轴的动量矩 (即角动量) 保持不变，又称角动量守恒。

能量守恒定律 (law of conservation of energy)：能量只能从一种形式转化为另一种形式，或者从一个物体转移到其他物体，而能量的总量保持不变。一个系统的总能量改变等于该系统输入和输出能量的差值。对于结构，能量包括动能 (kinetic energy)、弹性势能 (elastic potential energy) 和耗散能 (dissipated energy)。

参 考 教 材

昂海松. 2008. 飞行器先进设计技术. 北京: 国防工业出版社.
陈集丰, 王道锦, 杨云. 1995. 导弹、航天器结构分析与设计. 西安: 西北工业大学出版社.
陈烈民. 2005. 航天器结构与机构. 北京: 中国科学技术出版社.
陈信义. 2021. 大学物理教程. 北京: 清华大学出版社.
成楚之. 1994. 火箭与导弹的静动力载荷设计. 北京: 宇航出版社.
崔祚. 2020. 飞机结构设计与分析. 北京: 北京航空航天大学出版社.
葛金玉, 苗万容, 陈集丰, 等. 1986. 有翼导弹结构设计原理. 北京: 国防工业出版.
谷迎松, 杨智春, 赵令诚. 2021. 飞行器气动弹性力学教程. 西安: 西北工业大学出版社.
胡海岩. 2020. 振动力学——研究性教程. 北京: 科学出版社.
胡松涛. 2022. 自动控制原理. 7 版. 北京: 科学出版社.
来可伟, 殷国富. 2003. 并行设计. 北京: 机械工业出版社.
李为吉, 宋笔锋, 孙侠生, 等. 2005. 飞行器结构优化设计. 北京: 国防工业出版社.
李治平. 2010. 偏微分方程数值解讲义. 北京: 北京大学出版社.
郦正能. 2010. 飞行器结构学. 2 版. 北京: 北京航空航天大学出版社.
刘莉, 喻秋利. 1999. 导弹结构分析与设计. 北京: 北京理工大学出版社.
倪振华. 1989. 振动力学. 西安: 西安交通大学出版社.
邵惠民. 数学物理方法. 北京: 科学出版社, 2005.
陶梅贞. 2001. 现代飞机结构综合设计. 西安: 西北工业大学出版社.
王铎. 1981. 理论力学 (上、下册). 北京: 高等教育出版社.
王心清. 1994. 结构设计. 北京: 宇航出版社.
王勖成, 邵敏. 2001. 有限单元法基本原理和数值方法. 2 版. 北京: 清华大学出版社.
王志瑾, 姚卫星. 2007. 飞机结构设计. 北京: 国防工业出版社.
薛明德, 向志海. 2009. 飞行器结构力学基础. 北京: 清华大学出版社.
姚慕生, 吴泉水, 谢启鸿. 2014. 高等代数学. 3 版. 上海: 复旦大学出版社.
余旭东, 葛金玉, 段德高, 等. 2007. 导弹现代结构设计. 北京: 国防工业出版社.
余旭东, 徐超, 郑晓亚. 2010. 飞行器结构设计. 西安: 西北工业大学出版社.
袁家军. 2004. 卫星结构设计与分析. 北京: 宇航出版社.
张世琪, 李迎, 孙宇, 等. 2003. 现代制造引论. 北京: 科学出版社.
赵汝嘉. 2003. 先进制造系统导论. 北京: 机械工业出版社.
郑钢铁. 2016. 结构动力学续篇——在飞行器设计中的应用. 北京: 科学出版社.
Beer F P, Russell Johnston E, Jr., Wolf J T. 2002. Mechanics of Materials. 3rd Ed. New York, NY: McGraw-Hill Companies, Inc.
Chandrupatla T R, Belegundu A D. 2002. Introduction to Finite Elements in Engineering. River St. Hoboken, NJ: Pearson Education, Inc.

Dorf R C, Bishop R H. 2005. Modern Control Systems. 10th Ed. Upper Saddle River, NJ: Pearson Prentice Hall.

Fortescue P, Stark J, Swinerd G. 2004. Spacecraft Systems Engineering. West Sussex: Wiley.

Friswell M I, Motiershead J E. 1995. Finite Element Model Updating in Structural Dynamics. Berlin: Springer Science+Business Media, B.V.

Henry Edwards C, Penney D E. 2004. Elementary Differential Equations. Upper Saddle River, NJ: Pearson Prentice Hall.

Hodges D H, Alvin Pierce G. 2011. Introduction to Structural Dynamics and Aeroelasticity. 2nd Ed. Cambridge: Cambridge University Press.

Howe D. 2004. Aircraft Loading and Structural Layout. Reston, VA: AIAA.

Lay D C. 2004. Linear Algebra and Its Applications. 3rd Ed. River St Hoboken, NJ: Pearson Education, Inc.

Meirovitch L. 1975. Element of Vibration Analysis. New York, NY: McGraw-Hill, Inc.

NASA Systems Engineering Handbook, NASA SP-2016-6105 Rev2.

Oppenheim A V, Wilsky A S, Hamid Nawab S. 2002. Signals and Systems. 2nd Ed. River St. Hoboken, NJ: Pearson Education, Inc.

Peter A. 2007. Markowich, Applied Partial Differential Equations: A Visual Approach. Heidelberg: Springer.

Rivin E I. 2003. Passive Vibration Isolation. New York, NY: ASME Press.

Sarafin T P. 2003. Spacecraft Structures and Mechanisms — From Concept to Launch. Dordrecht: Kluwer Academic Publishers.

Weisshaar T A. 2011. Aerospace Structures — An Introduction to Fundamental Problems. Purdue University.

Wie B. 2008. Space Vehicel Dynamics and Control. 2nd Ed. Reston, VA: AIAA.